数值计算——方法与应用

蒋慕蓉　黄亚群　苏　茜　编著

科　学　出　版　社

北　京

内 容 简 介

本书以 MATLAB 为工具，以实际问题数学模型的建立与求解为案例，介绍数值计算方法及其在实际问题中的应用。主要内容包括：MATLAB 的基本操作、误差分析、曲线插值与曲面插值、曲线拟合、数值积分与数值微分、特征值与特征向量的计算、线性方程组的数值解法、非线性方程（组）的数值解法、常微分方程（组）的数值解法、综合案例讲解等。在每章方法讲解之后均附有相关应用案例分析及练习题，旨在通过理论讲解和实验操作，使学生了解和掌握数值计算中的基本概念、基本方法和相关算法，学会用数值计算方法解决实际问题，提高科学计算和程序设计能力，为专业课程的学习和参加工程应用与实践奠定必要的数学基础。

本书可作为高等院校理工科非数学专业的数值计算课程的教学用书，也可作为 MATLAB 数学实验和数学建模课程的教材和参考用书。

图书在版编目(CIP)数据

数值计算：方法与应用 / 蒋慕蓉, 黄亚群, 苏茜编著. — 北京：科学出版社，2024.3

ISBN 978-7-03-078162-8

Ⅰ.①数… Ⅱ.①蒋… ②黄… ③苏… Ⅲ.①数值计算 Ⅳ.①O241

中国国家版本馆 CIP 数据核字（2024）第 045092 号

责任编辑：孟 锐 / 责任校对：彭 映
责任印制：罗 科 / 封面设计：墨创文化

科 学 出 版 社 出版

北京东黄城根北街16号
邮政编码：100717
http://www.sciencep.com

成都锦瑞印刷有限责任公司 印刷
科学出版社发行 各地新华书店经销

*

2024 年 3 月第 一 版 开本：787×1092 1/16
2024 年 3 月第一次印刷 印张：15 1/4
字数：362 000
定价：75.00 元
（如有印装质量问题，我社负责调换）

前　言

　　数值计算是科学计算的核心内容，是一门与计算机密切结合且实用性很强的数学课程。随着计算机技术的蓬勃发展和广泛应用，学习和掌握计算机常用的数值计算方法已成为现代科学研究与工程教育的重要内容。

　　目前，很多高等院校的理工科专业都将数值计算作为一门必修课，但由于专业学分要求以及 MATLAB、Mathematica、Maple 等数学软件的广泛应用，数值计算仅作为数学理论课程进行讲授，缺少方法应用的讲授，更缺乏与实际案例的结合，学生感受不到数值计算的重要性。国内外现有教材中，一类注重理论学习，如《数值分析(第五版)》(李庆扬等编，清华大学出版社，2008 年)、《数值分析与算法》(喻文健编，清华大学出版社，2012 年)等，它们适用于数学专业的本科生和研究生；另一类结合 MATLAB 编程，如《MATLAB 数值计算》(Cleve B. Moler 著，喻文健译，机械工业出版社，2006 年)、《数值方法(MATLAB 版)》(John H. Mathews, Kurtis D. Fink 著，周路等译，电子工业出版社，2010 年)、《现代数值分析(MATLAB 版)》(马昌凤编著，国防工业出版社，2013 年)、《MATLAB 数值计算实战》(占海明编著，机械工业出版社，2017 年)等，它们偏向方法的实现，缺少方法应用的案例分析。

　　本书编者为适应新工科专业教学的不断发展，结合多年数学类课程教学和指导数学建模竞赛的经验，在不断完善实验讲义的基础上，编写完成本书。

　　本书内容安排如下。

　　第一章"MATLAB 基本操作"，主要介绍 MATLAB 的一些基础知识，如数组及其运算、MATLAB 图形绘制、MATLAB 程序设计基础等。

　　第二章"误差分析"，介绍误差的来源、绝对误差与相对误差、误差估计及其在数值计算中需要注意的问题。

　　第三章"曲线插值与曲面插值"，介绍几种常用的插值方法，包括曲线插值中的拉格朗日(Lagrange)插值、牛顿(Newton)插值、样条(Spline)插值；曲面插值介绍网格点插值和散乱点插值方法，同时介绍插值方法的 MATLAB 实现。

　　第四章"曲线拟合"，介绍线性最小二乘拟合和非线性最小二乘拟合及其 MATLAB 实现。

　　第五章"数值积分与数值微分"，介绍几种常用的数值积分与数值微分方法，包括复化积分公式、龙贝格(Romberg)积分公式、数值微分及其 MATLAB 实现。

　　第六章"特征值与特征向量的计算"，介绍求最大特征值、最小特征值的幂法与反幂法及其 MATLAB 实现。

　　第七章"线性方程组的数值解法"，介绍线性方程组直接解法中的高斯(Gauss)消元法、矩阵三角(LU)分解、正文三角(QR)分解等，迭代解法中的雅可比(Jacobi)迭代、高斯-赛德尔(Gauss-Seidel)迭代，同时介绍线性方程组数值解法的 MATLAB 实现。

第八章"非线性方程(组)的数值解法"，介绍二分法、简单迭代法、Newton 法、弦截法及其 MATLAB 实现。

第九章"常微分方程(组)的数值解法"，介绍欧拉(Euler)法、龙格-库塔(Runge-Kutta)法及其 MATLAB 实现。

第十章"综合案例讲解"，结合近几年全国大学生数学建模竞赛赛题，介绍数值计算方法的实际应用，并给出部分步骤的 MATLAB 程序。

第三章至第九章均包含应用案例的介绍及单元练习题。

本书内容全部讲授需要 54 个学时，也可以忽略背景知识和推导过程，通过案例描述及其实现步骤的 MATLAB 程序，学习数值计算的基本方法，结合实验及课后练习，提高利用计算机编程解决实际问题的能力。

本书根据云南大学信息学院计算机科学与工程系本科专业实验课"数值计算"课程的讲义修改完成，由蒋慕蓉、黄亚群、苏茜编写，蒋慕蓉负责第二章至第九章的理论与实验部分内容的编写，黄亚群负责第一章内容和第二章至第九章应用案例的编写，苏茜负责各章例题 MATLAB 程序的验证。在本书编写过程中，编者参考了大量数值计算、数值分析和数学建模的相关书籍和资料，并从网络上收集到很多优秀文献，在此谨向有关作者表示衷心感谢！

同时，本书在编写过程中得到云南大学本科教材建设项目的大力资助，得到云南大学信息学院各位领导的大力支持和鼓励，得到科学出版社孟锐编辑的大力协助，在此一并表示最诚挚的谢意！

由于时间仓促，加之作者水平有限，书中还存在不少疏漏之处，恳请各位专家和读者批评指正，不胜感谢！

目　　录

第一章 MATLAB 基本操作

MATLAB 是矩阵实验室(Matrix Laboratory)的简称，是由美国 MathWorks 公司出品的商业数学软件，它具有强大的矩阵运算、数值分析、图形处理、动态仿真、科学数据可视化和编程技术等功能，广泛运用于科学计算、控制设计、信号处理、图像处理、系统建模与仿真等领域。

MATLAB 是一个交互式开发系统，其核心是矩阵和数组，它的语法规则简单，表达式的书写、程序编写过程及数学推导过程均与数学、工程计算中常用的形式非常相似，程序编写直观方便。它用解释方式工作，具有程序结构控制、函数调用、数据结构、输入输出、面向对象等程序语言特征，简单易学、编程效率高。此外，MATLAB 还设计了各种可选工具箱，满足专门领域的特殊需要。

本章主要内容包括 MATLAB 的基础知识、M 文件概述、程序设计、基本绘图等。

1.1 基 础 知 识

MATLAB 具有强大的数值计算功能和绘图功能，能够完成简单和复杂的计算，可以直接进行算术运算，也可以利用定义的变量和函数进行计算。

1.1.1 数据类型

MATLAB 自带的基本数据类型有很多种，其中最常用的是数值类型、逻辑型和字符型 3 种数据类型。

1. 数值类型

数值类型包括整数、浮点数、复数、无穷大和非数值量 5 种。

1)整数和浮点数

整数分为有符号整数和无符号整数，有符号整数可以表示负数、正数和 0，无符号整数只能表示正整数和 0。整数及其表示范围见表 1.1.1。

表 1.1.1 整数表示范围

整数类型	取值范围	转换函数	说明
有符号 n 位整数	$-2^{n-1} \sim 2^{n-1}-1$	int n	n 可取值 8、16、32 和 64
无符号 n 位整数	$0 \sim 2^{n-1}-1$	uint n	n 可取值 8、16、32 和 64

MATLAB 提供了与整型数据相关的操作函数，见表 1.1.2。

表 1.1.2 与整数相关的操作函数

函数	说明	函数	说明
ceil	向正无穷方向取整	floor	向负无穷方向取整
fix	向 0 取整	round	四舍五入取整运算
rem	求余数	mod	取模运算

浮点数分为单精度浮点数和双精度浮点数。单精度浮点数以 4 字节存储，双精度浮点数以 8 字节存储，MATLAB 中默认数值类型是双精度浮点型。可以使用 single 函数将数据转换为单精度浮点数，使用 double 函数将数据转换为双精度浮点数。

2）复数

复数包含实部和虚部两个独立部分，MATLAB 中用 i 或 j 表示虚部单位，通过赋值语句或调用函数 complex 生成复数。

例如，在命令窗口输入命令：

```
>>z=2-3i
```

或

```
>>a=2
>>b=-3
>>z=complex(a,b)
```

都可以得到复数：

```
z =
   2.0000 - 3.0000i
```

其中 a、b 为实数，分别表示复数 z 的实部和虚部。

3）Inf 和 NaN

MATLAB 定义了 Inf 和 NaN 两个特殊数值。Inf 和-Inf 分别表示正无穷和负无穷，当除数为 0 或运算结果溢出时都会导致结果出现 Inf 或-Inf。

MATLAB 中 NaN 是 Not a Number 的缩写，表示一个既不是实数也不是复数的数值，用于 0 / 0、Inf / Inf 的情形。

例如，在命令窗口输入命令：

```
>>a=1/0
>>b=log(0)
>>c=0/0
```

执行结果分别为

```
a =
   Inf
```

```
b =
    -Inf
c =
    NaN
```

2. 逻辑型

逻辑型数据用 0 和 1 表示 true 和 false 两种状态。函数 logical 用于获取逻辑类型的数值，还可以以将非零数值转换为逻辑 true(即 1)，把数值 0 转换为逻辑 false(即 0)。

例如，在命令窗口输入命令：

```
>> a=1
>> b=logical(a)
>> c=logical(-a)
>> d=logical(0)
```

执行结果分别为

```
a =
    1
b =
    1
c =
    1
d =
    0
```

3. 字符型

字符型数据主要用于显示中英文内容。MATLAB 中用 char 表示一个字符型数据，由多个字符按行向量的形式组成一个字符串，字符串用一对单引号 "''" 进行标识。可以使用单引号直接输入法和调用函数 char 两种方法生成字符串。

例如，在命令窗口输入命令：

```
>> str1='I am a student. '
>> str2=char([51,65])
```

执行结果分别为

```
str1 =
    'I am a student. '
str2 =
    '3A'
```

字符串运算的常用函数见表 1.1.3。

表 1.1.3　字符串运算函数

类型	调用格式	功能说明
数值转换为 字符串	char(a)	根据 ASCII 码表将非负整数 a 转换为相应的字符或将非负整数组 a 转换为字符串
	int2str(a)	将数值 a 的小数部分四舍五入后转换为字符串
	num2str(a)	将数值类型的数据 a 转换为字符串
	dec2bin(a)	将正整数 a 转换为二进制的字符串
字符串转换 为数值	str2num(s)	将字符串 s 转换为数值类型
	bin2dec(s)	将二进制字符串 s 转换为十进制整数
合并字符串	strcat$(s1,s2,\cdots)$	将字符串 $s1,s2,\cdots$ 合并成新的字符串，删除各字符串结尾的空格
	$[s1,s2,\cdots]$	将字符串 $s1,s2,\cdots$ 合并成新的字符串，保留各字符串结尾的空格

例如，判断十二生肖问题。在命令窗口输入命令：

```
>> A='鼠牛虎兔龙蛇马羊猴鸡狗猪';
>> y=input('Please input year: ');
>> k=rem(y-4,12)+1;
>> a=A(k);
>> disp(strcat(int2str(y), ' 年是 ', a, ' 年'))
```

输出为

```
Please input year:
```

输入 2020 后，执行结果为

```
2020 年是鼠 年
```

4. 数值显示格式

MATLAB 以双精度执行所有运算，显示格式的设置仅影响变量的显示，不影响变量的计算精度与存储。默认情况下，MATLAB 用不带小数的整数短格式(short 格式)或带 4 位小数的浮点格式显示计算结果。如果输出的数值都是整数，则以整数格式显示；如果输出的数值中有一个或多个不是整数，则以浮点格式显示。

如果要改变数值的显示格式，可以在命令窗口中使用 format 命令，以显示更多的有效数字，format 命令的调用格式和功能见表 1.1.4。

表 1.1.4　设置显示格式的 format 函数

调用格式	功能说明
format 或 format short (默认)	以小数点后 4 位有效数字表示；大于 1000 的实数，则用 5 位有效数字的科学计数法显示
format short e	以 5 位有效数字加 e+00 的科学计数法表示
format short g	从 format short 和 format short e 中自动选择最佳方式表示
format long	以 15 位有效数字的长格式表示
format long e	以 15 位小数加 e+000 的科学计数法表示
format long g	从 format long 和 format long e 中自动选择最佳方式表示

续表

调用格式	功能说明
format hex	以 16 进制表示
format rat	以近似有理数表示
format compact	在显示结果间没有空行的紧凑格式表示
format loose	在显示结果间有空行的稀疏格式表示

例如，用不同的格式显示 pi 和 314.159 的值。

format short 时，pi 显示为 3.1416，314.159 显示为 314.1590。

format short e 时，pi 显示为 3.1416e+00，314.159 显示为 3.1416e+02。

format long 时，pi 显示为 3.141592653589793，314.159 显示为 3.141590000000000e+02。

format long e 时，pi 显示为 3.141592653589793e+00。

format rat 时，pi 显示为 355/113。

1.1.2 变量的命名

变量是数值计算的基本单元，是指其数值在数据处理的过程中可能会发生变化的一些数据量的名称。MATLAB 的任何变量都是以数值形式存储和运算的，分为数值变量和字符变量。

MATLAB 中的变量具有两个特点：

(1) 变量无须事先声明，其名称为第一次合法出现时的名称；也无须指定变量类型，系统会自动依据所赋予变量的值或对变量进行的操作来确定变量的类型；

(2) 在赋值过程中，如果赋值变量已经存在，系统会用新值代替旧值，用新的变量类型代替旧的变量类型。

在 MATLAB 中，变量的命名应遵循以下规则：

(1) 变量名区分大小写，例如 Abc 与 abc 是不同的变量；

(2) 变量名长度不超 31 位，第 31 个字符之后的字符将被 MATLAB 所忽略；

(3) 变量名必须以字母开头，可包含字母、数字或下划线，但不允许出现标点符号；

(4) 关键字(如 if、for 等)不能作为变量名，避免使用系统预定义变量和系统函数名作为变量名。

MATLAB 有自己的预定义变量，是系统预先自动定义的，当 MATLAB 启动时就驻留在内存中。常见的预定义变量见表 1.1.5。

表 1.1.5 预定义变量

预定义变量	含义	预定义变量	含义
ans	存储计算结果的默认变量名	i 或 j	虚数单位
pi	圆周率	nargin	函数的输入变量个数
inf 或 Inf	无穷大，如 1/0	nargout	函数的输出变量个数
nan 或 NaN	不定值，如 0/0	computer	MATLAB 运行平台
eps	机器零阈值	version	MATLAB 版本字符串

MATLAB 在程序设计中保留了一些字符串，称为关键字。使用 iskeyword 函数可以显示全部关键字，也可以用函数 iskeyword('字符串') 判断'字符串'是否为关键字。

MATLAB 中的关键字一共有 20 个，分别是 break、case、catch、classdef、continue、else、elseif、end、for、function、global、if、otherwise、parfor、persistent、return、spmd、switch、try、while。

关键字在命令窗口中以蓝色显示，如果将关键字作为变量名，系统将给出警告信息。

预定义变量和关键字在工作空间窗口中是看不到的。如果预定义变量被用户重新赋值，则原来的功能暂时不能使用，只有当这些变量被清除(clear)或 MATLAB 重新启动时，这些功能才能恢复。

1.1.3　数组及其运算

数组是 MATLAB 的基本内容，任意变量都是以数组形式进行存储和运算，一维数组是向量，二维数组是矩阵。数组的元素可以是任意类型的数据，无须预先定义数组的维数和大小，系统会自动配置。

1. 数组的创建

创建数组是所有 MATLAB 运算和操作的基础，针对维数不同的数组，MATLAB 提供了多种创建方法，生成不同要求的数组类型。

1) 直接输入法

在命令窗口中直接输入数组，调用格式为

```
vec=[a1,a2,…,an]
```

其中，vec 是数组名，a1, a2, …, an 分别表示数组的各元素。

说明：

(1) 数组元素需要用方括号"[ ]"括起，元素之间用空格、逗号或分号分隔。

(2) 用空格和逗号分隔建立行向量，元素之间全部用分号分隔建立列向量。

例如，在命令窗口输入：

```
>> a1=[3,5,2,7; -1,3,5,0]
```

执行结果为

```
a1 =
   3    5    2    7
  -1    3    5    0
```

或输入命令：

```
>> a1=[3,5,2,7
     -1,3,5,0]
```

则输出结果相同。第二种方法适用于大型二维数组的输入。

2）冒号生成法

冒号生成法建立等差数列构成的行向量，调用格式为

```
vec=a:h:b
```

其中，vec 是向量名，a, h, b 为给定数值，分别表示生成向量的初值、步长和终值。

说明：

（1）如果 h=1，则可省略，直接写成 vec=a:b。

（2）步长 h 可正可负，也可以为小数。当 h 为负值时，b 必须小于 a，生成降序数组。

（3）b 并非尾元素数值，当 $b-a$ 为 h 的整数倍时，b 才是尾元素数值。

例如，在命令窗口输入命令

```
>> a2=0:0.3:1        %步长为小数的等差数组
>> a3=1:10           %默认步长的等差数组
>> a4=10:-4:1        %步长为负数时生成递减等差数组
```

执行结果分别为

```
a2 =
    0    0.3000    0.6000    0.9000
a3 =
    1    2    3    4    5    6    7    8    9    10
a4 =
    10    6    2
```

3）线性等分数组生成法

MATLAB 提供了 linspace 函数生成从 a 到 b 之间线性等分的 n 维行向量，调用格式为

```
vec=linspace(a,b,n)
```

其中，vec 是向量名，a, b, n 分别表示生成向量的初值、终值和数组维数。

说明：

（1）数组维数 n 可以省略，省略时默认为 100。

（2）线性等分函数和冒号生成法都可以建立等分数组，前者是设定了数组的维数去创建等分数组，后者是通过设定步长确定数组维数，创建等分数组。

4）对数等分数组生成法

MATLAB 使用对数等分函数 logspace 生成从 10^a 到 10^b 按对数等分的 n 维行向量，调用格式为

```
vec=logspace(a,b,n)
```

其中，vec 是向量名，a, b, n 分别表示生成向量的初值、终值和数组维数。

说明：

（1）向量维数 n 可以省略，省略时默认为 50；

（2）将此向量取以 10 为底的对数可生成等比数组。

例如，在命令窗口输入命令：

```
>> a5=linspace(-2,2,5)        %线性 5 等分区间[-2,2]
>> a6=logspace(-2,2,5)        %对数 5 等分区间[10^(-2),10^2]
```

执行结果分别为

```
a5 =
    -2    -1     0     1     2
a6 =
    0.0100    0.1000    1.0000    10.0000    100.0000
```

5）矩阵的创建

$m×n$ 矩阵是 m 行 n 列的二维数组，创建方法和数组类似，使用方括号"[ ]"、逗号"，"、分号"；"和空格等生成。

MATLAB 提供了一些函数生成某些特殊矩阵，调用格式和功能见表 1.1.6。

表 1.1.6   特殊矩阵生成函数

调用格式	功能说明
A=ones(n)	生成元素全为 1 的 $n×n$ 阶矩阵 A
A=ones(m,n)	生成元素全为 1 的 $m×n$ 阶矩阵 A
A=zeros(n)	生成 $n×n$ 阶的零矩阵 A
A=zeros(m,n)	生成 $m×n$ 阶的零矩阵 A
A=diag(a)	生成以向量 a 为对角线元素的对角矩阵 A
A=magic(n)	生成 $n×n$ 阶的魔方矩阵 A
R=rand(n)	生成元素为 0~1 均匀分布的随机数的 $n×n$ 阶矩阵 R
R=rand(m,n)	生成元素为 0~1 均匀分布的随机数的 $m×n$ 阶矩阵 R

例如，生成 4 阶魔方矩阵，在命令窗口输入命令：

```
>> M=magic(4)
```

执行结果为

```
M =
    16     2     3    13
     5    11    10     8
     9     7     6    12
     4    14    15     1
```

2. 数组元素的访问

可以对数组中的单个元素和部分元素进行访问。

1）访问单个元素

访问数组中的单个元素有全下标方式和单下标方式两种。

(1) 全下标方式。全下标方式是指 n 维数组中元素通过 n 个下标访问。例如，$m×n$ 矩阵 a 的第 i 行第 j 列元素表示为 $a(i, j)$，其中 (i, j) 应小于矩阵的阶数 (m, n)，否则系统会提示出错。

(2) 单下标方式。先将数组的所有列按先左后右的次序排成"一维长列"，然后对元素位置进行编号。

例如，$a(i)$ 表示一维数组 a 的第 i 个元素；$m×n$ 矩阵 b 中元素 $b(i, j)$ 对应的单下标 $=(j-1)×m+i$。

2) 访问部分元素

数组部分元素的访问有 3 种方法。

(1) 在下标的表达式里使用冒号表示矩阵的一部分。

例如，矩阵 $a(1:k, j)$ 表示矩阵 a 的第 j 列的前 k 个元素，$a(i, :)$ 表示矩阵 a 的第 i 行的所有元素。

(2) 使用向量作为元素的下标访问数组。

例如，$x(a:b:c)$ 表示访问数组 x 的从第 a 个元素开始，以步长为 b 到第 c 个元素，b 可以为负数，b 缺省时为 1。

(3) 直接使用元素序号访问数组元素。

例如，$x([a\ b\ c\ d])$ 表示调用数组 x 的第 a、b、c、d 个元素构成一个新数组 $[x(a)\ x(b)\ x(c)\ x(d)]$。

例如，在命令窗口输入命令：

```
>> a=magic(4)          %生成 4 阶魔方矩阵
>> b1=a(8)             %全下标方式访问第 8 个元素
>> b2=a(4,2)           %单下标方式访问第 4 行第 2 列元素
>> b3=a([2,3,1])       %访问第 2、3、1 个元素
>> b4=a(2:4,4)         %访问第 4 列的第 2 个到第 4 个元素
>> b5=a(3,:)           %访问第 3 行的所有元素
>>b6=a([2,3],[3,4])    %访问第 2、3 行，第 3、4 列的元素
>>a(4)=0               %改变第 4 个元素的值
```

执行结果分别为

```
a =
    16     2     3    13
     5    11    10     8
     9     7     6    12
     4    14    15     1
b1 =
    14
b2 =
    14
```

```
b3 =
    5    9   16
b4 =
    8
   12
    1
b5 =
    9    7    6   12
b6 =
   10    8
    6   12
a =
   16    2    3   13
    5   11   10    8
    9    7    6   12
    0   14   15    1
```

3. 数组元素的查找

MATLAB 中，数组查找函数 find 用于查找数组中的非零元素并返回其所在位置（位置的判定：在矩阵中，从第一列开始，自上而下，依次为 1, 2, 3, …，然后再从第二列，第三列依次往后数）。其调用格式为

```
[a,b,…]=find(x)   或   n=find(x)
```

其中，[a, b, …]是非零元素的全下标，n 为非零元素的单下标。

例如，在命令窗口输入命令：

```
>> A = [2 8 7 0 0 7 6 0 0];
>> n = find(A)              %查找 A 中非零元素所在位置
>> k=find(A>=5)             %查找 A 中大于等于 5 的元素所在位置
>> A = [2 8 7 -1;0 3 6 0]
>> [m,n]=find(A>=5);        %查找 A 中大于等于 5 的元素所在行号 m 和列号 n
>> result=[m,n]
```

执行结果分别为

```
n =
    1    2    3    6    7
k =
    2    3    6    7
A =
    2    8    7   -1
    0    3    6    0
```

```
result =
     1     2
     1     3
     2     3
```

　　数组查找函数结合逻辑表达式可以查找满足一定条件的元素及其位置,在绘制函数图形时起到非常重要的作用。

4. 数组的尺寸信息

　　MATLAB 提供了很多函数以获取矩阵的属性,包括数组的尺寸、数据类型等。数组尺寸大小的获取函数及其功能见表 1.1.7。

表 1.1.7　获取数组尺寸大小的函数

调用格式	功能说明
d=size(A)	以行向量 d 表示数组 A 的行数和列数
$[n1,n2,\cdots]$=size(A)	$n1, n2, \cdots$ 为数组 A 的各维尺寸
n=size$(A,1)$ 或 n=size$(A,2)$	返回数组 A 的行或列数
d=length(A)	返回数组 A 各维中最大维的长度
n=ndims(A)	返回数组 A 的维数
n=numel(A)	返回数组 A 的元素总个数

　　例如,在命令窗口输入命令:

```
>> a=rand(2,5)          %生成随机数矩阵
>> s1=size(a)           %获取矩阵的行数和列数
>> [h,l]=size(a)        %用不同的变量存储矩阵的行数和列数
>> s2=length(a)         %获取矩阵最大维的长度
>> s3=ndims(a)          %获取矩阵的维数
```

执行结果分别为

```
a =
    0.7094    0.2760    0.6551    0.1190    0.9597
    0.7547    0.6797    0.1626    0.4984    0.3404
s1 =
     2     5
h =
     2
l =
     5
s2 =
     5
```

```
s3 =
    2
```

1.1.4 运算符

MATLAB 的运算符分为算术运算符、关系运算符和逻辑运算符。

1. 算术运算符

算术运算是构成运算的最基本操作命令，可以在命令窗口直接运算。根据作用对象的不同，算术运算分为数组运算和矩阵运算，数组运算是对数组元素逐个进行运算，而矩阵运算是按线性代数的规则进行运算。基本算术运算符见表 1.1.8。

表 1.1.8 基本算术运算符

矩阵运算符	功能说明	数组运算符	功能说明
+	同维矩阵相加	+	同维数组对应元素相加
-	同维矩阵相减	-	同维数组对应元素相减
*	矩阵相乘	.*	同维数组对应元素相乘
/	矩阵右除，A/B 表示 A 乘以 B 的逆	./	同维数组右除，$A./B$ 表示 A 的元素除以 B 的对应元素
\	矩阵左除，$A\backslash B$ 表示 B 乘以 A 的逆	.\	同维数组左除，$A.\backslash B$ 表示 B 的元素除以 A 的对应元素
^	矩阵幂运算	.^	数组每个元素的幂运算

例如，输入命令：

```
>> a=rand(1,3);
>> b=rand(1,3);
>> a+b
ans =
    1.0710    1.4132    0.9143
>> a*b
Error using  *
Inner matrix dimensions must agree.
>> a.*b
ans =
    0.2662    0.4967    0.1272
>> a./b
ans =
    1.7305    1.1560    4.3411
>> a=ones(2);
>> a^2
ans =
```

```
    2      2
    2      2
>> a.^2
ans =
    1      1
    1      1
```

再例如，输入命令：

```
>> x=-1:0.1:1;
>> y=1/x;
>> f=t;
```

执行后在命令窗口中显示：

```
Error using  /
Matrix dimensions must agree.
Undefined function or variable 't'.
```

因为 x 是数组，"/" 应该是数组运算 "./"，而定义变量 f 时使用到没有定义的变量 t，所以出现了错误。

2. 关系运算符和逻辑运算符

关系运算用于比较数、字符串、矩阵间的大小或不等关系，其返回值为逻辑 0 或 1。逻辑运算主要用于逻辑表达式及进行逻辑运算，参与运算的逻辑量以 0 表示"假"，以任意非 0 数表示"真"。关系运算符和逻辑运算符见表 1.1.9。

表 1.1.9　关系运算符和逻辑运算符

关系运算符	功能说明	对应函数	逻辑运算符	功能说明	对应函数
<	小于	$lt(a,b)$	&	逻辑与	$and(a,b)$
<=	小于等于	$le(a,b)$	|	逻辑或	$or(a,b)$
>	大于	$gt(a,b)$	~	逻辑非	$not(a,b)$
>=	大于等于	$ge(a,b)$			
==	等于	$eq(a,b)$			
~=	不等于	$ne(a,b)$			

说明：

(1) 关系运算符用于数组或矩阵时，a 与 b 必须具有相同的维数，返回结果是与输入数组或矩阵维数相同的数组或矩阵，运算时将 a 与 b 的对应元素逐一进行比较。如果关系成立，则输出矩阵的对应位置元素为 1，反之为 0。如果用于标量和数组比较，则标量与数组中的每一个元素进行比较，结果与数组维数相同。

(2) 比较浮点数是否相等时，最好不要直接比较两个浮点数，因为浮点数在存储时存在相对误差，所以最好采用判断两个浮点数的差是否小于某个特别小的数，从而判断它们是否相等。

3. 运算优先级

MATLAB 进行运算时，不同的运算符有不同的优先级，按运算符的优先级从高到低进行运算，相同优先级的运算符，则按从左到右的顺序进行。

各种运算符由高到低的运算优先级为：算术运算符、关系运算符、逻辑运算符。在逻辑运算符中，由高到低的级别为～、&、|。圆括号可以改变运算的优先级顺序，使用多重圆括号时，优先级从外到内依次升高。

1.1.5 基本数学函数

基本数学函数支持基本的数学运算，其自变量规定为矩阵变量，运算法则是将函数逐项作用于矩阵的各个元素上，运算结果是与自变量同维的矩阵。这些函数中的大部分调用格式和书写习惯一致。常用的数学函数见表 1.1.10。

表 1.1.10　数学函数

函数名	功能说明	函数名	功能说明
$\sin(x)$	正弦函数，x 以弧度为单位	$\mathrm{asin}(x)$	反正弦函数 $\arcsin x$，输出以弧度为单位
$\mathrm{sind}(x)$	正弦函数，x 以度为单位	$\mathrm{asind}(x)$	反正弦函数 $\arcsin x$，输出以度为单位
$\cos(x)$	余弦函数，x 以弧度为单位	$\mathrm{acos}(x)$	反余弦函数 $\arccos x$，输出以弧度为单位
$\mathrm{cosd}(x)$	正弦函数，x 以度为单位	$\mathrm{acosd}(x)$	反余弦函数 $\arccos x$，输出以度为单位
$\tan(x)$	正切函数，x 以弧度为单位	$\mathrm{atan}(x)$	反正切函数 $\arctan x$，输出以弧度为单位
$\mathrm{tand}(x)$	正切函数，x 以度为单位	$\mathrm{atand}(x)$	反正切函数 $\arctan x$，输出以度为单位
$\cot(x)$	余切函数，x 以弧度为单位	$\mathrm{acot}(x)$	反余切函数 $\mathrm{arccot} x$，输出以弧度为单位
$\mathrm{cotd}(x)$	余切函数，x 以度为单位	$\mathrm{acotd}(x)$	反余切函数 $\mathrm{arccot} x$，输出以度为单位
$\sec(x)$	正割函数，x 以弧度为单位	$\mathrm{asec}(x)$	反正割函数 $\mathrm{arcsec} x$，输出以弧度为单位
$\mathrm{secd}(x)$	正割函数，x 以度为单位	$\mathrm{asecd}(x)$	反正割函数 $\mathrm{arcsec} x$，输出以度为单位
$\csc(x)$	余割函数，x 以弧度为单位	$\mathrm{acsc}(x)$	反余割函数 $\mathrm{arccsc} x$，输出以弧度为单位
$\mathrm{cscd}(x)$	余割函数，x 以度为单位	$\mathrm{acscd}(x)$	反余割函数 $\mathrm{arccsc} x$，输出以度为单位
$\mathrm{pow2}(x)$	以 2 为底的幂函数	$\mathrm{sqrt}(x)$	变量 x 的算术平方根 $\sqrt{x}$
$\exp(x)$	指数函数 e^x	$\log(x)$	自然对数 $\ln x$
$\mathrm{log2}(x)$	以 2 为底的对数 $\log_2 x$	$\mathrm{log10}(x)$	以 10 为底的对数 $\log_{10} x$
$\mathrm{abs}(x)$	变量 x 的绝对值 $|x|$，若 x 是复数，则返回 x 的模	$\mathrm{sign}(x)$	符号函数
$\mathrm{fix}(x)$	向 0 取整	$\mathrm{round}(x)$	四舍五入到最接近的整数
$\mathrm{floor}(x)$	向负方向取不大于该数的最接近整数	$\mathrm{ceil}(x)$	向正方向取不小于该数的最接近整数
$\mathrm{mod}(m,n)$	取与除数同号的余数	$\mathrm{rem}(m,n)$	取与被除数同号的余数
$\mathrm{factor}(x)$	分解质因子	$\mathrm{isprime}(x)$	是否为素数
$\mathrm{primes}(x)$	返回小于等于 x 的素数	$\mathrm{factorial}(n)$	返回非负整数 n 的阶乘

说明：单变量函数的自变量可以是数组，此时，返回的是自变量数组各元素的相应函数值构成的同维数组。

例如，比较函数 fix、round、floor、ceil、mod、rem 的区别。在命令窗口输入命令：

```
>> a=[-3.74,-3.14,3.14,3.74];
>> fix_a=fix(a)
>> round_a=round(a)
>> floor_a=floor(a)
>> ceil_a=ceil(a)
>> b=[-8,-8,8,8];
>> c=[-3,3,-3,3];
>> ymod=mod(b,c)
>> yrem=rem(b,c)
```

执行结果分别为

```
fix_a =
    -3    -3     3     3
round_a =
    -4    -3     3     4
floor_a =
    -4    -4     3     3
ceil_a =
    -3    -3     4     4
ymod =
    -2     1    -1     2
yrem =
    -2    -2     2     2
```

1.2　M 文件概述

用 MATLAB 编程语言编写的程序称为 M 文件，类似于其他高级语言的源程序。MATLAB 提供了专门的 M 文件编辑/调试器(Editor/Debugger)，可以进行代码编辑和程序调试，并可以分析程序的运行效率。M 文件根据调用方式不同分为 M 脚本(Script)文件(也称为命令文件)和 M 函数(Function)文件，但都必须以.m 为扩展名，并且创建的 M 文件名要避免与 MATLAB 的内置函数和工具箱中的函数重名。

1.2.1　M 文件的建立

M 文件即为程序文件，其扩展名为.m，通过 M 文件编辑/调试器生成和编辑，新建 M 文件的默认文件名为 untitled.m。

启动 MATLAB 文本编辑/调试器，建立新的 M 文件有 3 种方法。

(1) 命令按钮操作。单击 MATLAB 工作界面工具栏中的 New-File 命令按钮，打开空白的 M 文件编辑器。

(2) 菜单操作。选择 MATLAB 工作界面的 File 菜单下 New 菜单项中的 Script 或 Function 命令。

(3) 命令操作。在 MATLAB 命令窗口中输入命令 edit。

打开已有 M 文件的方法也有 3 种。

(1) 菜单操作。选择 MATLAB 主窗口的 File 菜单中的 Open 命令，打开 Open 对话框，选择所需打开的 M 文件。

(2) 命令操作。在 MATLAB 命令窗口中输入命令"edit 文件名"，打开指定的 M 文件。

(3) 命令按钮操作。单击 MATLAB 主窗口工具栏中的 Open File 命令按钮，在弹出的对话框中选择需要打开的 M 文件。

运行 M 文件时，所调用的 M 文件必须在当前路径下，否则，MATLAB 将无法找到需要调用的函数，从而给出错误信息。

1.2.2　M 脚本文件

M 脚本文件不需要用户输入任何参数，也不会输出任何参数，只是一系列命令的排列，运行时系统按顺序读取文件中的每条命令，送到命令窗口中执行。M 脚本文件中创建的任何变量在工作空间中可以进一步使用。

M 脚本文件的运行方式有两种。

(1) 在 M 文件编辑/调试器中，按 F5 键或选择 Debug 菜单下的 Run 命令。

(2) 在命令窗口中直接输入不带扩展名的文件名。

由于 M 脚本文件共享 MATLAB 工作空间，在编写 M 脚本文件时，首先使用"clear"命令清除工作空间的变量，以避免同名变量的错误调用。

例如，计算 $y=\sin x$ 在 $x=0$、$\frac{\pi}{6}$、$\frac{\pi}{4}$、$\frac{\pi}{3}$、$\frac{\pi}{2}$、π 处的函数值。

打开 M 文件编辑/调试器，输入以下命令：

```
%exam1.m 计算函数值的 M 脚本文件
x=[0,pi/6,pi/4,pi/3,pi/2,pi]
y=sin(x)
```

保存文件名为 exam1.m，在命令窗口输入：

```
>> exam1
```

执行结果分别为

```
x =
        0    0.5236    0.7854    1.0472    1.5708    3.1416
y =
        0    0.5000    0.7071    0.8660    1.0000    0.0000
```

即 $\sin 0=0$，$\sin\dfrac{\pi}{6}=0.5$，$\sin\dfrac{\pi}{4}=0.7071$，$\sin\dfrac{\pi}{3}=0.866$，$\sin\dfrac{\pi}{2}=1$，$\sin\pi=0$。

1.2.3　M 函数文件

如果在解决一个问题时，要反复多次计算同一个函数的值，在编制程序时，就可以把这个函数事先编写成函数文件，需要时就可以随时调用。M 函数文件将程序进行抽象封装，完成参数传递和函数调用的功能，一般需要用户输入参数，并返回需要的参数。其他 M 文件可以调用 M 函数文件。

M 函数文件中函数声明行是必不可少的，用于区分 M 脚本文件，并指明函数的名称、输入/输出参数。M 函数文件中的变量是局部变量，函数调用结束后，这些变量自动失效。

函数文件定义格式为

```
function [outarglist]=函数名(inarglist)
注释行
函数体
```

说明：

(1) function 是关键字，表示定义一个 M 函数文件，outarglist 是输出参数列表，inarglist 是输入参数列表，输出变量若只有一个，可以省略方括号，各输入变量和输出变量间用逗号 "," 分隔。

(2) 函数必须是一个单独的 M 文件。

(3) 函数名是函数的名称，命名规则与变量名相同，一般用易于记忆的字母表示，保存时最好与文件名一致，当不一致时，MATLAB 以文件名为准。

M 函数文件的调用与调用 MATLAB 的内部函数一样，但需注意的是，被调用的函数文件必须在 MATLAB 的当前路径下。

M 函数文件调用格式为

```
[outarglist]=函数名(inarglist)
```

说明：函数调用时，实参的顺序应与函数定义时形参的顺序一致。

例如，编写 exam2.m 文件，计算 $n!$。

```
function result=exam2(n)
% exam2.m            计算自然数 n 的阶乘
%输入参数   n        n 为自然数
%输出参数   result       n!
result=1;
for k=1:n
    result=result*k;
end
```

调用该函数计算 2!、6! 。输入命令：

```
>> n1=exam2(2)
```

```
>> n2=exam2(6)
```

执行结果分别为

```
n1 =
    2
n2 =
  720
```

M 函数文件分为主函数、子函数、嵌套函数、内联函数和匿名函数等。

1) 主函数

主函数是针对其内部嵌套函数和子函数而言的，每个 M 函数文件中第一行定义的函数为主函数。一个 M 函数文件只能有一个主函数，主函数的名字和 M 函数文件的名字相同。主函数可以对子函数和嵌套函数进行调用。

2) 子函数

在 M 函数文件中，主函数之后定义的函数为子函数，一个主函数可以有多个子函数。每个子函数也使用 function 进行定义，此时必须使用 end 结束，有自己独立的声明和注释等结构。各子函数的先后顺序和调用的先后顺序无关。

主函数调用函数时，首先查找该函数文件中的子函数，若有同名的子函数，则调用该子函数。子函数只能被该函数文件的主函数或其他子函数调用。在 MATLAB 命令中，只能调用主函数，不能直接调用主函数中的子函数。

例如，计算两个数的算术平均数和几何平均数。

打开程序编辑器，建立 M 函数文件 exam3.m 如下。

```
function [suanshu,jihe]=exam3(x,y)
%主函数和子函数的调用
suanshu=my1(x,y);
jihe=my2(x,y);
end
function a=my1(x,y)          %子函数 my1，求正数 x 和 y 的算术平均数
a=(x+y)/2;
end
function b=my2(x,y)          %子函数 my2，求正数 x 和 y 的几何平均数
b=sqrt(x*y);
end
```

在命令窗口中调用该函数：

```
>> clear all
>> [a1,a2]=exam3(2,4)
>> [b1,b2]=exam3(2,5)
```

执行结果分别为

```
a1 =
    3
a2 =
    2.8284
b1 =
    3.5
b2 =
    3.1623
```

3) 嵌套函数

在函数内部定义的函数称为嵌套函数。可以进行多层嵌套，一个函数内部可以嵌套多个函数，在嵌套函数中还可以嵌套其他函数。

嵌套函数的常用语法形式为

```
function a=f(x1,y1)
……
    function b=g(x2,y2)
    ……
    end
……
end
```

说明：

(1) 无论是嵌套函数还是它的父函数都必须标明 end 表示函数结束。

(2) 外层的函数可以调用内一层直接嵌套的函数，不能调用更深层的嵌套函数。

4) 内联函数

内联函数使用 inline 函数描述某些简短的数学关系，无需建立 M 文件，便于提高程序的灵活性。

内联函数的定义格式为

```
var=inline('expr')
```

或

```
var=inline('expr','arg1','arg2',…)
```

内联函数的调用格式为

```
var(arg1,arg2,…)
```

说明：

(1) var 为变量名，expr 是字符串表示的数学表达式，'arg1'、'arg2'、…是表达式 expr 中的各变量，每个变量都需用单引号"''"括起。

(2) 当函数有多个变量时，系统自动识别为含多个变量的函数，还可以指定变量的顺序。

(3)inline 语句得到的返回类型是"Inline function"。

例如，在命令窗口输入以下命令：

```
>> f=inline('sin(theta)-cos(phi)')     %定义内联二元函数
>> f1=f(pi,pi/2)                        %调用内联函数 f，计算 f(pi,
pi/2)的值
>> g=inline('sin(theta)-cos(phi)','theta','phi')  %确定变量的
顺序
>> g1=g(pi,pi/2)
```

执行结果分别为

```
f =
    Inline function:
    f(phi,theta) = sin(theta)-cos(phi)
f1 =
    2
g =
    Inline function:
    g(theta,phi) = sin(theta)-cos(phi)
g1 =
    6.1232e-17
```

即 $f\left(\pi,\dfrac{\pi}{2}\right)=\sin\dfrac{\pi}{2}-\cos\pi=2$，$g\left(\pi,\dfrac{\pi}{2}\right)=\sin\pi-\cos\dfrac{\pi}{2}=0$。

5）匿名函数

匿名函数是用户快速建立简单函数的方法，它只包含一个 MATLAB 表达式，任意个输入和输出，用户不需要将函数写成 M 函数文件。可以在 MATLAB 命令窗口、M 函数文件和 M 脚本文件中调用匿名函数。

匿名函数的定义格式为

```
fhandle=@(inarglist)expr
```

匿名函数的调用格式为

```
var=fhandle(inarglist)
```

说明：

(1)expr 通常是一个简单的变量表达式，实现函数的功能，inarglist 是输入参数列表，各参数间用逗号"，"分隔。

(2)匿名函数中可以没有输入参数，此时定义和调用匿名函数时使用空的圆括号表示输入参数列表，不能省略空的圆括号。

(3)@是 MATLAB 创建函数句柄的操作符，表示对由输入参数 inarglist 和表达式 expr 确定的函数创建句柄，并将这个函数句柄返回给变量 fhandle，可以通过 fhandle 调用该函数。

例如，在命令窗口输入以下命令：

```
>> f=@(x,y) x+y                %定义匿名二元函数 f(x,y)=x+y
>> g=@()disp('This is a text');%定义无输入的匿名函数
>> f1=f(2,3)                   %调用匿名函数 f，计算 f(2,3)的值
>> f2=f(4,7)
>> f3=f(3,-8)
>> g()                         %调用无输入匿名函数
```

执行结果分别为

```
f =
    @(x,y)x+y
f1 =
    5
f2 =
    11
f3 =
    -5
This is a text
```

1.3 程序控制结构

虽然 MATLAB 提供了大量函数，但在实际应用中，经常需要编写程序，以完成特定的功能。作为一种开发工具，MATLAB 可以像 C 语言等高级语言一样进行控制流的程序设计，控制 MATLAB 程序的运行、命令的执行。常用的程序控制结构与其他高级语言类似，分为顺序结构、循环结构和分支结构，任何复杂的程序都由这三种基本结构组成。通常情况下，MATLAB 以顺序结构运行，当需要重复运算或在逻辑条件下运行时，则需要采用循环或分支形式的程序结构。

1.3.1 顺序结构

顺序结构是最简单的控制语句，由简单的赋值语句和函数组成，系统按程序中语句的先后顺序逐句解读命令并执行，直到程序最后。顺序结构一般不包含其他任何子语句或控制语句，也不需要输入任何参数。这种程序结构比较单一，容易编制。

例如，在当前目录下，编写 M 脚本文件 exam4.m 如下。

```
%exam4.m 顺序结构的 M 文件
x=2;
y1=x^2;
y2=sqrt(x);
y3=x^3;
```

```
y4=1/x;
[x,y1,y2,y3,y4]
```

在命令窗口调用该文件，执行结果为

```
>>exam4
ans =
    2.0000    4.0000    1.4142    8.0000    0.5000
```

执行该文件时，系统依次执行文件中的各条命令，并将执行结果显示在命令窗口中。

1.3.2 条件结构

在程序中往往需要根据一定条件的逻辑判断(真或假)确定执行不同的操作，这时就需要使用条件选择结构。MATLAB 中有两种条件结构：if-else-end 语句和 switch-case-end 语句。

1. if 条件分支结构

if 结构包括 if、else、elseif 和 end 命令，用于逻辑真假的判断，有以下 3 种常用形式。

1)单分支结构

```
if 条件表达式
    语句
end
```

说明：如果条件表达式的值非 0，则执行 if 后面的语句，否则跳出 if 结构，执行 end 后面的语句。

例如，编写判断学生成绩是否及格的函数文件 iftj1.m。当输入的成绩≥60 时，则输出"及格"；若输入的成绩<60，则系统将不执行任何操作。

```
function iftj1(x)
% iftj1.m 判断成绩 x 是否及格的单分支结构
%输入参数 x      学生的成绩
if x>=60
    fprintf('该成绩：%d 及格\n',x)
end
```

在命令窗口调用该函数，执行结果分别为

```
>> iftj1(87)
该成绩：87 及格
>> iftj1(54)
>>
```

2)双分支结构

```
if 条件表达式
```

```
    语句1
else
    语句2
end
```

说明：如果条件表达式成立，则执行语句1，如果条件表达式不成立，则执行语句2，否则跳出if结构，执行end后面的语句。

例如，编写判断学生成绩及格或不及格的函数文件iftj2.m。当输入的成绩≥60时，则输出"及格"；若输入的成绩<60，则输出"不及格"。

```
function iftj2(x)
% iftj2.m判断成绩x及格或不及格的双分支结构
%输入参数x       学生的成绩
if x>=60
    fprintf('该成绩：%d 及格\n',x)
else
    fprintf('该成绩：%d 不及格\n',x)
end
```

在命令窗口调用该函数，执行结果分别为

```
>> iftj2(54)
该成绩：54 不及格
>> iftj2(67)
该成绩：67 及格
```

3）多分支结构

```
if 条件表达式1
    语句1
else if 条件表达式2
    语句2
......
else
    语句n
end
```

说明：

（1）多条件分支结构是嵌套条件结构，可以实现多路选择。

（2）先判断条件表达式1，如果条件表达式1成立，则执行语句1，然后跳出if结构，终止本结构体，即使后面的表达式有可能成立，也不去执行。如果条件表达式1不成立，则判断条件表达式2，如果成立，则执行语句2，然后跳出if结构；如果条件表达式2不成立，则继续这个过程进行判断。如果所有的条件表达式都不成立，则执行else后面的语句（如果else语句存在的话），然后结束本结构体。

例如，编写判断学生成绩等级的函数文件 iftj3.m。输入的成绩在 90 以上为优秀，80～89 为良好，70～79 为中等，60～69 为及格，小于 60 为不及格。

```
function iftj3(x)
% iftj3.m 判断成绩 x 等级的多分支结构
%输入参数 x      学生的成绩
if x>=90
    fprintf('该成绩：%d 优秀\n',x)
elseif x>=80
    fprintf('该成绩：%d 良好\n',x)
elseif x>=70
    fprintf('该成绩：%d 中等\n',x)
elseif x>=60
    fprintf('该成绩：%d 及格\n',x)
else
    fprintf('该成绩：%d 不及格\n',x)
end
```

在命令窗口调用该函数，执行结果分别为

```
>> iftj3(91)
该成绩：91 优秀
>> iftj3(46)
该成绩：46 不及格
>> iftj3(62)
该成绩：62 及格
>> iftj3(76)
该成绩：76 中等
```

说明：

(1)在 if 条件结构中，if 后的表达式必须为逻辑表达式，可以是逻辑运算、逻辑变量或逻辑函数，通常由关系运算符(>、<、<=、>=、==、~=等)、逻辑运算符(&、|、~等)和逻辑函数(exist、iskeyword、isempty 等)组成。

(2)除 else 外，每个 if 必须与一个结束语句 end 相对应。

2. switch 开关结构

开关结构是根据表达式的运算结果依次对照给出的条件，一旦符合则执行相应条件后面的语句，执行完后退出开关体。该结构常用于条件较多而且较单一的情况。switch 结构包括 switch、case、otherwise 和 end 命令，一般形式为

```
switch 表达式
  case value1
    语句 1
```

```
    case value2
       语句 2
       .......
    otherwise
       语句 n
end
```

说明：

(1) 关键字 switch 后面的表达式只能是数值或字符串，而不能为赋值型语句，case 后面的值可以是数值或字符串。

(2) 执行 switch 语句时，只执行一个满足条件的 case 后面的语句，然后退出开关体，继续执行 end 后面的语句。如果不符合所有的 case 条件，则执行 otherwise 后面的语句(如果存在 otherwise 的话)。

(3) 每个 switch 必须与一个结束语句 end 相对应。

例如，编写使用 switch 结构判断学生成绩等级情况的函数文件 swch.m，判断成绩情况。

```
function swch(x)
% swch.m判断成绩 x 等级的 switch 开关结构
% 输入参数 x      学生的成绩
if x>=0&x<=59
    fprintf('该成绩 %d 不及格\n',x)
else
    s=floor((x-60)/10);
    switch s
      case 3
          fprintf('该成绩： %d 优秀\n',x)
      case 2
          fprintf('该成绩： %d 良好\n',x)
      case 1
          fprintf('该成绩： %d 中等\n',x)
      case 0
          fprintf('该成绩： %d 及格\n',x)
    end
end
```

在命令窗口调用该函数，执行结果分别为

```
>> swch(77)
该成绩： 77 中等
>> swch(90)
该成绩： 90 优秀
```

1.3.3 循环结构

循环结构可以实现根据某变量的顺序将某些语句重复执行或进行有规律的重复计算，被重复执行的语句称为循环体，控制循环语句走向的语句称为循环条件。MATLAB 提供了两种循环控制结构：for 循环结构和 while 循环结构。

1. for 循环结构

for 循环是无条件循环，对循环次数进行判断来确定是否退出循环，常用于已知循环次数的情况，除非用其他语句提前终止循环。for 循环结构包括 for 和 end，一般形式为

```
for 循环变量=表达式 1:表达式 2:表达式 3
    循环体
end
```

说明：

(1) 因为 MATLAB 中，i 和 j 表示复数的虚部单位，所以循环变量应避免使用 i 和 j，不能在循环体中对循环变量进行赋值。

(2) 表达式 1 的值为循环初值，表达式 2 的值为循环步长(默认为 1)，表达式 3 的值为循环终值。

(3) 对于正的步长，当循环变量的值大于表达式 3 的值时，则结束循环；对于负的步长，当循环变量的值小于表达式 3 的值时，则结束循环。

(4) for 循环允许嵌套使用，将循环语句书写成阶梯形，以增加可读性，但每个 for 必须与一个 end 相对应。在循环体中的语句后加上分号";"，防止输出中间计算结果。

(5) 多使用数组化编程。MATLAB 编程中使用循环语句能降低执行速度，因此应尽量提高程序的数组化程度，采用矩阵运算，避免使用循环语句，以提高运算速度。

例如，计算 $\frac{1}{2}+\frac{1}{4}+\cdots+\frac{1}{2^{10}}$ 的值，利用 for 循环结构，在命令窗口输入命令：

```
>> x=0;
>> for n=1:10
    x=x+1./2^n;
    end
>> x
```

执行结果为

```
x =
    0.9990
```

若不用 for 循环，采用数组计算，输入命令：

```
>> n=1:10;
>> a=1./2.^n;
>> s=sum(a)
```

执行结果一样，然而后一种方法执行的速度比前一种方法快得多。

2. while 循环结构

while 循环是条件循环，常用于已知循环条件或循环结束条件，但不确定循环次数的情况。while 循环结构包括 while 和 end，一般形式为

```
while 条件表达式
   循环体
end
```

说明：

(1)while 循环语句运行时，先判断条件表达式的值，当条件表达式的值为真时执行循环体，否则退出循环。

(2)while 循环也允许嵌套使用，但每个 while 必须与一个 end 相对应。

(3)执行循环语句时可以使用 break 语句退出循环，以避免出现死循环。如果出现死循环，可使用快捷键 Ctrl+C 强行中断。

break 命令和 continue 命令常用于 for 循环结构或 while 循环结构中，用于控制循环的流程。

1)break 命令

break 命令使包含 break 的最内层 for 循环或 while 循环强制终止，立即跳出当前循环体，不再执行当前循环的任何操作。常与条件语句 if 结合使用。

例如，计算鸡兔同笼问题，要求输入头数和脚数，输出鸡和兔的数量。编写 M 脚本文件 jitu.m。

```
%jitu.m  鸡兔同笼问题
%参数 h  头数
%    f   脚数
%    n   鸡的数量
%    m   兔的数量
h=input('头数 h= ');
f=input('脚数 f= ');
k=1;
while k
if mod(f-k*2,4)==0&(k+(f-k*2)/4)==h
   break;
end
k=k+1;
end
n=k;
m=(f-2*k)/4;
if n*m<0
```

```
    disp('数据有误！')
else
fprintf('鸡有 %d 只，兔有 %d 只\n',n,m)
end
```

在命令窗口调用该文件，以及头数和脚数，则执行结果为

```
>> jitu
头数 h=59
脚数 f=150
鸡有 43 只，兔有 16 只
```

2）continue 命令

continue 命令是结束本次循环，跳过循环体中下面没有执行的命令，直接进入下一次循环。常与条件语句 if 结合使用。

例如，比较 break 和 continue 的区别。在命令窗口输入下列两组命令：

```
>> a=1;b=2;            >> a=1;b=2;
>> for k=1:2           >> for k=1:2
    b=b+1                  b=b+1
   if k<2                  if k<2
     break                   continue
     end                   end
   a=a+2                 a=a+2
   end                   end
```

执行结果分别为

```
b =                    b =
   3                      3
                       b =
                       4
                       a =
                       3
```

1.3.4　交互控制命令

MATLAB 提供了交互语句，便于控制程序的运行和数据参数的输入输出。

1．输入输出控制命令

MATLAB 提供了变量输入提示信息语句 input、请求键盘输入语句 keyboard、输出显示语句 fprintf 和 disp，调用格式和功能见表 1.3.1。

表 1.3.1　交互式输入/输出函数

调用格式	功能说明
x=input('p')	在命令窗口中显示提示信息 p，等待用户用键盘输入数据、字符串或表达式，输入结束后回车，将输入的数据赋予变量 x
x=input('p','s')	在命令窗口中显示提示信息 p，等待用户用键盘输入数据，回车后，将输入的变量值以字符串形式赋予变量 x
keyboard	在 m 文件中，停止文件的执行，并将控制权交给键盘
disp('s')	在命令窗口中直接显示单引号中的字符串 s
disp(s)	在命令窗口中显示变量 s 的值，但不显示变量名
fprintf('s')	将字符串 s 显示在命令窗口中或存入一个文件内
fprintf('%s',v)	在命令窗口中按%s 指定的格式显示变量 v

说明：

（1）执行命令 input 后，如果没有输入任何内容，只是按回车，则返回一个空矩阵。

例如，计算方程 $ax^2+bx+c=0$ 的根。编写 M 脚本文件 root2.m 如下：

```
%root2.m  求二元一次方程 ax^2+bx+c=0 的根
clear all
a=input('a=');
b=input('b=');
c=input('c=');
d=b^2-4*a*c;
if d>0
   x=[(-b+sqrt(d))/(2*a),(-b-sqrt(d))/(2*a)];
   disp(['该方程有两个不同实根: x1=',num2str(x(1)),
', x2=',num2str(x(2))])
   elseif d==0
   x=-b/(2*a);
   disp(['该方程有两个相同实根: x1=x2=',num2str(x)])
   else
   disp('该方程没有实根.')
   end
```

在命令窗口中调用该文件，但不输入参数：

```
>> root2
a=
b=
c=
```

执行结果为

该方程没有实根.

再输入命令

```
>> a            %查看 a 的值
```

执行结果为

```
a =
    []          %a 是空矩阵
```

再调用该文件, 并输入方程的系数, 则计算出方程的根的情况.

```
>> root2
a=1
b=-3
c=2
```

执行结果为

```
该方程有两个不同实根: x1=2, x2=1
```

(2) 命令 keyboard 用于调试程序及在程序运行过程中修改变量. 执行 keyboard 命令后, 终止程序的运行, 命令窗口出现提示符 K>>, 等待用户从键盘输入 MATLAB 命令, 当键入命令 return, 再按回车时, 可终止 keyboard 模式, 继续运行 keyboard 后面的程序; 若修改了变量, 则程序继续运行时变量的值为修改后的值.

(3) 使用 fprintf 命令可以显示文本和数据, 还可以控制输出的数值格式.

fprintf 函数设置输出的格式和功能见表 1.3.2.

表 1.3.2　设置输出格式

格式符	数据类型	转义字符	功能说明
%c	字符型	\n	换行
%s	字符串型	\t	水平制表符(跳到下一个制表位)
%d	十进制整型	\b	退格, 将当前位置前移一列
%f	浮点型	\r	回车
%e	十进制指数型	\f	换页, 将当前位置移到下页开头
%x	十六进制整数型	%%	%
%bx	十六进制浮点型		

例如, 用不同的有效位数输出 π. 在命令窗口输入命令:

```
>> fprintf('pi=%.5e\n',pi)      %取小数点后 5 位的科学计数法显示 pi
>> fprintf('pi=%.0f\n',pi)   %不取小数部分以浮点型方式显示 pi
```

执行结果分别为

```
pi=3.14159e+00
pi=3
```

例如, 以列表方式输出 1 到 5 的整数的平方、立方和阶乘. 编写 M 函数文件 liebiao.m 如下.

```
function liebiao(n)
```

```
%liebiao.m 计算 1-n 的平方、立方和阶乘
fprintf('Number   Square     Cube       n!\n');
fprintf(' -------------------------------------\n');
k=1:n;
squar=k.^2;cube=k.^3;jiech=factorial(k);
result=[k',squar',cube',jiech'];
for k=1:n
    fprintf('%2d  %8d  %8d  %8d\n',result(k,:));
end
end
```

在命令窗口调用该函数，执行结果为

```
>> liebiao(5)
Number   Square     Cube      n!
-------------------------------------
1         1          1         1
2         4          8         2
3         9         27         6
4        16         64        24
5        25        125       120
```

2. 等待用户响应命令

pause 函数用于暂时终止程序的运行，等待用户按任意键继续运行程序，便于调试程序及查看中间结果。其调用格式和功能见表 1.3.3。

表 1.3.3　等待用户响应的 pause 函数

调用格式	功能说明
pause	暂停 M 文件的执行，等待用户按任意键继续
pause(n)	程序暂停 n 秒后继续执行
pause on	允许后续的 pause 命令暂停程序的运行
pause off	不允许后续的 pause 命令暂停程序的运行

例如，计算 $y=\sin x$ 在 $x=0$，$30°$，$45°$，$60°$，$90°$ 处的值，中间停顿 1 秒。在命令窗口输入命令

```
>> x=[0,30,45,60,90];
>> n=length(x);
>> for k=1:n
y=sind(x(k));
disp(['sin( ',num2str(x(k)),' )= ',num2str(y)])
pause(1)
end
```

执行结果分别为

```
sin( 0 )= 0
sin( 30 )= 0.5
sin( 45 )= 0.70711
sin( 60 )= 0.86603
sin( 90 )= 1
```

3. 程序终止控制

命令 return 用于提前终止其所在函数的运行，返回到上一级调用函数或等待键盘输入命令；否则只有等整个被调函数执行完后，才会转出。常用于特殊情况需要立即退出程序或终止键盘输入模式。

例如，编写计算 $n!$ 的 M 文件 examreturn.m。

```
%计算输入量 n 的阶乘 n!，当 n<0 时显示出错信息并停止
n=input('Please input n(n>=0)    ');
if n<0
    disp('error , input n <0   ')
    return
else
    a=factorial(n)
end
```

在命令窗口中输入文件名 examreturn 及相关参数，执行结果为

```
>> examreturn
Please input n(n>=0)    3
a =
    6
>> examreturn
Please input n(n>=0)    -5
error , input n <0
```

由于输入量 -5<0，程序终止了运行，并显示错误信息。

编写程序时，难免会出现错误，MATLAB 提供了一些命令显示错误信息，调用格式和功能见表 1.3.4。

表 1.3.4　错误显示函数

调用格式	功能说明
error('message')	在命令窗口中显示出错信息 message，终止程序的运行，并将控制返回到键盘
lasterr	显示最新出错原因，并终止程序的运行
lastwarn	显示 MATLAB 自动给出的最新警告，程序继续运行
warning('message')	显示警告信息 message，程序继续运行

例如，编写计算二元函数 $z=x+y$ 的 M 函数文件 examerror.m。

```
%显示错误信息
function z=examerror(x,y)
if nargin ~=2
    error('Number of input arguments is wrong! ')
else
    z=x+y;
end
```

在命令窗口调用该函数，当输入变量个数不等于 2 时显示出错信息。

```
>> examerror(1)
Error using examerror (line 4)
Number of input arguments is wrong!
>> examerror(1,2)
ans =
    3
```

4. 计时函数

在 MATLAB 中，可以记录程序运行的时间，使用函数 tic、toc、cputime 等进行计时。

1）tic 和 toc

函数 tic 启动一个秒表，函数 toc 停止该秒表，并计算出所经历的时间。利用这两个函数可以计算程序或函数运行的时间。

2）cputime

该函数返回从当前 MATLAB 启动后所用的 CPU 时间，单位为秒。利用该函数进行计时的时候，通常采用以下程序

```
t=cputime;
    需要计时的程序
e=cputime-t
```

例如，比较用 for 循环和数组运算计算 $y=\sin(x)$（$x=0:pi/20:2*pi$）所用的时间。编写计时 M 脚本文件 jishi.m 如下。

```
%比较 for 循环和数组运算的运行时间
%计算 for 循环的运行时间
clear all
tic;
k=0;
for t=0:pi/20:2*pi
    k=k+1;
```

```
        y(k)=sin(t);
end
toc;
%计算数组运算的运行时间
clear all
tic;
t=0:pi/20:2*pi;
y=sin(t);
toc;
```

在命令窗口调用该文件，执行结果分别为

```
>>jishi
Elapsed time is 0.011323 seconds.
Elapsed time is 0.001388 seconds.
```

可见，用数组进行运算，效率更高。因此，应尽可能地减少使用 for 循环或 while 循环，用向量化的数组运算代替循环运算。

1.4 基本图形绘制

MATLAB 不仅提供了强大的数值计算功能，而且提供了强大的数据可视化功能，具有极其丰富的绘图和图形操作方面的函数和命令，便于用户绘制各专业的专用图形。不仅可以绘制二维、三维甚至四维图形，将计算结果通过图形的方式显示出来，而且可以对图形的线型、色彩、光线和视角等属性进行加工，以达到所需要的效果。用户可以选择直角坐标、极坐标等不同的坐标系进行绘图。

1.4.1 二维图形绘制

1. 二维绘图函数

MATLAB 提供了 plot、ezplot 及 fplot 三种绘制二维曲线的函数。

1）基本绘图函数

plot 函数是绘制二维图形的最基本函数，是针对向量或矩阵的列来绘制曲线的，可以绘制线段、曲线和参数方程曲线的图形。plot 函数自动打开一个图形窗口，根据图形坐标大小自动缩扩坐标轴，将数据标尺及单位标注自动加到两个坐标轴上。其调用格式和功能见表 1.4.1。

表 1.4.1　二维曲线绘制函数 plot

调用格式	功能说明
plot(x)	以向量 x 的元素为纵坐标,以 x 元素的下标为横坐标绘制一条曲线,横坐标从 1 开始到 length(x)
plot(X)	以 $m \times n$ 矩阵 X 的每一列绘制一条曲线,共绘制 n 条曲线,每条曲线的横坐标都为向量 $1:m$,每条曲线系统自动用不同的颜色表示
plot(x,y)	绘制函数 $y=f(x)$ 的图形,x 和 y 为同维向量
plot(X,Y)	以矩阵 X 和矩阵 Y 的对应列的元素为横、纵坐标分别绘制 n 条不同颜色的曲线,X 和 Y 都为 $m \times n$ 矩阵
plot($x1,y1,x2,y2,\cdots,xn,yn$)	以 $x1$ 和 $y1$,$x2$ 和 $y2$,$\cdots$ 为一组向量对,分别绘制多条曲线图
plot($x1,y1,s1,x2,y2,s2,\cdots$)	绘制带有指定属性的曲线,参数 $s1,s2,\cdots$ 设置曲线的颜色、线型和数据点标记等属性

例如,在命令窗口输入命令:

```
>> m=magic(4);          %生成 4 阶魔方矩阵 m
>> plot(m)              %同一窗口绘制 m 的图形
```

输出如图 1.4.1 所示的 4 条曲线。

再输入命令:

```
>> x1=1:10;
>> y1=1./x1;
>> x2=-pi:0.01:pi;
>> y2=sin(x2);
>> plot(x1,y1,'.',x2,y2)        %同一窗口以不同的线型绘制多条曲线
```

执行结果如图 1.4.2 所示。

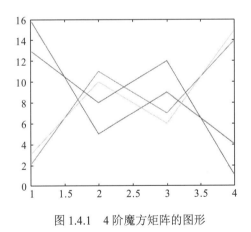

图 1.4.1　4 阶魔方矩阵的图形

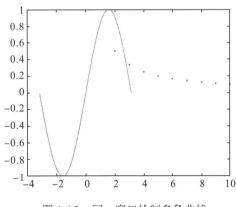

图 1.4.2　同一窗口绘制多条曲线

2) 符号函数绘图

MATLAB 具有强大的符号函数绘图功能,可以绘制一元函数的曲线图、隐函数的图形、二元函数的曲面图及等高线图、参数方程表示的函数以及极坐标表示的函数的图形等。绘制一元符号函数图形的函数主要是 ezplot,其调用格式及功能如表 1.4.2 所示。

表 1.4.2　符号函数绘图函数

调用格式	功能说明
ezplot(f)	绘制默认区间[$-2\pi, 2\pi$]上符号函数 f 的图形
ezplot($f,[a,b]$)	绘制指定区间[a,b]上符号函数 f 的图形
ezplot($f,[x_{min}, x_{max}, y_{min}, y_{max}]$)	绘制区间 $x_{min} \leqslant x \leqslant x_{max}$，$y_{min} \leqslant y \leqslant y_{max}$ 上由方程 $f(x, y) = 0$ 确定的隐函数的图形，x 和 y 的默认区间都为[$-2\pi, 2\pi$]
ezplot($x,y,[\alpha, \beta]$)	绘制区间 $\alpha \leqslant t \leqslant \beta$ 上参数方程 $x=x(t)$，$y=y(t)$ 确定的函数的图形，[α, β]省略时为[$0, 2\pi$]

说明：

函数 ezplot 无须准备绘图数据，只需定义函数便可画出图形，使用更加简便。

例如，比较 plot 函数和 ezplot 函数绘制 $y = \sin\dfrac{1}{x}$（$-0.1 \leqslant x \leqslant 0.1$）的图形。编写 M 脚本文件如下。

```
clear all; close all;
x=-0.1:0.01:0.1;
y=sin(1./x);
subplot(2,1,1)
plot(x,y)
title('plot 函数绘图')
subplot(2,1,2)
ezplot('sin(1/x)',[-0.1,0.1])
title('ezplot 函数绘图')
```

执行结果如图 1.4.3 所示。

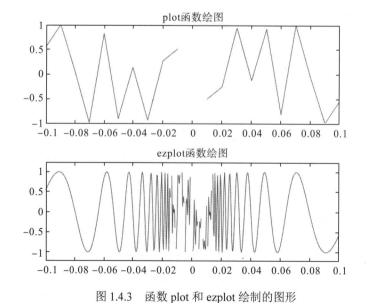

图 1.4.3　函数 plot 和 ezplot 绘制的图形

2. 图形窗口的设置

图形窗口是以图形图像的方式显示绘图函数的运行结果，该窗口没有被默认在 MATLAB 的主窗口中，当执行绘图函数后才能生成一个图形窗口。可以生成多个图形窗口显示多个图形，也可以将多个图形绘制在同一个图形窗口中。

1）创建新窗口

图形窗口（Figure Window）是 MATLAB 绘制的所有图形的输出专用窗口。当 MATLAB 没有打开图形窗口而执行了一条绘图命令时，系统自动创建一个图形窗口，以后再使用绘图命令时，将刷新当前图形窗口，使用 figure 函数可以创建多个图形窗口。其调用格式为

```
figure
```

或

```
figure(n)
```

其中，n 为窗口编号。

说明：

（1）函数 figure（n）可以同时打开多个图形窗口，图形窗口按照该窗口创建的时间顺序依次命名：Figure 1，Figure 2，…，Figure n。如果某个窗口不存在，则产生新的图形窗口，并设置为当前窗口，而不关闭其他窗口。

（2）调用函数 plot 绘图时，系统自动以 Figure1 作为当前图形窗口绘制图形，不保留原来的图形。

（3）使用命令 clf，可以清除当前图形窗口中的所有内容。

2）绘制叠加图

有时希望将后续图形和前面的图形叠加进行比较，MATLAB 调用函数 hold 启动或关闭图形保持功能，将新产生的图形叠加到已有的图形上。其调用格式和功能见表 1.4.3。

表 1.4.3　曲线颜色、线型、标记符号

调用格式	功能说明
hold on	启动图形保持功能，允许在当前窗口上绘制其他图形
hold off	关闭图形保持功能，不允许在当前窗口上绘制其他图形
hold	在以上两个命令之间切换

3）绘制子图

MATLAB 中使用函数 subplot 将同一个图形窗口分成多个不同子窗口，其调用格式为

```
subplot(m,n,k)
```

将当前图形窗口分割成 $m×n$ 个子窗口，并选择第 k 个子窗口作为当前绘图窗口。

3. 图形修饰

完成图形基本绘制后，MATLAB 会对绘制的图形自动进行一些简单的标注。还可以对图形的样式、坐标轴、标题、图例等进行标注和编辑，增强图形的可读性。

1）设置曲线样式

在函数 plot 的参数设置中，MATLAB 提供了一些绘图选项，用于设置曲线的样式，如颜色、线型、线宽和数据点标记符号，它们可以组合使用，调用时以单引号"''"括起，各选项直接相连，不需要分隔符。省略样式选项时，线型一律用实线，根据曲线的先后顺序依次采用不同的颜色。颜色、线型和标记符号见表 1.4.4。

表 1.4.4 曲线颜色、线型、标记符号

颜色符号	颜色	线型符号	线型	标记符号	标记
b（默认）	蓝色	-（默认）	实线	+	十字
r	红色	:	短虚线	*	星号
y	黄色	--	长虚线	。	圆圈
g	绿色	.	点线	×	叉号
c	蓝绿色	-.	点划线	s	方形
m	红紫色			d	菱形
k	黑色			∧	向上三角形
w	白色			∨	向下三角形
				>	向右三角形
				<	向左三角形
				p	五角星
				h	六角形

说明：

（1）函数 plot 的最典型调用方式是三元组形式。

```
plot(x,y,'color-style-marker')
```

其中，color、style 和 marker 分别是颜色、线型和数据点标记。

（2）如果不指定曲线颜色，MATLAB 自动循环使用 y、m、c、r、g、b、w 7 种颜色绘制曲线。

例如，用红色虚线绘制函数 $y=\sin x$ 的曲线，曲线的宽度为 2，用向右的三角形标记数据点。在命令窗口输入命令：

```
>> x=-pi:0.1:pi;
>> y=sin(x);
>> plot(x,y,'r:>','LineWidth',2)
```

执行结果如图 1.4.4 所示。

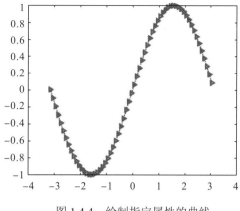

图 1.4.4 绘制指定属性的曲线

2) 设置坐标轴和网格线

绘制图形时，系统自动给出图形的坐标轴，利用函数 axis 可以设置坐标轴的刻度和范围，调整坐标轴。调用格式和功能见表 1.4.5。

表 1.4.5 设置坐标轴和网格线

类型	调用格式	功能说明
坐标轴显示方式	axis ('auto') 或 axis auto	将坐标轴设置返回默认状态
	axis ('square') 或 axis square	将坐标系设置为正方形 (系统默认为矩形)
	axis ('equal') 或 axis equal	将两个坐标轴刻度设定为相等
	axis ('off') 或 axis off	不显示坐标轴
	axis ('on') 或 axis on	显示坐标轴的所有设置
坐标轴范围	axis ([x_{min} x_{max} y_{min} y_{max}])	设定坐标轴的范围为 $x_{min} \leqslant x \leqslant x_{max}$，$y_{min} \leqslant y \leqslant y_{max}$，可以取 Inf 或 -Inf
网格线	grid on	显示网格线
	grid off	不显示网格线
	grid minor	设置网格线间的间距

3) 添加图形标注

图形绘制完后，MATLAB 提供了一些特殊的图形函数，用于修饰绘制好的图形，如图形标题、坐标轴标记、图例及文字注释等。调用格式和功能见表 1.4.6。

表 1.4.6 图形标注函数

标注类型	调用格式	功能说明
标题标注	title ('s')	在当前坐标系的顶部添加字符串 s，作为该图形的标题
	title ('s','$PropertyName$',$PropertyValue$)	参数'$PropertyName$', $PropertyValue$ 定义标注文本的属性和属性值，包括字体大小、字体名、字体粗细等
坐标轴标注	xlable ('s')	用字符串 s 标记 x 轴
	xlable ('s','$PropertyName$',$PropertyValue$)	参数'$PropertyName$', $PropertyValue$ 同函数 title
	ylable ('s')	用字符串 s 标记 y 轴
	ylable ('s','$PropertyName$',$PropertyValue$)	参数'$PropertyName$',$PropertyValue$ 同函数 title

续表

标注类型	调用格式	功能说明
图例标注	legend('s1','s2',…)	用指定的字符串 s1, s2,…在当前图形中添加图例
	legend('s1','s2',…,'Location',pos)	在指定位置 pos 处添加图例 s1, s2,…
	legend off	清除当前图中的图例
文本标注	text(x,y,'s')	在二维图形指定位置 (x, y) 处添加文本注释 s
	text(x,y,z,'s')	在三维图形指定位置 (x, y, z) 处添加文本注释 s
	text(…,'PropertyName',PropertyValue)	按属性名和属性值设置文本注释的属性
	gtext('s')	利用鼠标在图形任意位置添加文本注释 s
	gtext({'s1','s2',…})	利用鼠标同时添加由 s1, s2,…组成的一组文本注释
	gtext({'s1';'s2';…})	利用鼠标分别添加 s1, s2,…的文本注释
线条，箭头，图框标注	annotation('line',x,y)	添加从点 $(x(1), y(1))$ 到点 $(x(2), y(2))$ 的线条 x, y 表示整个图形的比例，取值为[0, 1]
	annotation('arrow',x,y)	添加从点 $(x(1), y(1))$ 到点 $(x(2), y(2))$ 的箭头
	annotation('doublearrow',x,y)	添加从点 $(x(1), y(1))$ 到点 $(x(2), y(2))$ 的双箭头
	annotation('textarrow',x,y)	添加从点 $(x(1), y(1))$ 到点 $(x(2), y(2))$ 的带文本框的箭头
	annotation('textbox',[x,y,w,h])	添加左下角坐标为 (x,y)，宽为 w，高为 h 的文本框，双击该文本框，可进入文本框编辑状态
	annotation('ellipse',[x,y,w,h])	添加左下角坐标为 (x,y)，宽为 w，高为 h 的椭圆
	annotation('rectangle',[x,y,w,h])	添加左下角坐标为 (x,y)，宽为 w，高为 h 的矩形框
	annotation(…,'PropertyName',PropertyValue)	设置注释对象的属性

说明:

(1)函数 legend 为图形窗口创建图例时，根据绘图的先后次序，用指定的字符串对图形中的所有曲线进行自动标注，包括曲线的线型、标记符号和颜色等。可以使用鼠标拖动图例框改变其在图中的位置，也可以在该函数调用时设置其位置，位置参数 pos 常取以下字符串:

'best' 图例自动添加在图形的最佳位置，尽量不与图形重叠。

'northeast'，图例添加在图形的右上角(默认位置)。

'northwest'，图例添加在图形的左上角。

'southeast'，图例添加在图形的右下角。

'southwest'，图例添加在图形的左下角。

(2)函数 gtext 是交互式文本输入函数,执行该函数时,将鼠标放在图形上便会出现"+"字型交叉线，移动鼠标选择标注放置的位置，单击后在该位置上可添加指定的文本标注。

例如，在同一图形窗口绘制函数 y=sinx 和 y=cosx 的图形，并用 16 号加粗的黑体添加标题和图例。

方法一：编写 M 脚本文件 huatu.m 如下:

```
clear all
x=0:0.1:2*pi;
```

```
    y1=sin(x);
    y2=cos(x);
    plot(x,y1,'b-*',x,y2,'g:o')  %蓝色实线画 sinx,以星号标记;绿色虚线画
cosx,以圆圈标记
    title('\bfy=sinx 和 y=cosx 的图形','Fontname','黑体','Fontsize',
16)                        %添加图形标题
    xlabel('x 轴')              %添加坐标轴标注
    ylabel('y 轴')
    legend('y=sinx','y=cosx')   %添加图例
```

执行结果如图 1.4.5(a)所示。

方法二：在命令窗口输入命令：

```
>> x=0:0.1:2*pi;
>> y=[sin(x);cos(x)];
>> plot(x,y)
```

用方法二绘制图形时，曲线都用实线绘制，用不同的颜色区分。为了便于观察，可以使用函数 gtext 和函数 text，添加曲线的文本注释。

在命令窗口输入命令：

```
>> text(2,sin(pi),'y=sinx\rightarrow','fontsize',14)  % 由 函 数
计算文本标注的位置
>> gtext('\leftarrowy=cosx')    %用交互方式添加文本标注
>>  title('\bfy=sinx 和 y=cosx 的图形','Fontname',' 黑体 ',
'Fontsize',16)                       %添加图形标题
```

将鼠标移动到所需位置,然后单击鼠标左键,即可添加文本注释。执行结果如图 1.4.5(b)所示。

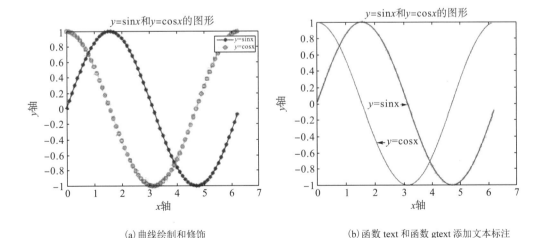

(a) 曲线绘制和修饰　　　　　　　　　　　(b) 函数 text 和函数 gtext 添加文本标注

图 1.4.5　图形的修饰

4. 获取图形数据

绘制好图形后，有时需要获取某些点的数据，MATLAB 提供了 ginput 函数，能够通过鼠标获取二维平面图中任一点的坐标值。其调用格式和功能见表 1.4.7。

表 1.4.7　获取图形数据点函数 ginput

调用格式	功能说明
[x,y]=ginput(n)	通过鼠标选择 n 个点，并将其坐标值保存在数组[x,y]中，单击回车键结束取点
[x,y]=ginput	通过鼠标选择点，取点数不受限制，并将其坐标值保存在数组[x,y]中，单击回车键结束取点

说明：

在图形窗口中，调用 ginput 函数时，鼠标变为"+"形式，单击鼠标可以获取鼠标所在点的数据，单击回车键结束取点。

例如，绘制函数 $y=\sin x$ 的图形，并用红色的菱形标注原点。在命令窗口输入命令：

```
>> x=-pi:0.1:pi;
>> y=sin(x);
>> plot(x,y);
>> hold on
>> [a,b]=ginput(1)        %获取原点坐标
>> plot(a,b,'rd')
>> text(a+.2,b,'\bf 原点 O')
```

输出所取点坐标(a, b)，并画出图 1.4.6 所示图形。

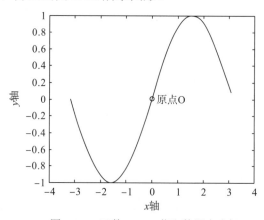

图 1.4.6　函数 ginput 获取数据点坐标

5. 图形文件的输出

图形窗口中绘制的图形，可以保存为多种类型的图形文件。在图形窗口中单击菜单栏中的"file"菜单，选择下拉菜单中的"Save as"子菜单。在弹出的对话框中输入文件名，选择文件保存的目录和文件类型，单击"保存"即可。

1.4.2 三维图形绘制

MATLAB 具有强大的三维图形处理功能，不仅能够绘制三维曲线图，还能绘制三维网线图和三维曲面图等，并能对三维图形进行填充、光照、着色、视角变换、旋转、隐藏等操作。

1. 三维曲线绘图

MATLAB 中三维曲线绘图函数是 plot3 和 ezplot3，与函数 plot 和 ezplot 的用法相似，调用格式和功能见表 1.4.8。

表 1.4.8　三维曲线绘图函数

调用格式	功能说明
plot3(x,y,z)	绘制以向量 x,y,z 为坐标的三维曲线，参数 x,y,z 是同维向量
plot3(X,Y,Z)	将矩阵 X,Y,Z 的每一列绘制一条曲线，参数 X,Y,Z 是同型矩阵
plot3(X,Y,Z,s)	参数 s 设置曲线的线型、颜色和数据点的记记等属性
plot3$(x1,y1,z1,c1,x2,y2,z2,c2,\cdots)$	以向量 xi,yi,zi 为坐标绘制三维曲线，参数 ci 设置曲线的属性
ezplot3$(x,y,z,[t_{min},t_{max}])$	绘制参数方程 $x=x(t),y=y(t),z=z(t)$ 表示的三维曲线，参数 t 的区间为 (t_{min},t_{max})，默认为 $(0,2\pi)$
ezplot3$(x,y,z,[t_{min},t_{max}],'animate')$	在区间 (t_{min},t_{max}) 上绘制空间曲线，参数 $animate$ 设置动态效果

说明：函数 plot3(x, y, z) 通过描点连线绘制曲线，其中 x, y, z 都是 n 维向量，分别表示该曲线上点的横坐标、纵坐标、竖坐标，x, y 由函数 meshgrid 生成。

例如，绘制圆锥螺旋线，在命令窗口输入命令：

```
>> t=(0:0.01:10)*pi;
>> x=t.*sin(t);
>> y=t.*cos(t);
>> z=2*t;
>> plot3(x,y,z,'r*')
```

执行结果如图 1.4.7 所示。

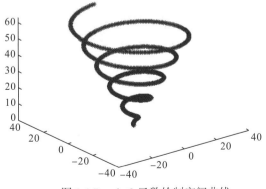

图 1.4.7　plot3 函数绘制空间曲线

2. 三维曲面绘图

三维曲面绘图包括三维网线图和三维曲面图。网线图是以线定义曲面，曲面图是以面定义曲面，两者都必须通过 meshgrid 函数生成矩形网格，计算出各网格点对应的 z 值，然后绘制曲面图。

MATLAB 中使用 mesh 函数和 ezmesh 函数在三维空间中绘制以 X, Y, Z 为坐标的点，并将各点用线条连接起来，形成三维网线图，网格对应的曲面区域则显示空白。其调用格式和功能见表 1.4.9。

表 1.4.9　三维网线图绘制函数

类型	调用格式	功能说明
数值函数绘图	mesh(X,Y,Z,c)	绘制网格点 (X,Y,Z) 对应的三维网线图，参数 c 设置图形的颜色，c 默认为 Z
	mesh(x,y,Z,c)	使用向量 x 和 y 代替矩阵 X 和 Y。若 Z 为 $m \times n$ 矩阵，则 x 为 n 维向量，y 为 m 维向量，向量 x 对应 Z 的列，向量 y 对应 Z 的行
	mesh(Z,c)	默认向量 x 为 $1:n$，向量 y 为 $1:m$，其中 Z 为 $m \times n$ 矩阵
	mesh($\cdots$, '$Propertyname$',$Propertyvalue$)	设置图形的指定属性
	meshc($\cdots$)	绘制带等高线的三维网线图
	meshz($\cdots$)	绘制带底座的三维网线图
符号函数绘图	ezmesh(f, [x_{min}, x_{max}, y_{min}, y_{max}])	绘制符号函数 $z=f(x,y)$ 在区间 $x_{min} \leqslant x \leqslant x_{max}$, $y_{min} \leqslant y \leqslant y_{max}$ 上的三维网线图，[x_{min}, x_{max}, y_{min}, y_{max}] 默认为 $(-2\pi, 2\pi, -2\pi, 2\pi)$
	ezmesh(f,[a,b])	绘制符号函数 $z=f(x,y)$ 在区间 $a \leqslant x \leqslant b, a \leqslant y \leqslant b$ 上的三维网线图，[a,b] 默认为 $(-2\pi, 2\pi)$
	ezmesh(x,y,z,[s_{min}, s_{max}, t_{min}, t_{max}])	绘制参数方程 $x=x(s,t)$、$y=y(s,t)$、$z=z(s,t)$ 在区间 [s_{min},s_{max},t_{min},t_{max}] 上的三维网线图，[s_{min},s_{max},t_{min},t_{max}] 默认为 $(-2\pi, 2\pi, -2\pi, 2\pi)$
	ezmesh(x,y,z,[a,b])	绘制参数方程 $x=x(s,t)$、$y=y(s,t)$、$z=z(s,t)$ 的三维网线图，参数 s 和 t 的区间都为 [a,b]，[a,b] 默认为 $(-2\pi, 2\pi)$
	ezmeshc($\cdots$)	绘制带等高线的三维网线图，在 xoy 平面绘制三维曲面的等高线，其调用方式和函数 ezmesh 一致

说明：

(1) 参数 X 和 Y 是由 meshgrid 函数生成的数据网格矩阵。

(2) 参数 c 指定各点的颜色矩阵，若省略，则默认颜色矩阵为 $c=Z$，此时图形的颜色随高度按比例变化。

(3) meshc 函数和 meshz 函数的用法和 mesh 函数类似。meshc 函数在 xoy 平面上绘制曲面在 z 轴方向的等高线，meshz 函数在 z 轴方向上绘制曲面的底座。

例如，绘制二元函数 $z = \mathrm{e}^{-x^2-y^2}$ 的图形。在命令窗口输入命令

```
>> [x,y]=meshgrid(-1:0.1:1);
>> z=exp(-x.^2-y.^2);
>> mesh(x,y,z)
```

执行后得到图 1.4.8 所示的三维网线图。

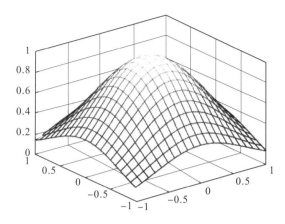

图 1.4.8　mesh 函数绘制三维网线图

MATLAB 中使用 surf 函数和 ezsurf 函数绘制三维曲面图。其调用格式和功能与 mesh 函数类似，见表 1.4.10。

表 1.4.10　三维曲面图绘制函数

类型	调用格式	功能说明
数值函数绘图	surf(X,Y,Z,c)	绘制网格点(X,Y,Z)对应的彩色三维曲面图，参数 c 设置图形的颜色，c 默认为 Z，此时图形的颜色随高度按比例变化
	surf(x,y,Z)	使用向量 x 和 y 代替矩阵 X 和 Y，若 Z 为 $m×n$ 矩阵，则 x 为 n 维向量，y 为 m 维向量，向量 x 对应 Z 的列，向量 y 对应 Z 的行
	surf(Z)	默认向量 x 为 1: n，向量 y 为 1: m，其中 Z 为 $m×n$ 矩阵
	surf($\cdots$,'$Propertyname$',$propertyvalue$)	设置图形的属性
	surfc($\cdots$)	绘制带等高线的三维曲面图
	surfl($\cdots$)	添加三维曲面的光照效果
符号函数绘图	ezsurf($\cdots$)	绘制三维彩色曲面图，其调用方式与 ezmesh 完全一致
	ezsurfc($\cdots$)	绘制带等高线的曲面图，在 xoy 平面绘制三维曲面的等高线

说明：mesh 函数和 surf 函数绘制的图形有所不同。mesh 函数绘制网线图，网格边框线是彩色的，区域内为白色，线条颜色表示该处的高度值。surf 函数绘制曲面图，网格边框线为黑色，区域内为彩色，颜色表示该处的高度值。

例如，绘制函数 $z = \dfrac{\sin xy}{y}$ 的图形。在命令窗口输入命令：

```
>> [x,y]=meshgrid(-pi:0.1:pi);
>> z=sin(x.*y)./y;
>> surf(x,y,z)
```

执行后输出图 1.4.9 所示的三维曲面图。

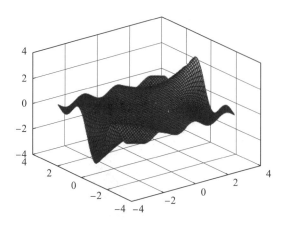

图 1.4.9　surf 函数绘制三维曲面图

3. 三维图形着色

MATLAB 中绘制彩色三维曲面图时，实际上是在网线图的每个网格片上涂上颜色。surf 函数用缺省的着色方式对网格片着色，也可以调用 shading 函数控制三维曲面图的着色方式。其调用格式和功能见表 1.4.11。

表 1.4.11　设置曲面图着色方式的函数 shading

调用格式	功能说明
shading faceted	以每个网格片为单位用其高度对应的颜色着色，网格线以黑色显示，是系统的默认设置
shading flat	以每个网格片为单位用同一颜色着色，网格线也用相应的颜色
shading interp	在每个网格片内以插值形式为图形着色，不显示网格线

说明：shading flat 函数采用平滑方式对图形着色，图形表面显得更加光滑；而 shading interp 函数采用对颜色进行插值处理的方法着色，绘制的曲面图显得最光滑。

例如，用 shading 函数改变曲面图形的着色方式。编写 M 脚本文件 zuose.m 如下。

```
subplot(1,3,1)
sphere(30)
shading faceted
title('shading faceted')
subplot(1,3,2)
sphere(30)
shading flat
title('shading flat')
subplot(1,3,3)
sphere(30)
shading interp
title('shading interp')
```

执行后输出如图 1.4.10 所示。

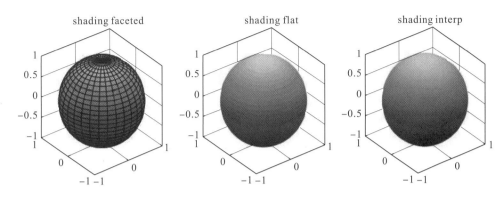

图 1.4.10 曲面图形的不同着色方式

1)设置背景颜色

MATLAB 中能够设置图形窗口的背景颜色，使图形更具有表现力，使用 colordef 函数设置背景颜色，其调用格式见表 1.4.12。

表 1.4.12 设置背景色函数 colordef

调用格式	功能说明
colordef white	设置图形的背景色为白色
colordef black	设置图形的背景色为黑色
colordef none	设置图形的背景色和图形窗口的颜色为默认颜色
colordef(fig,color-option)	设置图形句柄 fig 图形的背景色为 color-option 指定的颜色

说明：

使用该函数后，将影响其后生成的图形窗口中所有对象的颜色。

2)颜色条

MATLAB 提供了 colorbar 函数，显示指定颜色刻度的颜色标尺，其调用格式和功能见表 1.4.13，颜色条经常在等高线图中使用。

表 1.4.13 颜色条函数 colorbar

调用格式	功能说明
colorbar	更新当前图形窗口中最近生成的颜色标尺，若没有颜色标尺则在图形窗口的右边添加一个垂直的颜色标尺
colorbar('vert')	添加垂直的颜色标尺，系统默认设置
colorbar('horiz')	添加水平的颜色标尺

1.4.3　图形文件的保存

MATLAB 的图形窗口中绘制的图形，可以保存为多种类型的图形文件，避免重新运行程序。在图形窗口中单击菜单栏中的"file"菜单，选择下拉菜单中的"Save as"选项。在弹出的图形输出对话框中，输入文件名，选择文件保存的目录和文件类型，可以将图形以 emf、bmp、jpg、png 等格式保存。然后，打开需要插入图形的相应文档，选择"插入"菜单中的"图片"选项，插入 MATLAB 绘制的图形。如图 1.4.11 所示。

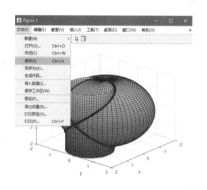

图 1.4.11　图形的保存

1.5　综合实验

1. 用不同的颜色和线型在同一图形窗口画出函数 $y=x^p\left(p=1,2,-1,\dfrac{1}{2}\right)$ 的图形，将图形加上图例，并观察指数 p 对函数奇偶性和单调性的影响。

解： 由于幂函数 $y=x^p$ 的定义域随 p 的变化而变化，有

(1) 当 $p=1,2$ 时，函数定义域为 $(-\infty,+\infty)$；

(2) 当 $p=-1$ 时，函数定义域为 $(-\infty,0)\cup(0,+\infty)$；

(3) 当 $p=\dfrac{1}{2}$ 时，函数定义域为 $[0,+\infty)$。

利用 plot 函数绘制多个函数的图形，编写 M 文件 ex1_1 如下。

```
clear all, close all          %清除所有变量，关闭所有图形窗口
x1=-2:0.05:2;                  %设置 p=1,2,-1 时函数的横坐标范围
x2=0:0.01:2;                   %设置 p=1/2 时函数的横坐标范围
y1=x1; y2=x1.^2; y3=x1.^(-1); y4=x2.^(1/2);
plot(x1,y1,'m-.',x1,y2,'b*',x1,y3,'k:' ,x2,y4,'r')
                               %用不同颜色和线型绘制 4 条曲线
hold on
plot(x1,zeros(size(x1)),'k',zeros(size(x1)),x1,'k')
```

```
axis([-2,2,-2,2])              %设置坐标轴的范围
axis equal                     %设置正方形视窗
axis square                    %设置坐标轴的刻度相同
legend('y_1=x','y_2=x^2','y_3=1/x','y_4=x^{1/2}',
'Location','southeast')        %在绘图视窗右下角添加图例
hold off
```

执行结果如下图所示。

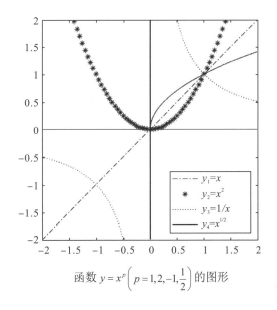

函数 $y = x^p \left(p = 1, 2, -1, \frac{1}{2} \right)$ 的图形

2. 利用子窗口绘制函数 $y = \sin 2x, y = \sin x^2, y = \sin^2 x$ 的图形。

解：利用 subplot 函数将图形窗口分成 3 个，编写 M 文件 ex1_2.m 如下。

```
clear all, close all
x=-2*pi:pi/20:2*pi;
y1=sin(2*x);
y2=sin(x.^2);
y3=sin(x).^2;
subplot(3,1,1)    %将绘图窗口分为 3 行 1 列的 3 个子窗口,当前窗口为(1,1)
plot(x,y1)        %在子窗口(1,1)中画函数 y = sin(2x) 的图形
grid on           %添加网格线
title('y=sin2x')  %添加标题
subplot(3,1,2)    %设当前窗口为(2,1)
plot(x,y2)        %在子窗口(2,1)中画函数 y = sin(x^2) 的图形
grid on
title('y=sinx^2')
subplot(3,1,3)    %设当前窗口为(3,1)
```

```
plot(x,y3)          %在子窗口(3,1)中画函数 y = (sinx)^2 的图形
grid on
title('y=sin^2x')
```

执行结果如下图所示。

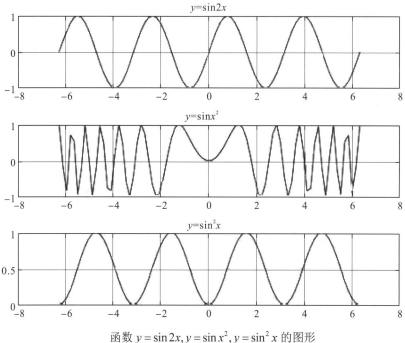

函数 $y = \sin 2x, y = \sin x^2, y = \sin^2 x$ 的图形

3. 在同一个图形窗口中画出函数 $y = \left(\dfrac{1}{2}\right)^x, y = \log_{1/2} x, y = x$ 的图形，且要求两个坐标轴的单位比为 1∶1，坐标轴范围为[−1, 2；−1, 2]。

解：使用 hold on 命令在同一个图形窗口中画两个函数的图形，编写 M 文件 ex1_3.m 如下。

```
clear all,close all
x1=-2:0.01:2;
y1=(1/2).^x1;
x2=0:0.01:2;
y2=-log2(x2);
y3=x1;
plot(x1,y1,'r--')
hold on
plot(x2,y2,'b-')
plot(x1,y3,'k-.')
legend('y=(1/2)^x','y=log_{1/2}(x)','y=x')
```

```
axis([-1,2,-1,2])
axis equal
xlabel('x 轴')              %添加坐标轴标注
ylabel('y 轴')
```

执行结果如下图所示。

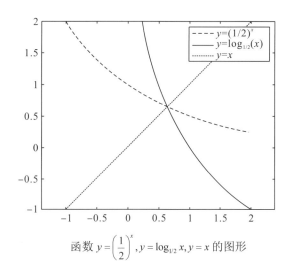

函数 $y = \left(\dfrac{1}{2}\right)^x, y = \log_{1/2} x, y = x$ 的图形

4. 已知函数 $f(x) = \begin{cases} \dfrac{2}{3}x^3, & x < -1 \\ x^2, & -1 \leqslant x \leqslant 1 \\ \ln x - 1, & x > 1 \end{cases}$，计算 $f(-2), f(-1), f(0.5), f(1), f(2)$，并绘制

其图形。

解：(1)编写 M 函数文件 fenduan.m，计算函数值。

```
function y=fenduan(x)
%计算分段函数的值
if x<-1
    y=2*x^3/3;
elseif x<=1
    y=x^2;
else
    y=log(x)-1;
end
```

在命令窗口调用该函数，分别计算 $f(-2), f(-1), f(0.5), f(1), f(2)$ 的值。

```
>>y=[fenduan(-2), fenduan(-1), fenduan(0.5), fenduan(1),
fenduan(2)]
  y =
```

```
    -5.3333    1.0000    0.2500    1.0000    -0.3069
```

(2)编写 M 文件 ex1_4.m,绘制函数图形。

```
%绘制分段函数的图形
clear all, close all
hold on
for x=-3:0.1:3
    y=fenduan(x);
    plot(x,y,'b*')
end
grid on
```

在命令窗口调用该文件,输入命令:

```
>>ex1_4
```

执行后输出下图所示的分段函数图形。

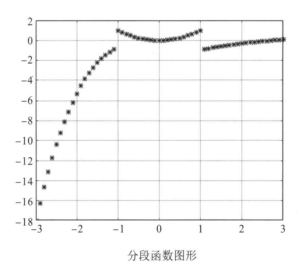

分段函数图形

5. 绘制三维曲线 $\begin{cases} x = t \\ y = 2t\cos t \\ z = 5t\sin t \end{cases}$ $(-2\pi \le t \le 2\pi)$ 的图形。

解:编写 M 文件 ex1_5.m 如下。

```
t=-20*pi:pi/50:20*pi;
x=t; y=2*t.*cos(t); z=5*t.*sin(t);
plot3(x,y,z)
xlabel('x'),ylabel('y'),zlabel('z');
```

执行结果如下图所示。

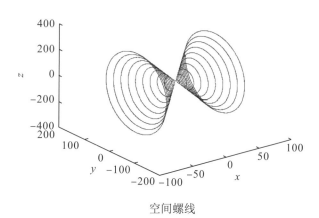

空间螺线

```
clear all;  close all
x=-8: 0.5: 8;
[X, Y]=meshgrid(x);            %生成网格矩阵
r=sqrt(X.^2+Y.^2)+eps;         %加上 eps 避免出现 0/0 的情形
Z=sin(r)./r;                   %计算函数在各网格点处的函数值
subplot(2, 3, 1)
mesh(X, Y, Z)                  %绘制网线图
title('mesh')
subplot(2, 3, 2)
meshz(X, Y, Z)                 %绘制带底座的网线图
title('meshz')
subplot(2, 3, 3)
surf(X, Y, Z)                  %绘制曲面图
title('surf')
subplot(2, 3, 4)
surfc(X, Y, Z)                 %绘制带等高线的网线图
title('surfc')
subplot(2, 3, 5)
surfl(X, Y, Z)
title('surfl')                 %绘制光照 surfl 图
subplot(2, 3, 6)
contour3(X, Y, Z)              %绘制等高线图
title('contour3')
```

执行结果如下图所示。

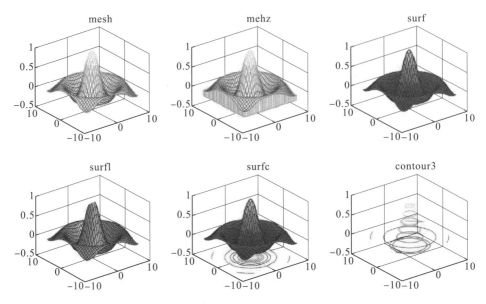

基本绘图函数绘制的三维图形

6. 一个皮球从 100m 处自由落下，每次落地后反弹回原高度的一半时开始再次下落。

(1)编写函数文件，输入下落次数 *n*，给出皮球最后一次的反弹高度和经过的总路程。

(2)编写函数文件，求皮球落地不再反弹时经过的总路程。

解：(1)编写皮球反弹的高度和经过的总路程的 M 函数文件 fantan.m。

```
function fantan(n)
%皮球反弹高度和总路程
%输入参数    n        下落次数
h=100;                %皮球下落时的高度
s=0;                  %皮球经过的总路程 s 的初值
for k=1:n
    s=s+h;
    h=h/2;
    s=s+h;
end
disp(['反弹高度: ',num2str(h),' m'])
disp(['经过的总路程: ',num2str(s),' m'])
在命令窗口中调用该函数，输入命令
>>fantan(3)
```

执行结果为

反弹高度: 12.5 m

经过的总路程: 262.5 m

(2)编写皮球落地不再反弹时总路程的 M 脚本文件 ex1_7.m。

```
%皮球落地不再反弹的总路程
h=100;                    %皮球下落时的高度
s=0;                      %皮球经过的总路程 s 的初值
n=0;                      %皮球落地不再反弹时弹起的次数
while h>eps
    s=s+h;
    h=h/2;
    s=s+h;
    n=n+1;
end
disp(['弹起的总次数：',num2str(n),' 次'])
disp(['经过的总路程：',num2str(s),' m'])
```

在命令窗口中调用该文件，输入命令

```
>>ex_7
```

执行结果为

```
弹起的总次数：59 次
经过的总路程：300 m
```

7. 斐波那契(Fibonacci)数列满足：$F_1 = F_2 = 1, F_n = F_{n-1} + F_{n-2} (n = 3, 4, \cdots)$，求第一个大于 m 的元素。

解：编写 M 函数文件 fibonacci.m 如下。

```
function [N,F]=fibonacci(m)
%斐波那契数列中第一个大于 m 的元素
f(1)=1;f(2)=1;
n=2;
while f(n)<=m
    f(n+1)=f(n)+f(n-1);
    n=n+1;
end
N=n;F=f(n);
```

在命令窗口调用该函数，输入命令：

```
>>[n,fn]=fibonacci(1000)
```

执行结果为

```
n =
    17
fn =
    1597
```

于是，$F_{17} = 1597 > 1000$。

练　习　一

1. 显示当前工作目录，并显示当前目录下的所有文件。

2. 编写 M 函数文件，完成某班学生的课程考试成绩的统计工作，要求统计该班最高分、最低分、平均分、及格率及各分数段的人数。

3. 编写脚本文件制作九九乘法表。

4. 编写 M 函数文件，输出正整数 n 的所有素因子。

5. 用公式 $\dfrac{\pi}{4}=1-\dfrac{1}{3}+\dfrac{1}{5}-\dfrac{1}{7}+\cdots$ 求 π 的近似值，直到某项的绝对值小于 10^{-6} 为止。

6. 利用 for 循环列出 100~200 的所有素数。

7. 从键盘输入一个 4 位整数，按以下规则加密后输出。加密规则：每位数字都加上 7，用和除以 10 的余数取代该数字，然后将第一位数和第三位数交换、第二位数和第四位数交换。

8. 编写 M 函数文件，对一系列 a 的值，绘制函数 $\dfrac{x^2}{a^2}+\dfrac{y^2}{25-a^2}=1$ 的图形，并标注各条曲线对应的 a 值。

9. 在同一窗口用不同的线型和标记，绘制正切函数 $y=\tan x$ 和反正切函数 $y=\arctan x$ 的图形及其水平渐近线、直线 $y=x$ 的图形。

10. 绘制函数 $z=\dfrac{xy}{x^2+y^2}$ 在区域 $-2\leqslant x\leqslant 2,\ -2\leqslant y\leqslant 2$ 上的图形，观察曲面在原点 $(0,0,0)$ 附近的变化情况。

11. 汉诺(Hanoi)塔问题

有 A、B、C 三根立柱，开始时 A 柱上有 64 个大小不等的盘子，大的在下，小的在上，如右图所示。要将 64 个盘子从 A 柱移到 C 柱，但每次只允许移动一个盘子，且在移动过程中 3 个柱子都始终保持大盘在下、小盘在上。在移动过程中可以利用 B 柱，编写程序打印出移动的步骤。

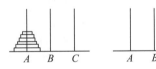

第二章　误差分析

在科学研究与工程计算中，误差是最常见的一个基本概念。讨论误差对计算结果的影响及其在计算过程中的传播，并确定误差的范围，对分析和改进算法都有重大的实际意义。

2.1　误差的来源

精确值与近似值之差称为误差。误差可分为以下几种。

(1)模型误差。由实际问题抽象得到的数学模型，一般都带有误差，这种误差称为模型误差。

(2)观测误差。数学模型中包含的一些由观测得到的物理量(如温度、电阻、长度)或由物理量估算出的模型参数，常常与实际数据之间存在误差，这种误差称为观测误差。

(3)截断误差。求解数学模型所用的数值方法通常是一种近似方法，这种因计算方法产生的误差称为截断误差。

(4)舍入误差。由于计算机只能对有限位数进行运算，计算时按四舍五入进行舍入，或因计算机字长有限，导致数据在存储时进行舍入而产生误差，这种误差称为舍入误差。

例题 2.1.1　已知函数 $y = e^x$ 在 $x = 0$ 处展开的泰勒(Taylor)级数为 $e^x = \sum\limits_{n=0}^{\infty} \dfrac{x^n}{n!}$，实际计算时只能截取有限项的代数和，如取前 5 项计算，计算过程与计算结果都取 5 位小数，得

$$e = 1 + 1 + \frac{1}{2} + \frac{1}{6} + \frac{1}{24} \approx 2.70834$$

e 取 5 位小数时的精确值为 $\tilde{e} = 2.71828$，于是截断误差为

$$\sum_{n=5}^{\infty} \frac{1}{n!} \approx 2.71828 - 2.70834 = 0.00994$$

这表明：只要在计算中采用了用有限步运算近似代替无限步运算的方法，截断误差就一定存在。

例题 2.1.2　$\pi = 3.1415926\cdots$，$\sqrt{2} = 1.41421356\cdots$，在使用计算机进行数值计算时，只能用有限位小数，如果取小数点后 4 位小数，则有

$$R_1 = \pi - 3.1416 = -0.0000074\cdots$$
$$R_2 = \sqrt{2} - 1.4142 = 0.000013\cdots$$

R_1, R_2 即为舍入误差。

此外，十进制数转化为二进制数时也会引起循环小数，因为计算机浮点数存储位数限制而舍弃尾部部分小数，如 $(0.1)_{10} = (0.0001100110011\cdots)_2$ 存储时也会出现舍入误差。

对于实际问题，数学模型建立过程中，客观存在模型误差和观测误差。因此，数值计

算主要讨论截断误差和舍入误差对计算结果的影响。

2.2 绝对误差、相对误差与有效数字

2.2.1 绝对误差与相对误差

定义 2.2.1 设 x 为精确值，$x*$ 为 x 的近似值，记 $e = x - x*$，e 称为 $x*$ 的绝对误差，简称误差。

显然，$x = x* + e$ 即为精确值，通常把 e 称为近似值 $x*$ 的修正值，或者近似值加上修正值即为精确值。

例题 2.2.1 $x = \pi = 3.14159265\cdots$，按四舍五入的原则保留不同位数的小数，则有

用 1 位数字近似表示 π，有 $x_1* = 3$，$e_1 \approx 0.14159265$；

用 3 位数字近似表示 π，有 $x_3* = 3.14$，$e_3 \approx 0.00159265$；

用 5 位数字近似表示 π，有 $x_5* = 3.1416$，$e_5 \approx -0.00000735$；

用 6 位数字近似表示 π，有 $x_6* = 3.14159$，$e_6 \approx 0.00000265$。

由例题 2.2.1 可知，对于精确值 x，其近似值 $x*$ 的位数不同，误差也不同，且描述近似值的数字位数越多，误差越小。

误差可正可负，当误差为负时，近似值偏大，称为"强近似"，当误差为正时，近似值偏小，称为"弱近似"。

在通常情况下，精确值是很难计算出来的，此时也就得不到误差的精确值，只能估计误差的范围。

定义 2.2.2 若存在 ε 满足 $|e| \leqslant \varepsilon$，则 ε 称为近似值 $x*$ 的绝对误差限，简称"误差限"。

误差限 ε 是一个正数，而且不唯一，当然 ε 越小越具有参考价值。通常用 $x = x* \pm \varepsilon$ 表示近似值 $x*$ 的精确度或精确值所在的范围，即 $x* - \varepsilon \leqslant x \leqslant x* + \varepsilon$。

定义 2.2.3 $e_r = \dfrac{e}{x} = \dfrac{x - x*}{x}$ 称为近似值 $x*$ 的相对误差，$\varepsilon_r = \dfrac{\varepsilon}{|x*|}$ 称为近似值 $x*$ 的相对误差限。

由于 x 未知，实际使用时总是将 $x*$ 的相对误差取为 $e_r = \dfrac{e}{x*} = \dfrac{x - x*}{x*}$，且 $|e_r| \leqslant \varepsilon_r$。

例题 2.2.2 设 $x* = 1.24$ 是由精确值 x 经过四舍五入得到的近似值，求 $x*$ 的绝对误差限和相对误差限。

解：因 $1.235 \leqslant x < 1.245$，所以有

$$\varepsilon = 0.005, \quad \varepsilon_r = 0.005 / 1.24 \approx 0.4\%$$

绝对误差仅仅是精确值与近似值之间的差，有时并不能完全反映近似值的好坏，但相对误差在很大程度上取决于精确值本身。例如

设 $x_1 = 3.141592$，$x_1* = 3.14$，则 $e_1 = 0.001592$，$e_{1r} \approx 0.000507$；

设 $x_2 = 1000$，$x_2* = 999$，有 $e_2 = 1$，$e_{2r} = 0.001$；

设 $x_3 = 0.000012$，$x_3* = 0.000009$，有 $e_3 = 0.000003$，$e_{3r} = 0.25$。

可见，精确值很大时，绝对误差也很大，但相对误差较小，精确值很小时，绝对误差很小，相对误差却很大。因此，决定一个数的近似精确度，除了要看绝对误差外，还必须考虑该数本身的大小。一般情况下，当一个数的精确值远远大于或小于 1 时，相对误差比绝对误差能更好地反映近似值的精确程度。

在工程计算中，经常遇到 $n!$ 的计算。当 n 很大时，$n!$ 增长很快，例如

$$5!=120 , \quad 25!\approx 1.55\times 10^{25} , \quad 50!\approx 3.04\times 10^{64}$$

当 n 很大时，要计算 $n!$，必须依靠编程才能算出精确计算结果，但有时只要求计算 $n!$ 的近似值。

1730 年，J. Stirling 提出求解 $n!$ 的近似公式，称为斯特林(Stirling)公式，即

$$n! \sim \sqrt{2n\pi}\left(\frac{n}{e}\right)^n$$

随着 n 的无限增大，由于舍入误差和截断误差的影响，绝对误差会随着 n 的增大而增大，即

$$\lim_{n\to\infty}\left[n!-\sqrt{2n\pi}\left(\frac{n}{e}\right)^n\right]=\infty$$

但二者相对误差趋于 0，即

$$\lim_{n\to\infty}\frac{n!}{\sqrt{2n\pi}\left(\frac{n}{e}\right)^n}=1$$

例题 2.2.3 计算 100!。

解：编程计算，得

> 93326215443944152681699238856266700490715968264381621468592
> 96389521759999322991560894146397615651828625369792082272237
> 5825118521091686400000000000000000000000000

即

$$100!\approx 9.3326\times 10^{157}$$

利用斯特林公式计算，得

$$100!\approx \sqrt{2\times 100\times \pi}\left(\frac{100}{e}\right)^{100}\approx 25.0663\times(36.7918)^{100}$$

$$\approx 25.0663\times 3.7593\times 10^{156}\approx 9.4232\times 10^{157}$$

绝对误差

$$100!-\sqrt{2\times 100\times \pi}\left(\frac{100}{e}\right)^{100}\approx 9.02\times 10^{155}\to\infty$$

相对误差

$$\frac{100!}{\sqrt{200\pi}\left(\frac{100}{e}\right)^{100}}\approx 1.0008$$

例题 2.2.4 计算 1000!。

解：编程计算，得

```
402387260077093773543702433923003985719374864210714632543799910429938512398629020592044208486969404800479
8861019716058631666872994808558901323829669944590997424504087073759918823627721887325197795059509952761
2087497546249704360141827809464649405869339388743788648733711918104582578364784997701247663288983595573534
3251318532395846307555740911426241747434934755342864657661166779739666882029120737914385371958824980812 68
6783837455973174613608537953452422158659320192809087829730843139284440328121315586110369768013573042161687
4760965871348431202547858932076716913244842623613141250878020800026116831510273418279777047847635868170164 3
6502415369139828126481021309276124489635992870511496497541990934222156683257208082133318611681155361583 65
4698404670897560290095053761647584772842189679646244945160765353408198901385442487984959953319101723355 5
5660213945039973628075013783761530712776192684903435262520001588853514733161170210396817592151509077880193
9317811419454525722386554146106289218796022383897147608850627686296714667469759629112340824392081601537808
8989396451826324367161676217916890977991190375403127462228998800519544441428201218736174599262429565817466
2830295557029902432415318161721046583203678690611726015878352075150628422554026517048330422614397428693330
6169089796848259012545832716822645806652676995865268227280707578139185817888965220816434834482599326604 33
6766017699961283186078838615027946595513115655203603939881806121385586003014356945272242063446319740560594 6
8257310379008402443243846565724501440282188525247093519062092902313649327349765511395872055965428749740
1141334696271542284586237738753823048386568897646192738381490014076731044664025989949022222176590433990 18
8601856652648506179970235619389701786004081189729918311021171229845901641921068884387121855646124960798 7
229085192968193723886426148396573822911231250241866493531439701374283531926649875337218940694281434118520 1
580141233448280150513996942901534830776445690990731524332782882696864602789864321139083506217095002597389 8
635542771967428222487575867657523442202075736305694988250879689281627538488633969099598262809561214509948
7170124451646126037902930912088908694202851064018215439945715680594187274899809425474217358240106367740 45
9574178516082923013353808184009699637252424230560855903700624271243416909004153690105933983835777793941097 00
277534720000000000000000000000000000000000000000000000000000000000000000000000000000000000000000000000000000
0000000000000000000000000000000000000000000000000000000000000000000000000000000000000000000000000000000000000
00000000000000000000000000000000000000000000000000000
```

即

$$1000! \approx 4.0239 \times 10^{2567}$$

用斯特林公式计算，得

$$1000! \approx \sqrt{2 \times 1000 \times \pi}\left(\frac{1000}{e}\right)^{1000} \approx 79.2665 \times (367.9176)^{1000}$$

$$\approx 79.2665 \times 5.6676 \times 10^{2565} \approx 4.4925 \times 10^{2567}$$

而且

$$\frac{1000!}{\sqrt{2000\pi\left(\dfrac{1000}{e}\right)^{1000}}} \approx 1.00007$$

2.2.2 有效数字

定义 2.2.4 若近似值 $x*$ 满足 $|x - x*| \leqslant \frac{1}{2} \times 10^{1-n}$，则称 $x*$ 精确到小数点后第 n 位，并将从第一个非零数字到这一位的所有数字均称为有效数字。

例题 2.2.5 设 $\pi = 3.1415926535897932\cdots$，$\pi* = 3.1415$，问 $\pi*$ 有几位有效数字？

解：因为 $|\pi - \pi*| = 0.0000926535\cdots \leqslant 0.0005 = \frac{1}{2} \times 10^{-3}$，所以 $\pi*$ 有 4 位有效数字，精确到小数点后第 3 位。

用 x_n* 表示 π 的前 n 位数，观察有效数字与误差之间的关系，得

$$|\pi - x_3*| = 0.0015926535\cdots \leqslant 0.005 = \frac{1}{2} \times 10^{-2}，有 3 位有效数字 3.14$$

$$|\pi - x_6*| = 0.0000026535\cdots \leqslant 0.000005 = \frac{1}{2} \times 10^{-5}，有 6 位有效数字 3.14159$$

$$|\pi - x_8*| = 0.0000000535\cdots \leqslant 0.0000005 = \frac{1}{2} \times 10^{-6}，有 7 位有效数字 3.141592$$

可以看出，近似值的有效数字越多，其绝对误差越小。

有效数字另一个等价定义如下。

定义 2.2.5　$x*$ 表示 x 的近似值，且 $x*$ 表示成 $x* = \pm 0.\alpha_1\alpha_2\cdots\alpha_n \times 10^p$，其中 α_i 及 p 为整数，$1 \leqslant \alpha_1 \leqslant 9$，$0 \leqslant \alpha_i \leqslant 9\,(2 \leqslant i \leqslant n)$。若其误差限为

$$|x - x*| \leqslant \frac{1}{2} \times 10^{p-n}$$

则称近似值 $x*$ 具有 n 位有效数字。

利用定义 2.2.5，由有效数字位数 n 和近似值 $x*$ 可以确定误差限为 $\frac{1}{2} \times 10^{p-n}$。

例题 2.2.6　若 $x* = 3587.64$ 是 x 具有 6 位有效数字的近似值，求 $x*$ 的误差限。

解：由定义 2.2.5，$x* = 0.358764 \times 10^4$，于是

$$|x - x*| \leqslant \frac{1}{2} \times 10^{4-6} = \frac{1}{2} \times 10^{-2} = 0.005$$

在有效数字的记法中，有效数字 0.123×10^{-3} 和 0.1230×10^{-3} 是有区别的，前者只有 3 位有效数字，后者却有 4 位有效数字。

例题 2.2.7　为使 $x = \sqrt{2}$ 的近似值绝对误差小于 10^{-5}，问应取几位有效数字？

解：由于 $\sqrt{2} = 1.41421356\cdots$，近似值 $x*$ 可写为 $x* = 0.a_1a_2\cdots a_n \times 10^1$，$a_1 = 1 \neq 0$，令 $|\sqrt{2} - x*| \leqslant \frac{1}{2} \times 10^{1-n} \leqslant 10^{-5}$，得 $n \geqslant 6$，取 $n = 6$，即取 6 位有效数字，于是 $x* = 1.41421$。

2.2.3　相对误差限与有效数字之间的转换

已知 $x* = \pm 0.a_1a_2\cdots a_n \times 10^p$ 有 n 位有效数字，其相对误差限为

$$\varepsilon_r = \left|\frac{\varepsilon}{x*}\right| = \frac{0.5 \times 10^{p-n}}{0.a_1a_2\cdots a_n \times 10^p} = \frac{10^{-n}}{2 \times 0.a_1a_2\cdots} \leqslant \frac{1}{2a_1} \times 10^{-n+1}$$

已知 $x*$ 的相对误差限为 $\varepsilon_r = \frac{1}{2(a_1+1)} \times 10^{-n+1}$，则由

$$|x - x*| \leqslant \varepsilon_r |x*| = \frac{10^{-n+1}}{2(a_1+1)} \times 0.a_1a_2\cdots \times 10^p < \frac{10^{-n+1}}{2(a_1+1)} \times (a_1+1) \times 10^{p-1} = \frac{1}{2} \times 10^{p-n}$$

可知 $x*$ 至少有 n 位有效数字。

2.3 误差传递与误差估计

在数值计算中，有些参与计算的数据本身就是近似值，都带有误差，这些数据的误差在计算时又会进行积累和传递，使得计算结果产生一定的误差。因此，需要了解在连续计算过程中误差是如何传递的。

2.3.1 四则运算中的误差传递

设 $x_1{}^*$ 是 x_1 的近似值，$x_2{}^*$ 是 x_2 的近似值，由

$$(x_1 \pm x_2) - (x_1{}^* \pm x_2{}^*) = (x_1 - x_1{}^*) \pm (x_2 - x_2{}^*)$$

$$x_1 x_2 - x_1{}^* x_2{}^* = (x_1 - x_1{}^*)x_2 + (x_2 - x_2{}^*)x_1{}^*$$

$$\frac{x_1}{x_2} - \frac{x_1{}^*}{x_2{}^*} = \frac{x_1 x_2{}^* - x_1{}^* x_2}{x_2 x_2{}^*} = \frac{(x_1 - x_1{}^*)x_2{}^* - (x_2 - x_2{}^*)x_1{}^*}{x_2 x_2{}^*}$$

得

$$e(x_1 \pm x_2) = e(x_1) \pm e(x_2)$$

$$|e(x_1 \pm x_2)| \leqslant |e(x_1)| + |e(x_2)|$$

$$e(x_1 x_2) \approx x_2 e(x_1) + x_1 e(x_2)$$

$$|e_r(x_1 x_2)| \approx \left| \frac{x_2 e(x_1) + x_1 e(x_2)}{x_1 x_2} \right| \leqslant |e_r(x_1)| + |e_r(x_2)|$$

$$e\left(\frac{x_1}{x_2}\right) \approx \frac{x_2 e(x_1) - x_1 e(x_2)}{x_2^2}$$

$$\left| e_r\left(\frac{x_1}{x_2}\right) \right| \approx \left| \frac{x_2 e(x_1) - x_1 e(x_2)}{x_2^2} \cdot \frac{x_2}{x_1} \right| = |e_r(x_1) - e_r(x_2)| \leqslant |e_r(x_1)| + |e_r(x_2)|$$

于是有以下结论：

(1) 和差的误差限不超过各数误差限之和；

(2) 积商的相对误差限不超过各数相对误差限之和。

例题 2.3.1 设 $y = x^n$，求 y 的相对误差与 x 的相对误差之间的关系。

解： 已知 $x^n - (x^*)^n = (x - x^*)(x^{n-1} + x^{n-2}x^* + \cdots + (x^*)^{n-1})$，得

$$e(y) = e(x^n) \approx nx^{n-1}e(x)$$

$$e_r(y) = \frac{e(y)}{y} = \frac{nx^{n-1}e(x)}{x^n} = n\frac{e(x)}{x} = ne_r(x)$$

所以，x^n（即 y）的相对误差是 x 的相对误差的 n 倍。

例如，x^2 的相对误差是 x 的相对误差的 2 倍，$\sqrt{x}$ 的相对误差是 x 的相对误差的 $\frac{1}{2}$。

2.3.2 函数运算中的误差传递

设函数 $y = f(x_1, x_2)$，如果 x_1, x_2 的近似值为 x_1^*, x_2^*，则 y 的近似值为 $y^* = f(x_1^*, x_2^*)$。

利用多元函数微分近似公式，得

$$e(y) = y - y^* = f(x_1, x_2) - f(x_1^*, x_2^*)$$

$$\approx \left(\frac{\partial f}{\partial x_1}\right)^* \cdot (x_1 - x_1^*) + \left(\frac{\partial f}{\partial x_2}\right)^* \cdot (x_2 - x_2^*) = \left(\frac{\partial f}{\partial x_1}\right)^* \cdot e(x_1) + \left(\frac{\partial f}{\partial x_2}\right)^* \cdot e(x_2)$$

其中，$\left(\dfrac{\partial f}{\partial x_1}\right)^*$ 和 $\left(\dfrac{\partial f}{\partial x_2}\right)^*$ 分别是 x_1^*, x_2^* 对 y^* 的绝对误差增长因子，分别表示绝对误差 $e(x_1)$ 和 $e(x_2)$ 经过传递后增大或缩小的倍数。

由相对误差的定义，有

$$e_r(y) = \frac{e(y)}{y^*} \approx \left(\frac{\partial f}{\partial x_1}\right)^* \cdot \frac{e(x_1)}{y^*} + \left(\frac{\partial f}{\partial x_2}\right)^* \cdot \frac{e(x_2)}{y^*}$$

$$= \frac{x_1^*}{y^*} \cdot \left(\frac{\partial f}{\partial x_1}\right)^* \cdot e_r(x_1) + \frac{x_2^*}{y^*} \cdot \left(\frac{\partial f}{\partial x_2}\right)^* \cdot e_r(x_2)$$

其中，$\dfrac{x_1^*}{y^*} \cdot \left(\dfrac{\partial f}{\partial x_1}\right)^*$ 和 $\dfrac{x_2^*}{y^*} \cdot \left(\dfrac{\partial f}{\partial x_1}\right)^*$ 分别是 x_1^*, x_2^* 对 y^* 的相对误差增长因子，分别表示相对误差 $e_r(x_1)$ 和 $e_r(x_2)$ 经过传递后增大或缩小的倍数。

对于多元函数 $y = f(x_1, x_2, \cdots, x_n)$，若 $x_1, x_2, \cdots, x_n$ 的近似值依次是 $x_1^*, x_2^*, \cdots, x_n^*$，$y^*$ 是 y 的近似值，且 $y^* = f(x_1^*, x_2^*, \cdots, x_n^*)$，由多元函数的 Taylor 展开式得

$$e(y) = f(x_1, x_2, \cdots, x_n) - f(x_1^*, x_2^*, \cdots, x_n^*)$$

$$\approx \left(\frac{\partial f}{\partial x_1}\right)^* (x_1 - x_1^*) + \left(\frac{\partial f}{\partial x_2}\right)^* (x_2 - x_2^*) + \cdots + \left(\frac{\partial f}{\partial x_n}\right)^* (x_n - x_n^*)$$

$$= \sum_{k=1}^{n} \left(\frac{\partial f}{\partial x_k}\right)^* \cdot e(x_k)$$

$$e_r(y) \approx \sum_{k=1}^{n} \frac{x_k^*}{y^*} \cdot \left(\frac{\partial f}{\partial x_k}\right)^* \cdot e_r(x_k)$$

可见，如果误差增长因子很大，误差经过传递后，会导致结果的误差也很大。

例题 2.3.2 已知某桌面长 a 的近似值 $a^* = 120$ cm，宽 b 的近似值 $b^* = 60$ cm，若 $|a - a^*| \leqslant 0.2$ cm，$|b - b^*| \leqslant 0.1$ cm，求近似面积 $S^* = a^* b^*$ 的绝对误差限与相对误差限。

解： 因为 $S = ab$，$\dfrac{\partial S}{\partial a} = b$，$\dfrac{\partial S}{\partial b} = a$，由于

$$e(S^*) \approx \left(\frac{\partial S}{\partial a}\right)^* \cdot e(a) + \left(\frac{\partial S}{\partial b}\right)^* \cdot e(b) = b^* \cdot e(a) + a^* \cdot e(b)$$

于是

$$|e(S^*)| \leqslant |60 \times 0.2| + |120 \times 0.1| = 24$$

$$|e_r(S^*)| = \left|\frac{e(S^*)}{S^*}\right| = \left|\frac{e(S^*)}{a^* b^*}\right| \leqslant \frac{24}{7200} \approx 0.33\%$$

即 S^* 的绝对误差限为24cm^2，相对误差限为0.33%。

在例题 2.3.2 中，计算结果的误差是由各变量的初始误差累积得到的，因此计算中选择的算法需要尽量减少初始误差对计算结果的影响。

2.3.3 数值稳定性

解决一个计算问题可以有多种算法，不同算法的计算结果会有一定差异，这是由初始数据的误差或计算中的舍入误差在计算过程中传递造成的。

对于一个算法，若初始数据有误差，计算中舍入误差不增长，则称该算法是数值稳定的，否则称该算法是不稳定的。

例题 2.3.3 计算积分 $I_n = \int_0^1 x^n \mathrm{e}^{x-1} \mathrm{d}x$。

解：算法 1 利用分部积分推出 I_n 的递推公式，即

$$I_n = \frac{1}{\mathrm{e}} \int_0^1 x^n \mathrm{d}\mathrm{e}^x = \frac{1}{\mathrm{e}} \left(x^n \mathrm{e}^x \big|_0^1 - \int_0^1 \mathrm{e}^x \mathrm{d}x^n \right) = \frac{1}{\mathrm{e}} \left(\mathrm{e} - n \int_0^1 x^{n-1} \mathrm{e}^x \mathrm{d}x \right)$$
$$= 1 - n I_{n-1}, \quad n = 1, 2, \cdots$$

已知 $I_0 = \int_0^1 \mathrm{e}^{x-1} \mathrm{d}x = 1 - \mathrm{e}^{-1} = 0.6321205588\cdots$，取其 8 位有效数字，由递推式和初始值 I_0 可推出 $I_1, I_2, \cdots, I_{20}, \cdots$ 的近似值。编写程序如下。

```
clear all
syms x                              % 声明符号变量
I=ones(21,1);                       % 定义数组，存放近似值
Is=ones(21,1);                      % 定义数组，存放精确值
I0=1-1/exp(1);                      % 初始值 I0
I(1)=1-I0;
for k=1:20
    I(k+1)=1-(k+1)*I(k);           % 计算近似值
    Is(k)=int(x^k*exp(x-1),0,1);   % 计算精确值
end
fprintf(' n        近似值         精确值\n');
fprintf('-----------------------------------------------\n')
for k=1:20
    fprintf('%3d      %12.9f      %12.9f\n', k,I(k),Is(k));
end
```

运行结果为

n	近似值	精确值
1	0.36787944	0.36787944
2	0.26424112	0.26424112
3	0.20727665	0.20727665

4	0.17089341	0.17089341
5	0.14553294	0.14553294
6	0.12680236	0.12680236
7	0.11238350	0.11238350
8	0.10093197	0.10093197
9	0.09161229	0.09161229
10	0.08387707	0.08387707
11	0.07735223	0.07735223
12	0.07177325	0.07177325
13	0.06694778	0.06694770
14	0.06273108	0.06273216
15	0.05903379	0.05901754
16	0.05545930	0.05571935
17	0.05719187	0.05277112
18	-0.02945367	0.05011985
19	1.55961974	0.04772276
20	-30.19239489	0.04554488

可以看到，从 $n=17$ 开始，近似值与精确值之间的差异逐渐增大。随着计算步数的增加，该差异迅速放大，导致结果失真。显然，由

$$I_n^* = 1 - nI_{n-1}^*, \quad n = 1, 2, \cdots$$

得

$$\left| I_n - I_n^* \right| = n \left| I_{n-1} - I_{n-1}^* \right| = \cdots = n! \left| I_0 - I_0^* \right|$$

说明算法 1 是不稳定的。

算法 2 将 I_n 的递推公式改为 $I_{n-1} = \dfrac{1}{n}(1 - I_n)$。

先估计一个 I_k，再反推 $I_n(n = k, k-1, \cdots, 1, 0)$。此时，由积分表达式

$$I_n = \int_0^1 x^n \mathrm{e}^{x-1} \mathrm{d}x = \frac{1}{\mathrm{e}} \int_0^1 x^n \mathrm{e}^x \mathrm{d}x$$

可知

$$\frac{1}{\mathrm{e}} \int_0^1 x^n \mathrm{e}^0 \mathrm{d}x < I_n < \frac{1}{\mathrm{e}} \int_0^1 x^n \mathrm{e}^1 \mathrm{d}x$$

即

$$\frac{1}{\mathrm{e}(n+1)} < I_n < \frac{1}{n+1} < 1$$

取 $I_k^* = \dfrac{1}{2}\left[\dfrac{1}{\mathrm{e}(k+1)} + \dfrac{1}{k+1} \right] \approx I_k$，当 $n < k$ 时，得

$$\left|I_n-I_n^*\right|=\frac{1}{n+1}\left|I_{n+1}-I_{n+1}^*\right|=\frac{1}{(n+1)(n+2)}\left|I_{n+2}-I_{n+2}^*\right|$$

$$=\cdots$$

$$=\frac{1}{(n+1)(n+2)\cdots(k-1)k}\left|I_k-I_k^*\right|=\frac{n!}{k!}\left|I_k-I_k^*\right|$$

算法 2 表明，当 $n<k$ 时，误差 $I_n-I_n^*$ 是可以控制的，该算法是数值稳定的。

例如，取 $k=20$，先估算 I_{20}，再利用 $I_{k-1}=\frac{1}{k}(1-I_k)$ 可推出 $I_{19},I_{18},\cdots,I_1$。编写程序如下。

```
clear all
syms x                           % 声明符号变量
I=ones(20,1);                    % 定义数组，存放近似值
Is=ones(20,1);                   % 定义数组，存放精确值
I(20)=1/2*(1/(21*exp(1))+1/21);   % 计算 I(20)近似值
Is(1)=int(x*exp(x-1),0,1);
for k=20:-1:2
    I(k-1)=(1-I(k))/k;           % 计算近似值
    Is(k)=int(x^k*exp(x-1),0,1); % 计算精确值
end
fprintf(' n          近似值              精确值');
fprintf('---------------------------------------------\n')
for k=20:-1:1
    fprintf('%3d    %12.8f    %12.8f\n', k,I(k),Is(k));
end
```

运行结果为

n	近似值	精确值
20	0.03256856	0.04554488
19	0.04837157	0.04772276
18	0.05008571	0.05011985
17	0.05277302	0.05277112
16	0.05571923	0.05571935
15	0.05901755	0.05901754
14	0.06273216	0.06273216
13	0.06694770	0.06694770
12	0.07177325	0.07177325

11	0.07735223	0.07735223
10	0.08387707	0.08387707
9	0.09161229	0.09161229
8	0.10093197	0.10093197
7	0.11238350	0.11238350
6	0.12680236	0.12680236
5	0.14553294	0.14553294
4	0.17089341	0.17089341
3	0.20727665	0.20727665
2	0.26424112	0.26424112
1	0.36787944	0.36787944

可见，在 $n=19$ 之前，近似值与精确值之间的差异是非常小的。

2.4　数值计算中需要注意的问题

为了减少舍入误差的影响，算法设计时应遵循以下原则。

1. 避免两个相近的数相减

两个相近的数相减，会使得这两个数前几位相同的有效数字在相减时消失，有效数字位数大大减少。

例如，当 $x=1000$ 时，若取 4 位有效数字计算， $\sqrt{x+1} \approx 31.64$ ， $\sqrt{x} \approx 31.62$ ，两者相减结果为 0.02，只有 1 位有效数字。

在数值计算中，如果遇到两个相近的数相减，可以根据具体情况采用一些数学上的恒等变形，如因式分解、有理化、三角函数恒等式、Taylor 展开等，避免两个相近的数相减而引起有效数字的丢失。

例如，当 $x_1 \approx x_2$ 时， $\log x_1 - \log x_2 = \log \dfrac{x_1}{x_2}$ ；

当 $x \approx 0$ 时， $1 - \cos x = 2\sin^2 \dfrac{x}{2}$ ， $\dfrac{1 - \cos x}{\sin x} = \dfrac{\sin x}{1 + \cos x}$ ；

当 $x \gg 1$ 时， $\sqrt{x+1} - \sqrt{x} = \dfrac{1}{\sqrt{x+1} + \sqrt{x}}$ 。

例题 2.4.1 设 $f(x) = x(\sqrt{x+1} - \sqrt{x})$ ， $g(x) = \dfrac{x}{\sqrt{x+1} + \sqrt{x}}$ ，求 $f(500)$ 和 $g(500)$ 。

解：取 6 位有效数字，有

$$f(500) = 500(\sqrt{501} - \sqrt{500}) \approx 500(22.3830 - 22.3607) = 11.1500$$

$$g(500) = \frac{500}{\sqrt{501} + \sqrt{500}} \approx \frac{500}{22.3830 + 22.3607} \approx 11.1748$$

从数学意义上讲，函数 $f(x)$ 和 $g(x)$ 是等价的，但是 $g(x)$ 误差较小，$g(500)$ 与真实值 11.174755300747… 取 6 位数的结果相同。

计算中，如果找不到适当的方法代替，最好采用双精度进行计算。

2．防止大数"吃掉"小数

因为计算机上只能采用有限位数计算，如果参加运算的数量级差很大，在加、减运算中，绝对值很小的数容易被绝对值较大的数"吃掉"，造成计算结果失真。

例题 2.4.2 求解二次方程 $x^2 - (10^9 + 1)x + 10^9 = 0$。

解：由因式分解得二次方程的两根为 $x_1 = 10^9$，$x_2 = 1$。如果按求根公式

$$x_1 = \frac{-b + \sqrt{b^2 - 4ac}}{2a}, \qquad x_2 = \frac{-b - \sqrt{b^2 - 4ac}}{2a}$$

其中，$-b = 10^9 + 1 = 0.1 \times 10^{10} + 0.0000000001 \times 10^{10}$。

采用单精度计算，在对阶运算时 $1 = 0.0000000001 \times 10^{10}$ 在计算中将被忽略，出现 $-b \approx 0.1 \times 10^{10} = 10^9$。由 $b^2 - 4ac \approx b^2$ 求得两个近似根分别为 $x_1 \approx 10^9, x_2 \approx 0$，结果出现错误。

采用双精度计算，将求根公式有理化变形为

$$x_1^* = \frac{-2c}{b + \sqrt{b^2 - 4ac}}, \qquad x_2^* = \frac{-2c}{b - \sqrt{b^2 - 4ac}}$$

当 $b < 0$ 时，利用原求根公式中的 x_1 计算 x_1，而利用变形公式中的 x_2^* 计算 x_2，得到两个近似根分别为 $x_1 \approx 10^9$，$x_2 \approx 1$。

因此，在设计算法或编写程序时，应避免将大小相差悬殊的两个数放在一起来运算。此外，在数值计算中，加法的交换律和结合律也可能不成立。

例如，令 $a = 10^9, b = 1, c = -a$，采用单精度计算，会得到如下不同的结果

$$(a + b) + c = 0, \quad (b + c) + a = 0, \quad (a + c) + b = 1$$

3．绝对值太小的数不宜作除数

由于除数很小，将导致商很大，有可能出现"溢出"现象。此外，当很小的数有一点误差时，对计算结果会造成很大的影响。

例如，$\dfrac{2.7182}{0.001} = 2718.2$，$\dfrac{2.7182}{0.0011} \approx 2471.1$。

4．注意简化计算程序，减少计算次数，避免误差积累

首先，若某种算法计算量太大，实际计算也是无法完成的。

例如，利用克拉默（Cramer）法则求解一个 $n = 25$ 阶线性方程组 $Ax = b$，在计算行列式时，乘法的运算次数大于 $(n+1)n!$，在每秒百亿次乘除运算的计算机上求解，时间约为

$$\frac{26!}{10^{10} \times 3600 \times 24 \times 365} \approx 13 \text{（亿年）}$$

其次，即使是可行算法，计算量越大积累的误差也越大。

例如，计算 n 次多项式 $p_n(x) = a_n x^n + a_{n-1}x^{n-1} + \cdots + a_1 x + a_0$ 时，若直接逐项计算，需要计算 $n + (n-1) + \cdots + 2 + 1 = \dfrac{n(n+1)}{2}$ 次乘法和 n 次加法。

若利用分配律，则

$$p_2(x) = a_2 x^2 + a_1 x + a_0 = (a_2 \cdot x + a_1) \cdot x + a_0 \qquad 2 \text{ 次乘法和 } 2 \text{ 次加法}$$

$$p_3(x) = a_3 x^3 + a_2 x^2 + a_1 x + a_0 = [(a_3 \cdot x + a_2) \cdot x + a_1] \cdot x + a_0 \qquad 3 \text{ 次乘法和 } 3 \text{ 次加法}$$

一般地，若 $p_n(x) = \{\cdots [(a_n \cdot x + a_{n-1}) \cdot x + a_{n-2}] \cdot x + \cdots \} \cdot x + a_0$，记

$$\begin{cases} s_n = a_n \\ s_k = x s_{k+1} + a_k, \quad k = n-1, n-2, \cdots, 1, 0 \\ p_n(x) = s_0 \end{cases}$$

该算法只需要进行 n 次乘法和 n 次加法运算。这就是著名的秦九韶算法，即将 n 次多项式的计算转化为 n 个一次式的计算。化简公式不仅能减少运算次数，提高计算速度，而且能简化逻辑结构，减少误差积累。

例题 2.4.3 设 $P(x) = x^3 - 3x^2 + 3x - 1$，$Q(x) = [(x-3)x+3]x - 1$，用 3 位舍入算法计算 $P(2.19)$ 和 $Q(2.19)$，并分别与精确值 $(2.19-1)^3 = 1.685159$ 进行比较。

解： $P(2.19) = 2.19^3 - 3 \times 2.19^2 + 3 \times 2.19 - 1 \approx 10.5 - 14.4 + 6.57 - 1 = 1.67$

$\qquad\quad Q(2.19) = [(2.19-3) \times 2.19 + 3] \times 2.19 - 1 \approx 1.23 \times 2.19 - 1 \approx 1.69$

可见，$Q(2.19)$ 的误差较小。

以上问题的讨论说明即使有了数学模型，甚至数学上已经有了完善的结果，仍然存在能否在计算机上求解和如何实现计算的问题。所以必须研究数值计算方法，寻求数学问题在计算机上的有效算法。

练　习　二

1. 截断误差与舍入误差的区别是什么？
2. 什么是绝对误差与相对误差？什么是近似数的有效数字？
3. 编写程序实现有效数字的计算。
4. 设 $x > 0$，已知 x 的相对误差为 δ，求 $\ln x$ 的误差。
5. 已知序列 $\{y_n\}$ 满足递推关系

$$y_n = 10 y_{n-1} - 1, \quad n = 1, 2, \cdots$$

(1) 若 $y_0 = \sqrt{2} = 1.41$（3 位有效数字），计算到 y_{10} 时误差有多大？计算过程是否稳定？

(2) 若 $y_0 = \sqrt{2} = 1.414$（4 位有效数字），计算到 y_{10} 时误差有多大？

第三章 曲线插值与曲面插值

插值是数据处理和编制函数表的常用工具，也是数值积分、数值微分、非线性方程求解和微分方程数值解的重要基础，许多求解计算公式都是以插值为基础导出的。

在实际工作中，常常需要测量某些数据，但由于客观条件的限制，所测得的数据可能不够细密，满足不了数据采集的需要，这时可以通过插值方法对数据进行加密处理。

3.1 曲线插值

在微积分中，常用函数 $y = f(x)$ 描述一条平面曲线。但在实际问题中，此函数关系往往通过实验观测得到的一组数据给出，见表 3.1.1。

表 3.1.1 观测数据

x	x_0	x_1	x_2	$\cdots$	x_n
y	y_0	y_1	y_2	$\cdots$	y_n

根据表 3.1.1 中的数据 $(x_i, y_i)(i = 0,1,\cdots,n)$，如何找出自变量 x 与因变量 $y = f(x)$ 之间的关系？

所谓插值，是指根据给定的数据表，寻找一个满足条件 $P(x_i) = y_i \ (i = 0,1,\cdots,n)$ 的某类函数 $P(x)$ 近似代替实际函数 $f(x)$。在众多函数中，代数多项式是最简单、最容易计算的。因此，利用代数多项式求解插值函数就成为插值计算最主要的方法。

3.1.1 插值多项式的概念

定义 3.1.1 设函数 $y = f(x)$ 在区间 $[a,b]$ 上有定义，$f(x)$ 在 $n+1$ 个互不相同的点 $x_0, x_1, \cdots, x_n$ 处的函数值为 $y_i = f(x_i), (i = 0,1,2,\cdots,n)$。$n$ 次代数多项式

$$P_n(x) = a_0 + a_1 x + a_2 x^2 + \cdots + a_n x^n \tag{3.1.1}$$

满足条件

$$P_n(x_i) = y_i, \qquad i = 0,1,2,\cdots,n \tag{3.1.2}$$

称 $P_n(x)$ 为被插函数 $f(x)$ 的 n 次插值多项式，x_k 为插值节点，$[a,b]$ 为插值区间，式 (3.1.2) 为插值条件。

将式 (3.1.2) 代入式 (3.1.1) 中，未知系数 $a_0, a_1, \cdots, a_n$ 满足下列线性方程组

$$\begin{cases} a_0 + a_1 x_0 + a_2 x_0^2 + \cdots + a_n x_0^n = f(x_0) \\ a_0 + a_1 x_1 + a_2 x_1^2 + \cdots + a_n x_1^n = f(x_1) \\ \qquad\qquad \cdots\cdots \\ a_0 + a_1 x_n + a_2 x_n^2 + \cdots + a_n x_n^n = f(x_n) \end{cases} \qquad (3.1.3)$$

将方程组(3.1.3)写为矩阵形式 $Xa = y$ ，其中

$$X = \begin{pmatrix} 1 & x_0 & \cdots & x_0^n \\ 1 & x_1 & \cdots & x_1^n \\ \vdots & \vdots & & \vdots \\ 1 & x_n & \cdots & x_n^n \end{pmatrix}, \quad a = \begin{pmatrix} a_0 \\ a_1 \\ \vdots \\ a_n \end{pmatrix}, \quad y = \begin{pmatrix} f(x_0) \\ f(x_1) \\ \vdots \\ f(x_n) \end{pmatrix}$$

由线性代数知识可知，当插值节点 $x_0, x_1, \cdots, x_n$ 互不相同时，矩阵 X 对应的行列式

$$\det(X) = \prod_{i=1}^{n} \prod_{j=0}^{i-1} (x_i - x_j) \neq 0$$

于是，线性方程组(3.1.3)有唯一解，即插值多项式(3.1.1)存在且唯一。

求解线性方程组(3.1.3)的计算量非常大，不便于实际应用，需要寻找合适的计算方法。

3.1.2 Lagrange 插值

已知互不相同的点 x_0、 x_1 及 $y_0 = f(x_0)$、 $y_1 = f(x_1)$，经过这两个点的直线方程为

$$L_1(x) = a_0 + a_1 x$$

将 $y_i = f(x_i)$ $(i = 0,1)$ 代入方程，得

$$a_1 = \frac{y_1 - y_0}{x_1 - x_0}, \quad a_0 = y_0 - a_1 x_0 = \frac{y_0 x_1 - y_1 x_0}{x_1 - x_0}$$

从而得到

$$L_1(x) = \frac{x - x_1}{x_0 - x_1} y_0 + \frac{x - x_0}{x_1 - x_0} y_1 \qquad (3.1.4)$$

且 $L_1(x_0) = y_0, L_1(x_1) = y_1$。

记

$$l_0(x) = \frac{x - x_1}{x_0 - x_1}, \quad l_1(x) = \frac{x - x_0}{x_1 - x_0}$$

显然， $l_0(x)$、 $l_1(x)$ 均为 1 次多项式，且满足条件

$$l_0(x_0) = 1, \quad l_0(x_1) = 0$$
$$l_1(x_0) = 0, \quad l_1(x_1) = 1$$

于是，式(3.1.4)表示为

$$L_1(x) = l_0(x) y_0 + l_1(x) y_1 \qquad (3.1.5)$$

类似地，已知互不相同的三个点 x_0, x_1, x_2 及 $y_i = f(x_i)$ $(i = 0,1,2)$，经过这三个点的曲线方程表示为

$$L_2(x) = a_0 + a_1 x + a_2 x^2$$

将条件 $y_i = f(x_i)$ $(i = 0,1,2)$ 代入方程并求解方程组，得

$$L_2(x) = \frac{(x-x_1)(x-x_2)}{(x_0-x_1)(x_0-x_2)}y_0 + \frac{(x-x_0)(x-x_2)}{(x_1-x_0)(x_1-x_2)}y_1 + \frac{(x-x_0)(x-x_1)}{(x_2-x_0)(x_2-x_1)}y_2 \quad (3.1.6)$$

且 $L_2(x_0)=y_0, L_2(x_1)=y_1, L_2(x_2)=y_2$。

记

$$l_0(x) = \frac{(x-x_1)(x-x_2)}{(x_0-x_1)(x_0-x_2)}, \quad l_1(x) = \frac{(x-x_0)(x-x_2)}{(x_1-x_0)(x_1-x_2)}, \quad l_2(x) = \frac{(x-x_0)(x-x_1)}{(x_2-x_0)(x_2-x_1)}$$

则 $l_i(x)$ $(i=0,1,2)$ 均为 2 次多项式，且满足

$$l_0(x_0)=1, \quad l_0(x_1)=0, \quad l_0(x_2)=0$$
$$l_1(x_0)=0, \quad l_1(x_1)=1, \quad l_1(x_2)=0$$
$$l_2(x_0)=0, \quad l_2(x_1)=0, \quad l_2(x_2)=1$$

于是，式(3.1.6)表示为

$$L_2(x) = l_0(x)y_0 + l_1(x)y_1 + l_2(x)y_2 \quad (3.1.7)$$

一般地，已知互不相同的 $n+1$ 个点 $x_0,x_1,\cdots,x_n$ 及 $y_i=f(x_i)$ $(i=0,1,2,\cdots,n)$，类似式(3.1.7)的推导，经过这些点的曲线方程可表示为

$$L_n(x) = l_0(x)y_0 + l_1(x)y_1 + \cdots + l_n(x)y_n \quad (3.1.8)$$

其中，

$$l_i(x) = \frac{(x-x_0)(x-x_1)\cdots(x-x_{i-1})(x-x_{i+1})\cdots(x-x_n)}{(x_i-x_0)(x_i-x_1)\cdots(x_i-x_{i-1})(x_i-x_{i+1})\cdots(x_i-x_n)}, \quad i=0,1,2,\cdots,n \quad (3.1.9)$$

为 n 次多项式，满足

$$l_i(x_j) = \begin{cases} 1, & i=j \\ 0, & i \neq j \end{cases}, \quad i,j=0,1,2,\cdots,n$$

且 $L_n(x_k)=y_k(k=0,1,\cdots,n)$。

式(3.1.8)称为 n 次 Lagrange(拉格朗日)插值公式，式(3.1.9)称为 Lagrange 插值基函数。

显然，当 $n=1$ 时，经过两个点的 Lagrange 插值公式即为式(3.1.5)，也称 Lagrange 线性插值公式；当 $n=2$ 时，经过三个点的 Lagrange 插值公式即为式(3.1.7)，也称 Lagrange 抛物线插值公式。

利用微分学中的 Taylor 公式和 Rolle 中值定理，可以得到被插函数 $f(x)$ 与 Lagrange 插值多项式 $L_n(x)$ 的误差估计。

定理 3.1.1 设被插函数 $f(x)$ 在包含插值节点 $x_0,x_1,\cdots,x_n$ 的区间$[a,b]$上有 $n+1$ 阶导数，则对任意 $x\in[a,b]$，被插函数 $f(x)$ 与插值多项式 $L_n(x)$ 的截断误差为

$$|f(x)-L_n(x)| = \left| \frac{f^{(n+1)}(\xi)}{(n+1)!} \prod_{k=0}^{n}(x-x_k) \right|$$

其中，ξ 介于 x 与节点 $x_0,x_1,\cdots,x_n$ 之间。

例题 3.1.1 已知函数 $f(x)=\sqrt{x}$，分别用 Lagrange 线性插值公式、Lagrange 抛物线插值公式和 3 次插值公式求 $f(115)$ 的近似值，并估计其精度。

解：(1)用 Lagrange 线性插值公式求 $f(115)$。

构造 1 次多项式 $L_1(x)$，使其经过两个点$(100,10)$和$(121,11)$。由 Lagrange 线性插值

公式(3.1.4)得

$$L_1(x) = \frac{x-121}{100-121} \times 10 + \frac{x-100}{121-100} \times 11 = \frac{1}{21}(x+110)$$

当 $x = 115$ 时，$f(115) \approx L_1(115) = 10.71428571$。

因为二阶导数 $f''(x)$ 的绝对值在区间[100, 121]上的最大值为 $|f''(100)| = 2.5 \times 10^{-4}$，由定理 3.1.1 得

$$|f(115) - L_1(115)| = \left| \frac{f''(\xi)}{2!}(115-100)(115-121) \right| = 0.01125 < 0.5 \times 10^{-1}$$

计算结果至少有 1 位有效数字。

(2)用 Lagrange 抛物线插值公式求 $f(115)$。

构造 2 次多项式 $L_2(x)$，使其经过三个点$(100, 10)$、$(121, 11)$和$(144, 12)$，于是

$$L_2(x) = \frac{(x-121)(x-144)}{(100-121)(100-141)} \times 10 + \frac{(x-100)(x-144)}{(121-100)(121-144)} \times 11 + \frac{(x-100)(x-121)}{(144-100)(144-121)} \times 12$$

当 $x = 115$ 时，$f(115) \approx L_2(115) = 10.72275551$。

因为三阶导数 $f'''(x)$ 的绝对值在区间[100, 144]上的最大值为 $|f'''(100)| = 3.75 \times 10^{-6}$，有

$$|f(115) - L_2(115)| = \left| \frac{f'''(\xi)}{3!}(115-100)(115-121)(115-144) \right| = 0.00163125 < 0.5 \times 10^{-2}$$

计算结果至少有 2 位有效数字。

(3)用 3 次插值公式求 $f(115)$。

构造 3 次多项式 $L_3(x)$，使其经过四个点$(100, 10)$、$(121, 11)$、$(144, 12)$和$(169,13)$，得

$$L_3(x) = \frac{(x-121)(x-144)(x-169)}{(100-121)(100-144)(100-169)} \times 10 + \frac{(x-100)(x-144)(x-169)}{(121-100)(121-144)(121-169)} \times 11$$
$$+ \frac{(x-100)(x-121)(x-169)}{(144-100)(144-121)(144-169)} \times 12 + \frac{(x-100)(x-121)(x-144)}{(169-100)(169-121)(169-121)} \times 13$$

当 $x = 115$ 时，$f(115) \approx L_3(115) = 10.72357425$。

因为四阶导数 $f^{(4)}(x)$ 的绝对值在区间[100, 169]上最大值为 $|f^{(4)}(100)| = 9.375 \times 10^{-8}$，有

$$|f(115) - L_3(115)| = \left| \frac{f^{(4)}(\xi)}{4!}(115-100)(115-121)(115-144)(115-169) \right|$$
$$= 5.50546875 \times 10^{-4} < 0.5 \times 10^{-2}$$

计算结果的精度没有改变。

如果将 $L_3(x)$ 经过的四个点修正为$(81,9)$、$(100, 10)$、$(121, 11)$、$(144, 12)$，使得所求点位于插值区间的中部，就有 $f(115) \approx L_3(115) = 10.72404826$，并且

$$|f(115) - L_3(115)| = \left| \frac{f^{(4)}(\xi)}{4!}(115-81)(115-100)(115-121)(115-144) \right|$$
$$= 3.46640625 \times 10^{-4} < 0.5 \times 10^{-3}$$

于是，计算结果至少有 3 位有效数字。

可以看出，用 Lagrange 插值公式计算函数在某一点的近似值时，若选择的插值节点

远离该点，可能会增加计算误差。而且，Lagrange 插值公式是用基函数表示的，当增加一个节点时，所有的基函数必须全部重新计算，即高次插值无法利用低次插值的结果，因此 Lagrange 插值不具备继承性。

Lagrange 插值公式有较强的规律性，容易编写程序，可以利用计算机进行数值计算。

编写 Lagrange 插值函数 lagr_interp 如下。

```
%Lagrange interpolation
% x 是节点向量，y 是节点对应的函数值向量，xx 为插节点，yy 返回插值结果
function yy=lagr_interp(x,y,xx)
n=length(x);
s=0;
for i=1:n
        t=ones(1,length(xx));
            for j=1:n
              if j~=i
                t=t.*(xx-x(j))/(x(i)-x(j));
              end
            end
        s=s+t*y(i);
end
yy=s
```

例如，执行如下语句：

```
x=[81,100,121,144];  y=[9,10,11,12];
xx=115;
yy=lagr_interp(x,y,xx)
```

运行结果为

```
yy =
  10.724048262949863
```

利用 Lagrange 插值公式可以求出经过少数几个插值节点的函数方程。

例题 3.1.2 已知曲线上四个点 $(0,0)$，$(60,0.45)$，$(120,3.6)$，$(180,12.15)$，求该曲线方程。

解：编写 M 文件如下。

```
xdata=[0,60,120,180];
ydata=[0,0.45,3.6,12.15];
n=length(xdata);
L=zeros(n);
for i=1:n
        px=poly(xdata([1:i-1,i+1:n]));   %构造多项式
        L(i,:)=px/polyval(px,xdata(i));   %求插值基函数
```

```
end
y=sum(bsxfun(@times,L,ydata(:)));  %求多项式系数
f=poly2str(y, 'x')
```
运行结果为
```
    f=
       2.0833e-06 x^3
```

3.1.3 Newton 插值

为了克服 Lagrange 插值公式的缺点，引入差商的概念，从而得到增加节点时可以用 Lagrange 插值多项式进行递推计算的方法，该方法称为 Newton（牛顿）插值方法。

首先给出差商的定义。

定义 3.1.2 已知函数 $f(x)$ 在$[a, b]$上的 $n+1$ 个互异节点 $x_0, x_1, \cdots, x_n$ 处的函数值分别为 $f(x_0), f(x_1), \cdots, f(x_n)$，称

$$f[x_i, x_j] = \frac{f(x_i) - f(x_j)}{x_i - x_j}$$

为函数 $f(x)$ 关于节点 x_i, x_j 的一阶差商。称

$$f[x_i, x_j, x_k] = \frac{f[x_i, x_j] - f[x_j, x_k]}{x_i - x_k}$$

为函数 $f(x)$ 关于节点 x_i, x_j, x_k 的二阶差商。

一般地，若定义了 $k-1$ 阶差商，则称

$$f[x_0, x_1, \cdots, x_k] = \frac{f[x_0, x_1, \cdots, x_{k-1}] - f[x_1, x_2, \cdots, x_k]}{x_0 - x_k}$$

为函数 $f(x)$ 关于节点 $x_0, x_1, \cdots, x_k$ 的 k 阶差商。

由差商的定义可知，一阶差商由节点上的函数值定义，二阶差商由一阶差商定义，以此类推。只要给定函数 $f(x)$ 在$[a, b]$上的节点及其对应的函数值，就可以求出 $f(x)$ 的各阶差商，如表 3.1.2 所示。

表 3.1.2　差商表

x_i	$f(x_i)$	一阶差商	二阶差商	三阶差商	⋯	几阶差商
x_0	$f(x_0)$					
x_1	$f(x_1)$	$f[x_0, x_1]$				
x_2	$f(x_2)$	$f[x_1, x_2]$	$f[x_0, x_1, x_2]$			
x_3	$f(x_3)$	$f[x_2, x_3]$	$f[x_1, x_2, x_3]$	$f[x_0, x_1, x_2, x_3]$		
⋯	⋯	⋯	⋯	⋯		
x_n	$f(x_n)$	$f[x_{n-1}, x_n]$	$f[x_{n-2}, x_{n-1}, x_n]$	$f[x_{n-3}, x_{n-2}, \cdots, x_n]$	⋯	$f[x_0, x_1, \cdots, x_n]$

当节点 $x_0, x_1, \cdots, x_n$ 互不相同时，根据差商的定义，有

$$f(x) = f(x_0) + f[x, x_0](x - x_0)$$

$$f[x,x_0] = f[x_0,x_1] + f[x,x_0,x_1](x-x_1)$$
$$f[x,x_0,x_1] = f[x_0,x_1,x_2] + f[x,x_0,x_1,x_2](x-x_2)$$
$$\cdots\cdots$$
$$f[x,x_0,x_1,\cdots,x_{n-2}] = f[x_0,x_1,\cdots,x_{n-1}] + f[x,x_0,x_1,\cdots,x_{n-1}](x-x_{n-1})$$
$$f[x,x_0,x_1,\cdots,x_{n-1}] = f[x_0,x_1,\cdots,x_n] + f[x,x_0,x_1,\cdots,x_n](x-x_n)$$

将各阶差商从后向前逐次代入，得

$$f(x) = f(x_0) + f[x_0,x_1](x-x_0) + f[x_0,x_1,x_2](x-x_0)(x-x_1)$$
$$+\cdots$$
$$+ f[x_0,x_1,\cdots,x_n](x-x_0)(x-x_1)\cdots(x-x_{n-1})$$
$$+ f[x,x_0,x_1,\cdots,x_n](x-x_0)(x-x_1)\cdots(x-x_n)$$
$$= N_n(x) + R_n(x)$$

其中

$$N_n(x) = f(x_0) + f[x_0,x_1](x-x_0) + f[x_0,x_1,x_2](x-x_0)(x-x_1)$$
$$+\cdots + f[x_0,x_1,\cdots,x_n](x-x_0)(x-x_1)\cdots(x-x_{n-1}) \tag{3.1.10}$$
$$R_n(x) = f[x,x_0,x_1,\cdots,x_n](x-x_0)(x-x_1)\cdots(x-x_n)$$

显然，$N_n(x)$ 为不超过 n 次的多项式，且满足

$$N_n(x_i) = f(x_i), \quad i = 0,1,\cdots,n$$

定义 3.1.3 $N_n(x)$ 称为 $f(x)$ 关于节点 $x_0,x_1,\cdots,x_n$ 的 n 次 Newton 插值多项式，$R_n(x)$ 称为 Newton 插值余项。

Newton 插值公式的误差估计与 Lagrange 插值公式的误差估计类似。

例题 3.1.3 计算函数 $f(x)$ 在四个点 $(-2, 17)$，$(0, 1)$，$(1, 2)$，$(2, 19)$ 处的一至三阶差商。

解：构造差商表，得到下表。

x_i	$f(x_i)$	一阶差商	二阶差商	三阶差商
-2	17			
0	1	-8		
1	2	1	3	
2	19	17	8	5/4

例题 3.1.4 已知当 $x = -2, -1, 0, 1$ 时，函数 $f(x) = 13, -8, -1, 4$，求 $f(0.5)$。

解：根据已知点构造差商表如下表所示。

x_i	$f(x_i)$	一阶差商	二阶差商	三阶差商	$(x-x_0)(x-x_1)\cdots(x-x_n)$
-2	13				1
-1	-8	-21			$(x+2)$
0	-1	7	14		$(x+2)(x+1)$
1	4	5	-1	-5	$(x+2)(x+1)x$

得到 3 次 Newton 插值多项式为
$$N_3(x) = 13 - 21(x+2) + 14(x+2)(x+1) - 5(x+2)(x+1)x$$
于是，$f(0.5) \approx N_3(0.5) = 3.625$。

例题 3.1.5 已知当 $x = -2, -1, 0, 1, 2$ 时，函数 $f(x) = 13, -8, -1, 4, 1$，求 $f(0.5)$。

解： 与例题 3.1.4 相比，增加了一个插值节点，所以只需将例题 3.1.4 的差商表增加一列和一行，得到新的差商表如下表所示。

x	$f(x)$	一阶差商	二阶差商	三阶差商	四阶差商	$(x-x_0)(x-x_1)\cdots(x-x_n)$
-2	13					1
-1	-8	-21				$(x+2)$
0	-1	7	14			$(x+2)(x+1)$
1	4	5	-1	-5		$(x+2)(x+1)x$
2	1	-3	-4	-1	1	$(x+2)(x+1)x(x-1)$

4 次 Newton 插值多项式为
$$N_4(x) = 13 - 21(x+2) + 14(x+2)(x+1) - 5(x+2)(x+1)x + (x+2)(x+1)x(x-1)$$
即 $f(0.5) \approx N_4(0.5) = 2.6875$。

显然，$N_4(x)$ 是在 $N_3(x)$ 的基础上增加一项得到的，反映出 Newton 插值各阶插值之间有递推关系，节点增加时计算非常方便。

与 Lagrange 插值比较，Newton 插值有以下优点：

(1) 利用差商表，能够计算多点插值，比 Lagrange 插值计算方便；

(2) Newton 插值不要求函数的高阶导数存在，对于 $f(x)$ 是由离散点给出的情形或导数不存在的情形均适用，更具有一般性。

利用 Newton 插值也可以求出经过少数几个插值节点的函数方程。

例题 3.1.6 已知曲线上四个点的坐标分别为 $(0, 0)$，$(60, 0.45)$，$(120, 3.6)$，$(180, 12.15)$，求该曲线方程。

解： 由 Newton 插值公式，得
$$N_3(x) = 0.0075x + 0.000375x(x-60) + 2.0833 \times 10^{-6} x(x-60)(x-120) = 2.0833 \times 10^{-6} x^3$$
用 MATLAB 编程求解，得到同样的结果。编写 M 文件如下。

```
xdata=[0,60,120,180];
ydata=[0,0.45,3.6,12.15];
n=length(xdata);
d=[xdata(:), ydata(:), zeros(n,n-1)];        % 存储差商表
N=zeros(n);
N(1,end)=1;
for k=1:n-1
    d(1:n-k,k+2)=diff(d(1:n-k+1,k+1))./(d(k+1:n,1)-d(1:n-k,1));
        %计算差商
```

```
    N(k+1,n-k:n)=poly(xdata(1:k));          %计算基函数
end
y=sum(bsxfun(@times,N,d(1,2:n+1).'));
f=poly2str(y,'x')
```

运行结果为

```
f=
   2.0833e-06 x^3-2.1684e-19x^2+1.0408e-17x
```

3.1.4　Spline 插值

由 Lagrange 插值和 Newton 插值可知，插值节点越多，精度会越高，但并不是绝对的。当插值节点增多时，插值多项式的次数也会增高，可能造成插值函数的收敛性和稳定性变差，这就是高次插值的 Runge（龙格）现象。

例题 3.1.7　设函数 $f(x)=\dfrac{1}{1+x^2}$，分别对区间[−5, 5]进行 5 等分和 10 等分，讨论节点增多时 Lagrange 插值的效果。

解：输入等分点的坐标，调用 Lagrange 插值函数 lagr_interp.m，绘制图形。编写 M 文件如下。

```
xx=-5:0.05:5; y=1./(1+xx.^2);
x1=-5:2:5; y1=1./(1+x1.^2);
x2=-5:5; y2=1./(1+x2.^2);
yy1=lagr_interp(x1,y1,xx);
yy2=lagr_interp(x2,y2,xx);
plot(x2,y2,'ro',xx,y,'r',xx,yy1,'k--',xx,yy2,'b-.')
legend ('node','f(x)','L_5(x)','L_{20}(x)')
```

执行后图形如图 3.1.1 所示。

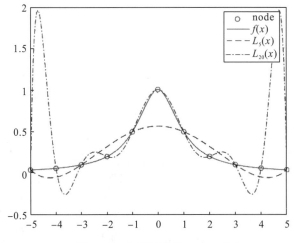

图 3.1.1　高次插值的 Runge 现象

从图 3.1.1 中看出，随着节点数的增加，高次多项式在区间的边界上出现了激烈震荡的现象，即 Runge 现象。事实上，由于

$$f(x) = \frac{1}{1+x^2} = \frac{1}{2i}\left(\frac{1}{x-i} - \frac{1}{x+i}\right)$$

得

$$f^{(n+1)}(x) = \frac{(-1)^{n+1}(n+1)!}{2i}\left[\frac{1}{(x-i)^{n+2}} - \frac{1}{(x+i)^{n+2}}\right]$$

由定理 3.1.1 知

$$R_n(x) = f(x) - L_n(x) = \frac{(-1)^{n+1}(n+1)!}{2i}\left[\frac{1}{(\xi-i)^{n+2}} - \frac{1}{(\xi+i)^{n+2}}\right]\prod_{k=0}^{n}(x-x_k)$$

$$= \frac{(-1)^{n+1}}{(1+\xi^2)^{n/2+1}}\sin(n+2)\theta\prod_{k=0}^{n}(x-x_k)$$

其中，$\theta = \arctan\dfrac{1}{\xi}$。

当 $n \to \infty$ 时，无法保证余项 $R_n(x)$ 的收敛性。因此，无论 Lagrange 插值或是 Newton 插值都不适用于数据量较大的情形。

样条 (spline) 是在 20 世纪初期经常用于图样设计的一种富有弹性的细长条，多个样条互相弯曲连接后沿其边缘画出的曲线即为样条曲线，如图 3.1.2 所示。

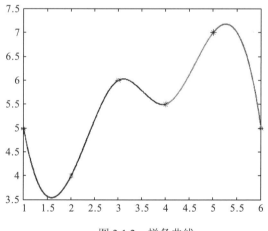

图 3.1.2　样条曲线

样条函数是由一些按照某种光滑条件分段拼接起来的多项式组成的函数。最常用的样条函数为三次样条函数，它由分段 3 次多项式组成并且处处二阶连续可导，具有较高的光滑程度。若函数的 k 阶导数存在且连续，则称该函数具有 k 阶光滑性。显然，阶数越高光滑程度越好。三次样条插值具有 2 阶光滑性，是以较低次数的多项式达到较高阶光滑性的方法。

定义 3.1.4　给定 $[a,b]$ 上 $n+1$ 个节点 $a = x_0 < x_1 < \cdots < x_{n-1} < x_n = b$ 和节点上的函数值 $f(x_i)(i = 0,1,2,\cdots,n)$，如果函数 $s(x) \in C^2[a,b]$ 在每个小区间 $[x_i, x_{i+1}]$ 上都是三次多项式，且

满足 $s(x_i)=f(x_i), i=0,1,2,\cdots,n$，则称 $s(x)$ 是 $[a,b]$ 上的三次样条函数。

三次样条函数 $s(x)$ 的表达式推导如下：

设在每个子区间 $[x_i,x_{i+1}]$ 上，$s(x)$ 都可以表示为

$$s(x)=a_i x^3+b_i x^2+c_i x+d_i, \qquad i=0,1,2,\cdots,n-1$$

其中 a_i,b_i,c_i,d_i 是待定系数，且满足

$$s(x_i)=f(x_i), \qquad i=0,1,2,\cdots,n$$

再由 $s(x)\in C^2[a,b]$ 得

$$s(x_i^-)=s(x_i^+),\quad s'(x_i^-)=s'(x_i^+),\quad s''(x_i^-)=s''(x_i^+),\qquad i=1,2,\cdots,n-1$$

以上共有 $n+1+3(n-1)=4n-2$ 个方程，还缺 2 个方程，需要利用边界条件。

在实际应用中，常用的边界条件有以下三类。

第一类边界条件：给定函数在端点处的一阶导数，即

$$s'(x_0)=f'(x_0),\quad s'(x_n)=f'(x_n)$$

第二类边界条件：给定函数在端点处的二阶导数，即

$$s''(x_0)=f''(x_0),\quad s''(x_n)=f''(x_n)$$

当 $f''(x_0)=f''(x_n)=0$ 时，称为自然边界条件，此时的样条函数称为自然样条函数。

第三类边界条件：$f(x)$ 是周期函数，有

$$s'(x_0)=s'(x_n),\quad s''(x_0)=s''(x_n)$$

记 $s''(x_0)=M_0, s''(x_n)=M_n$。已知 $s(x)$ 在每个子区间 $[x_i,x_{i+1}]$ 上，$s(x)$ 是三次多项式，故 $s''(x)$ 为一次多项式。设 $s''(x_i)=M_i, s''(x_{i+1})=M_{i+1}$，利用线性插值公式，得

$$s(x)=M_i+\frac{1}{h_i}(M_{i+1}-M_i)(x-x_i),\quad x\in[x_i,x_{i+1}]$$

其中 $h_i=x_{i+1}-x_i$，$i=0,1,2,\cdots,n-1$。

积分两次后得

$$s(x)=\frac{M_{i+1}-M_i}{6h_i}(x-x_i)^3+\frac{M_i}{2}(x-x_i)^2+c_1(x-x_i)+c_2,\qquad x\in[x_i,x_{i+1}]$$

其中 c_1,c_2 为积分常数。

将条件 $s(x_i)=f(x_i), s(x_{i+1})=f(x_{i+1})$ 代入，求出 c_1,c_2，得到 $s(x)$ 的表达式为

$$s(x)=\frac{M_{i+1}-M_i}{6h_i}(x-x_i)^3+\frac{M_i}{2}(x-x_i)^2+\left[\frac{f(x_{i+1})-f(x_i)}{h_i}-\frac{M_{i+1}+2M_i}{6}h_i\right](x-x_i)+f(x_i)$$

$$(3.1.11)$$

由 $s'(x_i^-)=s'(x_i^+)$，得到关于 M_{i-1},M_i 和 M_{i+1} 的方程组（称为三弯矩方程）

$$\mu_i M_{i-1}+2M_i+\lambda_i M_{i+1}=d_i \tag{3.1.12}$$

其中

$$\begin{cases}\mu_i=\dfrac{h_{i-1}}{h_{i-1}+h_i},\quad \lambda_i=\dfrac{h_i}{h_{i-1}+h_i}\\[2mm]d_i=\dfrac{6}{h_{i-1}+h_i}\left[\dfrac{f(x_{i+1})-f(x_i)}{h_i}-\dfrac{f(x_i)-f(x_{i-1})}{h_{i-1}}\right]\end{cases}\quad i=1,2,\cdots,n-1$$

结合三类边界条件，即可确定 $M_0, M_1, \cdots, M_n$。

应用第一类边界条件，并记

$$d_0 = 6\left(\frac{f(x_1)-f(x_0)}{h_0^2} - \frac{f'(x_0)}{h_0}\right), \quad d_n = 6\left(\frac{f'(x_n)}{h_{n-1}} - \frac{f(x_n)-f(x_{n-1})}{h_{n-1}^2}\right)$$

式 (3.1.12) 可以写为

$$\begin{pmatrix} 2 & 1 & & & & \\ \mu_1 & 2 & \lambda_1 & & & \\ & \mu_2 & 2 & \lambda_2 & & \\ & & \ddots & \ddots & \ddots & \\ & & & \mu_{n-1} & 2 & \lambda_{n-1} \\ & & & & 1 & 2 \end{pmatrix}\begin{pmatrix} M_0 \\ M_1 \\ M_2 \\ \vdots \\ M_{n-1} \\ M_n \end{pmatrix} = \begin{pmatrix} d_0 \\ d_1 \\ d_2 \\ \vdots \\ d_{n-1} \\ d_n \end{pmatrix}$$

其系数矩阵严格对角占优，矩阵可逆，方程组存在唯一解。

应用第二类边界条件，由 $s''(x_0) = M_0, s''(x_n) = M_n$，得

$$2M_1 + \lambda_1 M_2 = d_1 - \mu_1 M_0, \quad \mu_{n-1}M_{n-2} + 2M_{n-1} = d_{n-1} - \lambda_{n-1}M_n$$

式 (3.1.12) 可以写为

$$\begin{pmatrix} 2 & \lambda_1 & & & & \\ \mu_2 & 2 & \lambda_2 & & & \\ & \mu_3 & 2 & \lambda_3 & & \\ & & \ddots & \ddots & \ddots & \\ & & & \mu_{n-2} & 2 & \lambda_{n-2} \\ & & & & \mu_{n-1} & 2 \end{pmatrix}\begin{pmatrix} M_1 \\ M_2 \\ M_3 \\ \vdots \\ M_{n-2} \\ M_{n-1} \end{pmatrix} = \begin{pmatrix} d_1 - \mu_1 M_0 \\ d_2 \\ d_3 \\ \vdots \\ d_{n-2} \\ d_{n-1} - \lambda_{n-1}M_n \end{pmatrix}$$

其系数矩阵严格对角占优，方程组存在唯一解。

应用第三类边界条件，有 $M_0 = M_n$，记

$$\lambda_n = \frac{h_0}{h_0 + h_{n-1}}, \quad \mu_n = \frac{h_{n-1}}{h_0 + h_{n-1}}, \quad d_n = \frac{6}{h_0 + h_{n-1}}\left(\frac{f(x_1)-f(x_0)}{h_0} - \frac{f(x_n)-f(x_{n-1})}{h_{n-1}}\right)$$

式 (3.1.12) 也可以写为

$$\begin{pmatrix} 2 & \lambda_1 & & & & \mu_1 \\ \mu_2 & 2 & \lambda_2 & & & \\ & \mu_3 & 2 & \lambda_3 & & \\ & & \ddots & \ddots & \ddots & \\ & & & \mu_{n-1} & 2 & \lambda_{n-1} \\ \lambda_n & & & & \mu_n & 2 \end{pmatrix}\begin{pmatrix} M_1 \\ M_2 \\ M_3 \\ \vdots \\ M_{n-1} \\ M_n \end{pmatrix} = \begin{pmatrix} d_1 \\ d_2 \\ d_3 \\ \vdots \\ d_{n-1} \\ d_n \end{pmatrix}$$

其系数矩阵严格对角占优，方程组存在唯一解。

求出 $M_0, M_1, \cdots, M_n$ 后，代入式 (3.1.11) 中，即可得到三次样条函数 $s(x)$ 的分段表达式。

三次样条函数曲线不仅有很好的光滑性，而且当节点逐渐加密时，其函数值在整体上能很好地逼近被插函数，相应的导数值也收敛于被插函数的导数，不会发生 Runge 现象。因此三次样条函数在计算机辅助设计中有广泛的应用。

3.1.5 曲线插值的 MATLAB 函数

MATLAB 中常用的曲线插值函数是 interp1，调用方法为

```
cy = interp1(x0,y0, cx,'method')
```

其中，x0、y0 分别是数据点的横坐标向量和纵坐标向量；cx 为待插值点，不能超出 x0 的范围；cy 为待插值点的函数值；method 为插值方法，包括 nearest（最邻近插值）、linear（线性插值）、spline（三次样条插值）和 cubic（三次插值），缺省时为线性插值。

MATLAB 中常用的三次样条插值函数是 interp1、spline 和 caspe。函数 csape 可以实现三次样条曲线的各种边界条件，调用方法为

```
pp=csape(x0,y0,conds,valconds)
```

其中，valconds 是边界值，conds 指定插值的边界条件，包括：

'complete' 第一类边界条件（缺省边界条件）

'not-a-knot' 非扭结条件，不需输入边界值

'periodic' 周期性（第三类）边界条件，不需输入边界值

'second' 第二类边界条件，二阶导数的值在 valconds 参数中给出，若忽略 valconds 参数，二阶导数的缺省值为[0, 0]。

'variational' 自然边界条件，不需输入边界值

函数 csape 输出的多项式格式为

$$S_i(x) = a_0(x-x_i)^3 + a_1(x-x_i)^2 + a_2(x-x_i) + a_3, \quad x \in [x_i, x_{i+1}], \quad i = 0,1,\cdots,n-1$$

需要计算出插值点的函数值时，可调用函数 ppval。

例题 3.1.8 给定节点 (1,1)、(2,3)、(4,4)、(5,2)，在区间[1, 5]上求一个三次样条插值函数 $S(x)$，满足边界条件 $S''(x_0) = S''(x_n) = 0$，并求函数在 x=3 处的近似值。

解：编写 M 文件如下。

```
x=[1 2 4 5];
y=[1 3 4 2];
pp=csape(x,y,'variational');     %计算三次样条插值函数 S(x)
format rational
pp.coefs                         %显示三次样条插值函数的系数
yy=ppval(pp,3)                   %计算 S(3)
```

执行结果为

```
ans =
 -1/8       0      17/8       1
 -1/8     -3/8      7/4       3
  3/8     -9/8     -5/4       4
yy =
    17/4
```

所求三次样条函数为

$$S(x) = \begin{cases} -\dfrac{1}{8}(x-1)^3 + \dfrac{17}{8}(x-1) + 1, & x \in [1,2] \\ -\dfrac{1}{8}(x-2)^3 - \dfrac{3}{8}(x-2)^2 + \dfrac{7}{4}(x-2) + 3, & x \in [2,4] \\ \dfrac{3}{8}(x-4)^3 - \dfrac{9}{8}(x-4)^2 - \dfrac{5}{4}(x-4) + 4, & x \in [4,5] \end{cases}$$

于是，函数在 $x=3$ 处的近似值 $f(3) \approx S(3) = 17/4$。

利用函数 fnplt 可以绘制出样条函数的曲线图形。

例题 3.1.9 求经过点 $(1,3.0),(2,3.7),(5,3.9),(6,4.2),(7,5.7),(8,6.6),(10,7.1)$, $(13,6.7)$, $(17,4.5)$ 的三次样条函数，并画出函数图形。

解：编写 M 文件如下。

```
clear all
x=[1,2,5,6,7,8,10,13,17];
y=[3.0,3.7,3.9,4.2,5.7,6.6,7.1,6.7,4.5];
s=csape(x,y,'second',[0,0]);
plot(x,y,'k*');              %黑色星型绘制数据点图形
hold on
fnplt(s)                     %绘制三次样条插值函数图形
```

执行结果如图 3.1.3 所示。

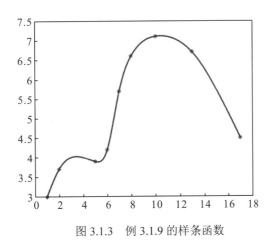

图 3.1.3 例 3.1.9 的样条函数

MATLAB 还提供了样条 GUI 工具箱，用户可以通过 GUI 图形用户界面绘制插值样条函数的图形。例如，在命令窗口中输入命令：

```
x=[1,2,5,6,7,8,10,13,17];
y=[3.0,3.7,3.9,4.2,5.7,6.6,7.1,6.7,4.5];
splinetool(x,y)
```

执行结果如图 3.1.4 所示。

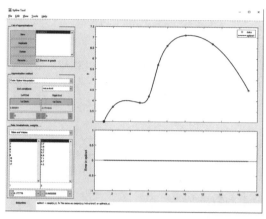

图 3.1.4　样条 GUI 界面

3.1.6　应用案例——日用水流量估计

1. 问题描述

美国某州用水管理机构要求社区提供每小时的用水量及每天的总用水量。某居民区由于没有测量流入或流出水塔水量的装置，只能通过测量每小时水塔中的水位估计水流量，其误差不超过 0.5%。水塔每天有一次或两次的水泵供水，每次约 2 h。当水塔中的水位下降到最低水位时，水泵自动向水塔输入水，直到最高水位，此期间无法测量水塔的水位。

已知该水塔是垂直圆柱体，高 40 ft[①]，直径为 57 ft，水泵在水位下降到约 27.00 ft 时开始工作，水位上升到 35.50 ft 时停止工作。某天记录的水塔水位的数据见表 3.1.3。试估计任一时刻（包括水泵供水时）从水塔流出的水流量。

表 3.1.3　水塔水位

时间 t/s	水位 h/ft	时间 t/s	水位 h/ft
0	31.75	46636	33.50
3316	31.10	49953	32.60
6635	30.54	53936	31.67
10619	29.94	57254	30.87
13937	29.47	60574	30.12
17921	28.92	64554	29.27
21240	28.50	68535	28.42
25223	27.95	71854	27.67
28543	27.52	75021	26.97
32284	26.97	79254	水泵开启
35932	水泵开启	82649	水泵开启
39332	水泵开启	85968	34.75
39435	35.50	89953	33.97
43318	34.45	93270	33.40

---

① 1ft=0.3048m。

2. 问题分析

用水量等于向外水流速度乘以时间，所以问题的关键是确定水流量函数。水流量是指单位时间内流出的水体积。在水泵不工作时，根据水位相对时间的变化计算水流量；而在水泵工作时，则需要根据供水时段前后的流量通过插值或拟合估计水流量。

计算水泵工作时的水流量，可以采用两种方法计算：一是根据表 3.1.3 中数据拟合水位-时间的函数，然后求导得到水流量；二是根据表 3.1.3 中数据用数值微分计算各时段的流量，然后拟合其他时刻的流量。

3. 问题求解

1) 数据预处理

由于水塔是圆柱体，根据表 3.1.3 中的水位，计算水塔中水体积 V 与时间 t 的关系，结果见表 3.1.4。

表 3.1.4　水塔中的水体积

时间 t/h	水体积 V/gal	时间 t/h	水体积 V/gal
0.0000	606125	12.9544	639534
0.9211	593717	13.8758	622352
1.8431	583026	14.9822	604598
2.9497	571571	15.9039	589325
3.8714	562599	16.8261	575008
4.9781	552099	17.9317	558781
5.9000	544081	19.0375	542554
7.0064	533963	19.9594	528236
7.9286	525372	20.8392	514872
8.9678	514872	22.0150	水泵开启
9.9811	水泵开启	22.9581	677715
10.9256	水泵开启	23.8800	663397
10.9542	677715	24.9869	648506
12.0328	657670	25.9083	637625

注：1ft^3=7.48133 gal。

2) 水泵供水起止时间

要确定水流量函数，先要确定水泵工作的起止时间。

第一次供水期间，32284s 时水位 26.97ft（接近 27.00ft），39435s 时水位 35.50ft，时间差 39435−32284≈1.9864（h）。因此，水泵第一次工作的开始时间为 t_{11}=32284s（8.9678h），结束时间为 t_{12}=39435s（10.9542h），供水约 1.9864h。

第二次供水期间，75021s 时水位为 26.97ft（接近 27.00ft），85968s 时水位为 34.75ft（接近 35.50ft），时间差 85968−75021≈3.04（h），超过水泵供水 2h 的要求。

而 82649−75021≈2.11（h），因此，水泵第二次工作的开始时间为 t_{21}=75021s（20.8392h），结束时间为 t_{22}=82649s（22.9581h），此时水位为 35.50ft，供水约 2.1189h。

3) 水泵不工作时水流量计算

水流量是指单位时间内流出的水体积，即水流量 $v(t) = \left| \dfrac{\mathrm{d}V}{\mathrm{d}t} \right|$。在水泵不工作时，计算水流量的近似函数有以下两种方法。

(1) 由数据点 (t_k, V_k) 拟合水体积的近似函数 $V(t)$，然后求 $V(t)$ 的导数得到水流量 $v(t)$。

(2) 由数据点 (t_k, V_k) 计算水流量函数的数据点 $(t_k, v(t_k))$，然后拟合水流量的近似函数 $v(t)$。

采用第二种方法，利用导数的差分公式计算水流量的近似函数 $v(t)$。

由于水泵的两次开启，将表 3.1.4 中数据分为 3 组，同时去掉水泵工作时间，每组数据用不同的差分公式计算水流量。

(1) 对每组前两个数据点，采用向前差分公式

$$v_i = \left| \frac{-3V_i + 4V_{i+1} - V_{i+2}}{2(t_{i+1} - t_i)} \right|$$

(2) 对每组中间数据点，采用中心差分公式

$$v_i = \left| \frac{-V_{i+2} + 8V_{i+1} - 8V_{i-1} + V_{i-2}}{12(t_{i+1} - t_i)} \right|$$

(3) 对每组最后两个数据点，采用向后差分公式

$$v_i = \left| \frac{V_{i-2} - 4V_{i-1} + 3V_i}{2(t_i - t_{i-1})} \right|$$

利用上述公式，由表 3.1.4 得到水流量与时间的数据，结果见表 3.1.5。

表 3.1.5　水泵不工作时的水流量

时间 t/h	水流量 v/(gal/h)	时间 t/h	水流量 v/(gal/h)
0.0000	14403	12.9544	18941
0.9211	11181	13.8758	15903
1.8431	10064	14.9822	18055
2.9497	11012	15.9039	15646
3.8714	8797	16.8261	13741
4.9781	9992	17.9317	14962
5.9000	8124	19.0375	16653
7.0064	10161	19.9594	14496
7.9286	8488	20.8392	14648
8.9678	11022	22.0150	水泵开启
9.9811	水泵开启	22.9581	15220
10.9256	水泵开启	23.8800	15264
10.9542	19469	24.9869	13712
12.0328	20196	25.9083	9633

4) 水泵工作时水流量的计算

计算水泵工作时的水流量时，根据水泵不工作时的水流量，分别利用三次样条插值和分段线性插值计算，计算结果如图 3.1.5 所示。

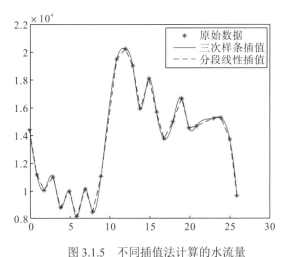

图 3.1.5 不同插值法计算的水流量

由图 3.1.5 可知，三次样条插值的精确度比较高。

部分程序代码如下。

```
function f=liuliang( t,V )
%计算水流量的函数
%    t 时间   V 水体积
%    第一时间段
for j=1:2
    a=abs((-3*V(j)+4*V(j+1)-V(j+2))/(2*(t(j+1)-t(j))));
    f(j)=a;
end
for j=3:8
    a=abs((-V(j+2)+8*V(j+1)-8*V(j-1)+V(j-2))
/(12*(t(j+1)-t(j))));
    f(j)=a;
end
for j=9:10
    a=abs((V(j-2)-4*V(j-1)+3*V(j))/(2*(t(j)-t(j-1))));
    f(j)=a;
end
%    第二时间段
for j=11:12
```

```
        a=abs((-3*V(j)+4*V(j+1)-V(j+2))/(2*(t(j+1)-t(j))));
        f(j)=a;
    end
    for j=13:19
        a=abs((-V(j+2)+8*V(j+1)-8*V(j-1)+V(j-2))/(12
*(t(j+1)-t(j))));
        f(j)=a;
    end
    for j=20:21
        a=abs((V(j-2)-4*V(j-1)+3*V(j))/(2*(t(j)-t(j-1))));
        f(j)=a;
    end
    %    第三时间段
    for j=22:23
        a=abs((-3*V(j)+4*V(j+1)-V(j+2))/(2*(t(j+1)-t(j))));
        f(j)=a;
    end
    for j=24:25
        a=abs((V(j-2)-4*V(j-1)+3*V(j))/(2*(t(j)-t(j-1))));
        f(j)=a;
    end
```

主程序代码如下。

```
shj=xlsread('shuitaliuliang.xls');
t=shj(1:25,2);
V=shj(1:25,3);
f=liuliang( t,V );
n=length(t);
T=t(n)-t(1);
x=t(1):T/3600:t(n);
fsp=interp1(t,f',x,'spline');      %三次样条插值
fxx=interp1(t,f',x);               %分段线性插值
figure('color',[1,1,1])
plot(t,f,'*',x,fsp,'b-',x,fxx,'g--',x,flag,'r-.')
legend('原始数据','三次样条插值','分段线性插值')
xlabel('t(h)');ylabel('v(gal/h)');
```

3.2　曲面插值

曲面插值包括网格点插值和散乱点插值两种情形。

3.2.1　网格点插值

已知 $m \times n$ 个节点 $(x_i, y_j, z_{ij})(i = 1, 2, \cdots, m; j = 1, 2, \cdots, n)$ ，其中 x_i, y_j 各不相同，设 $a = x_1 < x_2 < \cdots < x_m = b, c = y_1 < y_2 < \cdots < y_n = d$ ，构造一个二元函数 $z = f(x, y)$ 使其通过全部已知节点，即 $f(x_i, y_j) = z_{ij}(i = 1, 2, \cdots, m; j = 1, 2, \cdots, n)$ ，再利用 $f(x, y)$ 计算插值点 (x^*, y^*) 的值 z^* 。

网格点插值方法包括：最邻近插值、双线性插值和双三次插值。

(1) 最邻近 (nearest neighbor) 插值是最简便的插值算法，以插值点周围离它最近的已知像素灰度值作为插值点的灰度值。

最邻近插值函数为

$$f(i + u, j + v) = f(i, j)$$

其中，i、j 均为非负整数，u、$v < 0.5$ 。

最邻近插值一般不连续。

(2) 双线性插值是一元函数线性插值方法的直接推广。

已知平面上一个矩形域内 4 个点 $(x_1, y_1), (x_2, y_1), (x_2, y_2), (x_1, y_2)$ 处的函数值分别为

$$Z_1 = f(x_1, y_1), \quad Z_2 = f(x_2, y_1), \quad Z_3 = f(x_2, y_2), \quad Z_4 = f(x_1, y_2)$$

令 $u = \dfrac{x - x_1}{x_2 - x_1}$ ，$v = \dfrac{y - y_1}{y_2 - y_1}$ ，则双线性插值函数为

$$P(x, y) = Z_1(1 - u)(1 - v) + Z_2 u(1 - v) + Z_3 uv + Z_4(1 - u)v$$

(3) 双三次插值又称双立方插值，是一种更加复杂的插值方法，需要选取插值基函数来拟合数据。最常用的三次插值基函数为

$$S(x) = \begin{cases} 1 - 2|x|^2 + 3|x|^3, & 0 \leqslant |x| < 1 \\ 4 - 8|x| + 5|x|^2 - |x|^3, & 1 \leqslant |x| < 2 \\ 0, & |x| \geqslant 2 \end{cases}$$

双三次插值函数为

$$f(i + u, j + v) = ABC$$

其中 A, B, C 均为矩阵，形式如下

$$A = (S(u + 1) \quad S(u) \quad S(u - 1) \quad S(u - 2))$$

$$B = \begin{pmatrix} f(i - 1, j - 1) & f(i - 1, j) & f(i - 1, j + 1) & f(i - 1, j + 2) \\ f(i, j - 1) & f(i, j) & f(i, j + 1) & f(i, j + 2) \\ f(i + 1, j - 1) & f(i + 1, j) & f(i + 1, j + 1) & f(i + 1, j + 2) \\ f(i + 2, j - 1) & f(i + 2, j) & f(i + 2, j + 1) & f(i + 2, j + 2) \end{pmatrix}$$

$$C = \begin{pmatrix} S(v+1) \\ S(v) \\ S(v-1) \\ S(v-2) \end{pmatrix}$$

3.2.2 散乱点插值

已知 n 个点 $(x_i, y_i, z_i)(i=1,2,\cdots,n)$，其中 (x_i, y_i) 各不相同,构造一个二元函数 $z = f(x,y)$ 使其通过全部已知节点, 即 $f(x_i, y_i) = z_i(i=1,2,\cdots,n)$, 再利用 $f(x,y)$ 计算插值点 (x^*, y^*) 的值 z^*。

求解散乱点插值问题的常用方法是反距离加权平均法, 也称 Shepeard 法。它的基本思想是: 在非给定数据的点处, 其函数值由已知数据按与该点距离的远近作加权平均, 即

$$f(x,y) = \begin{cases} z_k, & r_k = 0 \\ \sum_{k=0}^{n} \dfrac{1}{r_k^2 \sum_{j=0}^{n} \dfrac{1}{r_j^2}} z_k, & r_k \neq 0 \end{cases}$$

其中, $r_k = \sqrt{(x-x_k)^2 + (y-y_k)^2}$。

3.2.3 曲面插值的 MATLAB 函数

对于二维曲面插值, MATLAB 分别给出了针对插值点为网格点的插值函数 interp2 和针对插值点为散乱点的插值函数 griddata, 调用格式分别为

```
z=interp2(x0, y0, z0, cx, cy, 'method')
```
其中, $x0$、$y0$、$z0$ 为给定的插值节点, cx、cy 是待插值点, method 表示采用的插值方法, 包括 nearest(最邻近插值), bilinear(双线性插值), cubic(双三次插值), 缺省时表示线性插值。

说明:

(1)插值节点 $x0$、$y0$ 要求单调;

(2)cx、cy 可取为矩阵, 或 cx 取行向量, cy 取列向量, 但 cx、cy 的值分别不能超出 $x0$、$y0$ 的范围。

```
cz=griddata(x0, y0, z0, cx, cy, 'method')
```
其中, $x0$、$y0$、$z0$ 为给定的插值节点, cx、cy 是待插值点, method 表示采用的插值方法, 包括 nearest(最邻近插值)、bilinear(双线性插值)、v4(MATLAB 4 中所提供的插值方法)和 cubic(双三次插值)。

说明: 待插值点 cx、cy 是由 meshgrid 生成的规则网格点, 且 cx 取行向量, cy 取列向量, cx、cy 的值不能超出 $x0$、$y0$ 的范围。

除上述两个插值函数外, 还可以利用样条工具箱提供的三次样条插值函数 csapi 拟合生成二维曲面, 调用格式为

```
sp=csapi({x0,y0},z0)
```
其中，$x0$、$y0$、$z0$ 是给定的插值节点。

例题 3.2.1 在某山区（平面区域 $800 \leqslant x \leqslant 4800$，$0 \leqslant y \leqslant 4800$ 内，单位：m）测得一些点的高度见表 3.2.1，试画出该山区的地貌图。

表 3.2.1　某山区一些点的测量高度值　　　　　　　　　　　　（单位：m）

y	x									
	1200	1600	2000	2400	2800	3200	3600	4000	4400	4800
1200	1130	1250	1280	1230	1040	900	500	700	780	750
1600	1320	1450	1420	1400	1300	700	900	850	840	380
2000	1390	1500	1500	1400	900	1100	1060	950	870	900
2400	1500	1200	1100	1350	1450	1200	1150	1010	880	1000
2800	1500	1200	1100	1550	1600	1550	1380	1070	900	1050
3200	1500	1550	1600	1550	1600	1600	1600	1550	1500	1500
3600	1480	1500	1550	1510	1430	1300	1200	980	850	750
4000	1450	1470	1320	1280	1200	1080	940	780	620	460
4400	1430	1440	1140	1110	1050	950	820	690	540	380
4800	1400	1410	960	940	880	800	690	570	430	290

解：编写 M 文件如下。

```
x=1200:400:4800;
y=1200:400:4800;
z=[1130 1250  1280  1230  1040  900   500   700   780   750;
   1320 1450  1420  1400  1300  700   900   850   840   380;
   1390 1500  1500  1400  900   1100  1060  950   870   900;
   1500 1200  1100  1350  1450  1200  1150  1010  880   1000;
   1500 1200  1100  1550  1600  1550  1380  1070  900   1050;
   1500 1550  1600  1550  1600  1600  1600  1550  1500  1500;
   1480 1500  1550  1510  1430  1300  1200  980   850   750;
   1450 1470  1320  1280  1200  1080  940   780   620   460;
   1430 1440  1140  1110  1050  950   820   690   540   380;
   1400 1410  960   940   880   800   690   570   430   290];
[x1,y1]=meshgrid(1200:50:4800,1200:50:4800);    %将数据加密
z1=interp2(x,y,z,x1,y1,'nearest');              %最邻近插值
z2=interp2(x,y,z,x1,y1,'bilinear');             %双线性插值
z3=interp2(x,y,z,x1,y1,'spline');               %样条插值
subplot(2,2,1),mesh(x,y,z),title('原始数据')
       %用原始数据生成山区地貌图
subplot(2,2,2),mesh(x1,y1,z1), title('最邻近插值')
```

```
        %用最邻近插值数据作山区地貌图
subplot(2,2,3),mesh(x1,y1,z2), title('双线性插值')
        %用双线性插值数据作山区地貌图
subplot(2,2,4),mesh(x1,y1,z3), title('样条插值')
        %用样条插值数据作山区地貌图
```

执行结果如图 3.2.1 所示。

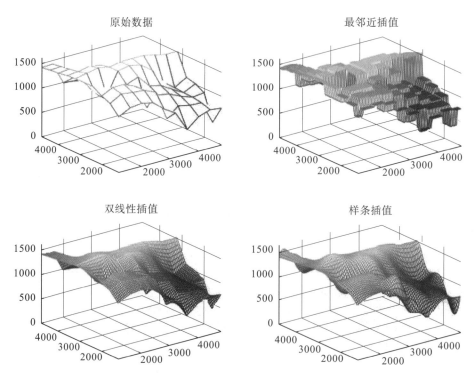

图 3.2.1　由数据生成的山区地貌图

例题 3.2.2　在某水道(平面区域 $75 \leqslant x \leqslant 200$，$-85 \leqslant y \leqslant 150$ 内，单位：m)测得一些点的深度数据见表 3.2.2。已知某船吃水深度为 5m，试画出该水道的海底地貌图及船的禁入区。

表 3.2.2　某水道一些点的水深数据　　　　　　　　　　　　　　　　　　(单位：m)

x	129	140	103.5	88	185.5	195	105	157.5	107.5	77	81	162	162	117.5
y	7.5	141.5	23	147	22.5	137.5	85.5	−6.5	−81	3	56.5	−66.5	84	−33.5
z	4	8	6	8	6	8	8	9	9	8	8	9	4	9

解：编写 M 文件如下。

```
x=[129 140 103.5 88 185.5 195 105 157.5 107.5 77 81 162 162 117.5];
y=[7.5 141.5 23 147 22.5 137.5 85.5 -6.5 -81 3 56.5 -66.5 84 -33.5];
z=[4 8 6 8 6 8 8 9 9 8 8 9 4 9];
```

```
[cx,cy]=meshgrid(75:2:200,-90:2:150);        %生成网格数据
cz=griddata(x,y,z,cx,cy,'v4');               %散点数据插值
figure(1),mesh(cx,cy,cz);
figure(2), contour(cx,cy,cz,[5,5],'k')       %绘制等高线
```

执行结果如图 3.2.2 和图 3.2.3 所示，其中图 3.2.3 中实线圈定区域为船只禁入区。

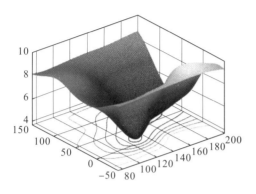

图 3.2.2　水道海底地貌图

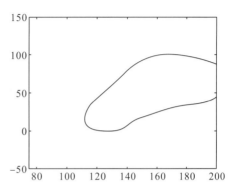

图 3.2.3　船只禁入区域

例题 3.2.3　某地区有一煤矿，为估计其储量以便于开采，先在该地区进行勘探。假设该地区是一个长方形区域，长为 4km，宽为 5km，经勘探得到数据见表 3.2.3。请画出该区域 $(1 \leqslant x \leqslant 4, 1 \leqslant y \leqslant 5)$ 煤矿储量分布图。

表 3.2.3　煤矿勘探数据

	编号									
	1	2	3	4	5	6	7	8	9	10
横坐标/km	1	1	1	1	1	2	2	2	2	2
纵坐标/km	1	2	3	4	5	1	2	3	4	5
煤层厚度/m	13.72	25.80	8.47	25.27	22.32	15.47	21.33	14.49	24.83	26.19

	编号									
	11	12	13	14	15	16	17	18	19	20
横坐标/km	3	3	3	3	3	4	4	4	4	4
纵坐标/km	1	2	3	4	5	1	2	3	4	5
煤层厚度/m	23.28	26.48	29.14	12.04	14.58	19.95	23.73	15.35	18.01	16.29

解：编写 M 文件如下。

```
x=1:4; y=1:5;
z=[13.72, 25.80, 8.47, 25.27, 22.32;
   15.47, 21.33, 14.49, 24.83, 26.19;
   23.28, 26.48, 29.14, 12.04, 14.58;
   19.95, 23.73, 15.35, 18.01, 16.29];
```

```
sp=csapi({x,y},z);      %曲面样条插值
fnplt(sp)               %显示曲面
title('煤矿储量分布图')
xlabel('区域长度'), ylabel('区域宽度'), zlabel('煤层厚度')
```

执行结果如图 3.2.4 所示。

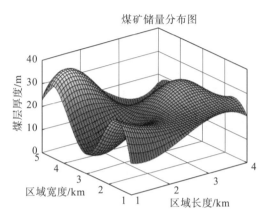

图 3.2.4   例题 3.2.3 运行结果

3.2.4   应用案例——重金属污染的空间分布

1. 问题描述

随着城市经济的快速发展和城市人口的不断增加，人类活动对城市环境质量的影响日益突出。某城区表层土壤中含有 As、Cd、Cr、Cu、Hg、Ni、Pb、Zn8 种重金属，现对其土壤地质环境进行调查，便于对城市环境质量进行评价。

按照功能划分，该城区分为生活区、工业区、山区、交通区及公园绿地区等，分别记为 1 类区、2 类区、…、5 类区，不同的区域环境受人类活动影响的程度不同。

将该城区按间距 1 公里划分成若干子区域，以每平方公里一个采样点对表层土(0～0.01 公里深度)进行取样、编号，采样点的位置、所属功能区、海拔、8 种重金属元素的浓度见表 3.2.4(完整数据参见高教社杯全国大学生数学建模竞赛 2011 年 A 题附件)。

表 3.2.4   采样点坐标及重金属含量

编号	x/m	y/m	海拔/m	功能区	As/ (μg/g)	Cd/ (ng/g)	Cr/ (μg/g)	Cu/ (μg/g)	Hg/ (ng/g)	Ni/ (μg/g)	Pb/ (μg/g)	Zn/ (μg/g)
1	74	781	5	4	7.84	153.80	44.31	20.56	266.00	18.20	35.38	72.35
2	1373	731	11	4	5.93	146.20	45.05	22.51	86.00	17.20	36.18	94.59
3	1321	1791	28	4	4.90	439.20	29.07	64.56	109.00	10.60	74.32	218.37
...	...	...	...	...	...	...	...	...	...	...	...	...
317	6182	2005	25	5	4.79	119.10	35.76	19.71	44.00	9.90	39.66	67.06
318	5985	2567	44	4	7.56	63.50	33.65	21.90	60.00	12.50	41.29	60.50
319	7653	1952	48	5	9.35	156.00	57.36	31.06	59.00	25.80	51.03	95.90

　　根据表 3.2.1，讨论 8 种主要重金属元素在该城区的空间分布，并分析该城区内不同区域重金属的污染程度。

2. 问题分析

1) 分析各种重金属在该城区的分布

　　该城区的地形图与功能区分布如图 3.2.5 所示。图 3.2.5(b) 中，"*、o、◇、□、+"分别表示生活区、工业区、山区、交通区和公园绿地区。

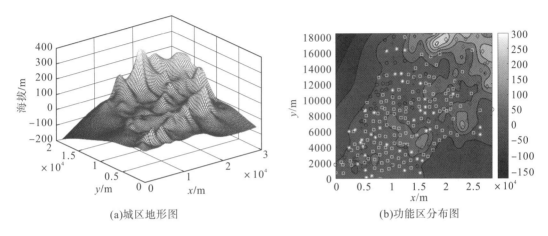

(a)城区地形图　　　　　　　　　　　　(b)功能区分布图

图 3.2.5　城区地形及各功能区的空间分布

　　由于每平方公里一个采样点，采样点不一定能代表整个小区域的各种信息，还可能丢失某些重要信息，且采样点数据不规则，因此采用曲面插值方法尽量补足信息，各重金属污染物浓度的空间分布及等高线如图 3.2.6 所示。

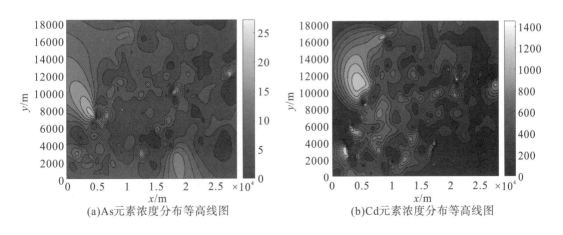

(a)As元素浓度分布等高线图　　　　　　(b)Cd元素浓度分布等高线图

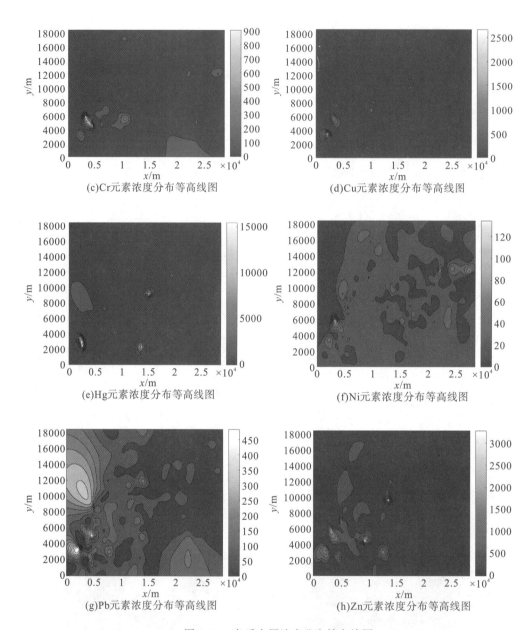

图 3.2.6　各重金属浓度分布等高线图

　　分析图 3.2.6 可知，Cr、Cu、Ni、Pb、Zn 在该城区西南部浓度较高，该地区是工业区集中地。As、Cd 污染比较广泛，As 主要集中在靠近工业区的 4 个区域，Cd 几乎遍布整个城区，且浓度比较高，Cr 在交通区和生活区浓度较高，Cu 在交通区和工业区浓度较高，Hg 在工业区和交通区浓度较高，Ni 集中在靠近生活区的 2 个区域，Pb 浓度较高的地方集中在工业区附近，Zn 浓度较高的地方主要集中在工业区和交通区。

　　编写 M 文件如下。

```
A=xlsread('zhongjinshu.xls','附件1','B4:E322');
```

```
B= xlsread('zhongjinshu.xls','附件2','B4:I322');
x=A(:,1)';y=A(:,2)';z=A(:,3)'; g=A(:,4)'; %功能区坐标x,y,z及编
号g
nx=linspace(min(x),max(x),100);
ny=linspace(min(y),max(y),100);
[X,Y]=meshgrid(nx,ny);
Z=griddata(x,y,z,X,Y,'v4');
figure('color',[1 1 1])
mesh(X,Y,Z)              %绘制曲面图
xlabel('x'), ylabel('y'), zlabel('海拔')
%绘制各种金属的等高线图
til=['As' 'Cd' 'Cr' 'Cu' 'Hg' 'Ni' 'Pb' 'Zn'];
for k=1:8
    h=B(:,k);
    H=griddata(x,y,h,X,Y,'v4');
    a=find(H<0);            %处理不合理的浓度
    H(a)=0;
    figure('color',[1 1 1])
contourf(X,Y,H,10);
colorbar
    xlabel('x(m)');
    ylabel('y(m)');
    title(strcat(til(2*k-1:2*k),'元素浓度等高线图'))
end
```

2) 各重金属在该城区分布特点

对各功能区中重金属含量调查结果进行统计, 结果见表 3.2.5。

表 3.2.5　各功能区重金属含量统计表

功能区	样本数	项目	As/ (μg/g)	Cd/ (ng/g)	Cr/ (μg/g)	Cu/ (μg/g)	Hg/ (ng/g)	Ni/ (μg/g)	Pb/ (μg/g)	Zn/ (μg/g)
生活区	44	最大值	11.45	1044.50	744.46	248.85	550.00	32.80	472.48	2893.47
		最小值	2.34	86.80	18.46	9.73	12.00	8.89	24.43	43.37
		平均值	6.27	289.96	69.02	49.40	93.04	18.34	69.11	237.01
工业区	36	最大值	21.87	1092.90	285.58	2528.48	13500.00	41.70	434.80	1626.02
		最小值	1.61	114.50	15.40	12.70	11.79	4.27	31.24	56.33
		平均值	7.25	393.11	53.41	127.54	642.36	19.81	93.04	277.93
山区	66	最大值	10.99	407.60	173.34	69.06	206.79	74.03	113.84	229.80
		最小值	1.77	40.00	16.20	2.29	9.64	5.51	19.68	32.86
		平均值	4.04	152.32	38.96	17.32	40.96	15.45	36.56	73.29

功能区	样本数	项目	As/ (μg/g)	Cd/ (ng/g)	Cr/ (μg/g)	Cu/ (μg/g)	Hg/ (ng /g)	Ni/ (μg/g)	Pb/ (μg/g)	Zn/ (μg/g)
交通区	138	最大值	30.13	1679.80	920.84	1364.85	16000.00	142.50	181.48	3760.82
		最小值	1.61	50.10	15.32	12.34	8.57	6.19	22.01	40.92
		平均值	5.71	360.01	58.05	62.21	446.82	17.62	63.53	242.85
公园绿地区	35	最大值	11.68	1024.90	96.28	143.31	1339.29	29.10	227.40	1389.39
		最小值	2.77	97.20	16.31	9.04	10.00	7.60	26.89	37.14
		平均值	6.26	280.54	43.64	30.19	114.99	15.29	60.71	154.24

由表 3.2.5 可知，As、Cd、Cr、Hg、Ni、Zn 的含量最高值均出现在交通区，Cu 的含量最高值出现在工业区，Pb 的含量最高值出现在生活区。各金属的平均含量在各区的顺序如下：

As：工业区>生活区>公园绿地区>交通区>山区；

Cd：工业区>交通区>生活区>公园绿地区>山区；

Cr：生活区>交通区>工业区>公园绿地区>山区；

Cu：工业区>交通区>生活区>公园绿地区>山区；

Hg：工业区>交通区>公园绿地区>生活区>山区；

Ni：工业区>生活区>交通区>山区>公园绿地区；

Pb：工业区>生活区>交通区>公园绿地区>山区；

Zn：工业区>交通区>生活区>公园绿地区>山区。

由此可知，各重金属元素的含量在工业区、交通区相对较高，在山区、公园绿地区相对较低，这主要是由于工业"三废"、交通机动车尾气、居民日常生活废弃物、农药化肥等的排放，影响了城市土壤中重金属的含量，造成了土壤重金属污染。

练 习 三

1. 求过点 $(0, 6)$、$(1, 7)$、$(2, 20)$、$(3, 81)$、$(4, 25)$ 的多项式函数 $p(x)$，并求 $p(-2)$ 的值。

2. 已知当 $x = -0.1, 0.3, 0.7, 1.1, 1.5$ 时，函数 $f(x) = 0.995, 0.841, 0.765, 0.454, 0.0707$，构造 $f(x)$ 的 4 次 Newton 插值公式，并计算 $f(0.5)$ 和 $f(1.25)$。

3. 求经过以下数据点且满足自然边界条件的三次样条函数，并绘出函数图形。

x	−4	−3	−2	−1	0	1	2	3	4
y	0	0.15	1.12	2.36	2.36	1.46	0.49	0.06	0
y'	0								0

4. 已知 $\sin x$ 的部分函数表数据如下，试根据表中的数据，分别利用分段线性插值和三次样条插值求 $\sin 1.5$，并估计误差。

x	0	0.2	0.4	0.6	0.8	1.0	1.2	1.4	1.6
$\sin x$	0	0.1987	0.3894	0.5646	0.7174	0.8415	0.9320	0.9854	0.9996

5. 在一丘陵地带测量高程，x 方向和 y 方向每隔 100m 测一个点，得出高度见下表，请绘出该丘陵地带的地形图，并求出该地带的最高点及其高度。

y	x			
	100	200	300	400
100	636	697	624	478
200	698	712	630	478
300	680	674	598	412
400	662	626	552	334

6. 某一通信公司在一次施工中，需要在水面宽为 20m 的河沟底沿线走向铺设一条沟底光缆。在铺设光缆之前需要对沟底的地形做初步探测，从而估计所需光缆的长度，为工程预算提供依据，基本情况如下图所示。

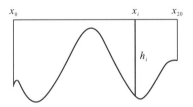

探测到一组等分点位置的深度数据见下表。

分点	0	1	2	3	4	5	6	7	8	9	10
深度/m	9.01	8.96	7.96	7.96	8.02	9.05	10.13	11.18	12.26	13.28	13.32
分点	11	12	13	14	15	16	17	18	19	20	
深度/m	12.61	11.29	10.22	9.15	7.95	7.95	8.86	9.81	10.80	10.93	

(1) 预测通过这条河沟所需光缆长度的近似值；

(2) 画出铺设沟底光缆的曲线图。

7. (数控机床加工零件) 待加工的平面零件外形由一组数据 (x, y) 给出，用数控机床加工时，刀具必须沿这些数据点前进，并且只能沿 x 方向和 y 方向走极小的一步，这就需要加密已知数据，得到加工所需的步长很小的数据点坐标。

某机翼断面的左轮廓线上 x 每隔 0.2 单位的加工坐标数据 (x, y) (顺时针) 见下表，试确定当 x 坐标每改变 0.05 单位时的加工所需数据，并画出机翼曲线。

(0.0, −0.5)	(−2.0, −4.58)	(−4.0, −3.00)	(−4.0, 0.29)	(−2.0, 1.00)
(−0.2, −4.99)	(−2.2, −4.49)	(−4.2, −2.71)	(−3.8, 0.32)	(−1.8, 1.18)
(−0.4, −4.98)	(−2.4, −4.39)	(−4.4, −2.37)	(−3.6, 0.36)	(−1.6, 1.40)
(−0.6, −4.96)	(−2.6, −4.27)	(−4.6, −1.96)	(−3.4, 0.40)	(−1.4, 1.69)
(−0.8, −4.94)	(−2.8, −4.14)	(−4.8, −1.40)	(−3.2, 0.44)	(−1.2, 2.05)
(−1.0, −4.90)	(−3.0, −4.00)	(−5.0, 0.00)	(−3.0, 0.50)	(−1.0, 2.50)
(−1.2, −4.85)	(−3.2, −3.84)	(−4.8, 0.15)	(−2.8, 0.57)	(−0.8, 3.05)
(−1.4, −4.80)	(−3.4, −3.67)	(−4.6, −0.20)	(−2.6, 0.64)	(−0.6, 3.68)
(−1.6, −4.74)	(−3.6, −3.47)	(−4.4, 0.24)	(−2.4, 0.74)	(−0.4, 4.31)
(−1.8, −4.66)	(−3.8, −3.25)	(−4.2, 0.26)	(−2.2, 0.86)	(−0.2, 4.71)

8. (黄河小浪底调水调沙问题)2004 年 6 月至 7 月，针对黄河进行了第三次调水调沙试验，从 6 月 19 日开始预泄放水，直到 7 月 13 日结束并恢复正常供水，整个试验为期 20 多天。小浪底观测站从 6 月 29 日到 7 月 10 日每天 8:00 和 20:00 各观测一次，观测数据如下表。

	日期											
	6.29		6.30		7.1		7.2		7.3		7.4	
时间	8:00	20:00	8:00	20:00	8:00	20:00	8:00	20:00	8:00	20:00	8:00	20:00
水流量(m^3/s)	1800	1900	2100	2200	2300	2400	2500	2600	2650	2700	2720	2650
含沙量(kg/m^3)	32	60	75	85	90	98	100	102	108	112	115	116

	日期											
	7.5		7.6		7.7		7.8		7.9		7.10	
时间	8:00	20:00	8:00	20:00	8:00	20:00	8:00	20:00	8:00	20:00	8:00	20:00
水流量(m^3/s)	2600	2500	2300	2200	2000	1850	1820	1800	1750	1500	1000	900
含沙量(kg/m^3)	118	120	118	105	80	60	50	30	26	20	8	5

(1)试确定任意时刻的排沙量及总排沙量；

(2)试确定排沙量与水流量的关系。

9. (三维血管重建)血管是血液流通的通路，在临床中经常需要了解血管的分布、走向等信息，通常利用断面进行研究。用切片机连续不断地将样本切成许多平行切片，依次逐片观察，再根据拍照并采样得到的平行切片数字图像，运用计算机可重建血管的三维形态。

理想的血管可以看作是粗细均匀的管道，该管道的表面是由球心沿着某一曲线(称为中轴线)的球滚动包络而成。现有血管的相继 100 张平行切片图像(参见高教社杯全国大学生数学建模竞赛 2001 年 A 题附件)，记录了管道与切片的交面。假设：管道中轴线与每张切片有且只有一个交点，球半径固定，切片间距以及图像像素的尺寸均为 1。

取坐标系的 Z 轴垂直于切片，第 1 张切片为平面 $Z=0$，第 100 张切片为平面 $Z=99$。$Z=z$ 切片图像中像素的坐标依它们在文件中出现的前后次序为

$$(−256, −256, z), (−256, −255, z), \cdots, (−256, 255, z),$$

$(-255，-256，z)，(-255，-255，z)，\cdots，(-255，255，z)，$

......

$(255，-256，z)，(255，-255，z)，\cdots，(255，255，z)$

试计算管道的中轴线与半径，并绘制中轴线在 XY、YZ、ZX 平面的投影图。

第四章　曲线拟合

在实际问题中，数据是由观测得到的，难免带有误差。此时采用高阶插值多项式，得到的插值函数不一定有很好的近似程度，有时还会出现 Runge 现象。曲线拟合就是求一条近似曲线，使其与给定的数据点在某种度量意义下"最靠近"。

与插值问题不同，曲线拟合不要求函数必须经过所有给定的数据点，而是要求函数能反映出所给数据点的整体变化规律。

曲线拟合最常用的方法是最小二乘法，即给定一组数据 x_i，$y_i = f(x_i)$ $(i=0, 1, 2, \cdots, n)$，寻找一个近似函数 $\phi(x)$，使其在观测点 $x_0, x_1, \cdots, x_n$ 处的函数值 $\phi(x_0), \phi(x_1), \cdots, \phi(x_n)$ 与对应的观测值 $y_0, y_1, \cdots, y_n$ 在各点的残差平方和

$$\| \delta \|_2 = \sum_{i=1}^{n} \delta_i^2 = \sum_{i=1}^{n} \left[\phi(x_i) - y_i \right]^2$$

达到最小。

这种求解近似函数 $\phi(x)$ 的方法称为最小二乘法，$\phi(x)$ 称为最小二乘拟合函数。

4.1　线性最小二乘拟合

设 $\phi_0(x), \phi_1(x), \cdots, \phi_m(x)$ 为给定的一组基函数，在函数空间 $\Phi = \mathrm{span}\{\phi_0, \phi_1, \cdots, \phi_m\}$ 中 $\phi(x)$ 表示为

$$\phi(x) = a_0 \phi_0(x) + a_1 \phi_1(x) + \cdots + a_m \phi_m(x) \tag{4.1.1}$$

且满足

$$Q(a_0, a_1, \cdots, a_m) = \sum_{i=1}^{n} \left[\phi(x_i) - y_i \right]^2$$

$$= \sum_{i=1}^{n} \left[a_0 \phi_0(x_i) + a_1 \phi_1(x_i) + \cdots + a_m \phi_m(x_i) - y_i \right]^2$$

最小。

根据函数极值的必要条件，令 $\dfrac{\partial Q}{\partial a_j} = 0$ $(j = 0, 1, 2, \cdots, m)$，得到

$$\sum_{i=1}^{n} \left[a_0 \phi_0(x_i) + a_1 \phi_1(x_i) + \cdots + a_m \phi_m(x_i) - y_i \right] \phi_k(x_i) = 0, \quad k = 0, 1, \cdots, m$$

即

$$a_0 \sum_{i=1}^{n} \phi_0(x_i) \phi_k(x_i) + a_1 \sum_{i=1}^{n} \phi_1(x_i) \phi_k(x_i) + \cdots + a_m \sum_{i=1}^{n} \phi_m(x_i) \phi_k(x_i) = \sum_{i=1}^{n} y_i \phi_k(x_i), \quad k = 0, 1, \cdots, m$$

其矩阵形式为

$$H^{\mathrm{T}}Ha = H^{\mathrm{T}}y \tag{4.1.2}$$

其中，$a = \begin{pmatrix} a_0 \\ a_1 \\ \vdots \\ a_m \end{pmatrix}$，$y = \begin{pmatrix} y_1 \\ y_2 \\ \vdots \\ y_n \end{pmatrix}$，$H = \begin{pmatrix} \phi_0(x_1) & \phi_1(x_1) & \cdots & \phi_m(x_1) \\ \phi_0(x_2) & \phi_1(x_2) & \cdots & \phi_m(x_2) \\ \vdots & \vdots & \ddots & \vdots \\ \phi_0(x_n) & \phi_1(x_n) & \cdots & \phi_m(x_n) \end{pmatrix}_{m \times n}$。

方程组(4.1.2)称为法方程组或正规方程组。当 $\phi_0, \phi_1, \cdots, \phi_m$ 线性无关时，方程组(4.1.2)有唯一解。

特别地，当 $\phi_k(x) = x^k$ 时，法方程组(4.1.2)的系数矩阵 H 一定是非奇异的，式(4.1.1)是一个简单多项式，求解未知参数 $a_0, a_1, \cdots, a_m$ 的过程就称为多项式拟合。

拟合函数 $\phi(x)$ 的选取需要根据数据点的分布情况决定函数类型。首先在直角坐标平面上画出散点图，观察数据点的分布与哪类曲线图形最接近，就选用能描述该类曲线图形的函数进行拟合计算。

例题 4.1.1 根据实际测定的 24 个某种纤维样品的强度与相应的拉伸倍数的数据记录 (表 4.1.1)，试确定该种纤维的强度与其拉伸倍数的关系。

表 4.1.1　纤维样品的强度与拉伸倍数

编号	拉伸倍数 x_i	强度 y_i	编号	拉伸倍数 x_i	强度 y_i	编号	拉伸倍数 x_i	强度 y_i	编号	拉伸倍数 x_i	强度 y_i
1	1.9	1.4	7	3.5	3	13	5	5.5	19	8	6.5
2	2	1.3	8	3.5	2.7	14	5.2	5	20	8	7
3	2.1	1.8	9	4	4	15	6	5.5	21	8.9	8.5
4	2.5	2.5	10	4	3.5	16	6.3	6.4	22	9	8
5	2.7	2.8	11	4.5	4.2	17	6.5	6	23	9.5	8.1
6	2.7	2.5	12	4.6	3.5	18	7.1	5.3	24	10	8.1

解： 先画出数据的散点图，如图 4.1.1 所示。

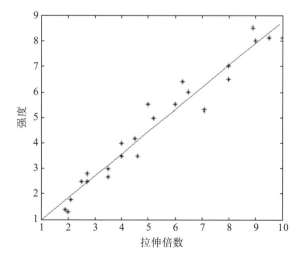

图 4.1.1　纤维的强度与其拉伸倍数

由散点图 4.1.1 可知，24 个数据点大致分布在一条直线附近，说明该种纤维强度随着拉伸倍数增加而增加，可以认为强度与拉伸倍数之间的主要关系是线性关系。

设 $y \approx \phi(x) = a + bx$，问题转化为求参数 a、b，使得

$$S(a,b) = \sum_{i=1}^{m}(a + bx_i - y_i)^2$$

达到最小。

由 $\dfrac{\partial S}{\partial a} = \dfrac{\partial S}{\partial b} = 0$，得

$$\begin{pmatrix} m & \sum\limits_{i=1}^{m} x_i \\ \sum\limits_{i=1}^{m} x_i & \sum\limits_{i=1}^{m} x_i^2 \end{pmatrix}\begin{pmatrix} a \\ b \end{pmatrix} = \begin{pmatrix} \sum\limits_{i=1}^{m} y_i \\ \sum\limits_{i=1}^{m} x_i y_i \end{pmatrix}$$

即

$$\begin{pmatrix} 24 & 127.5 \\ 127.5 & 829.61 \end{pmatrix}\begin{pmatrix} a \\ b \end{pmatrix} = \begin{pmatrix} 113.1 \\ 731.6 \end{pmatrix}$$

求解得到 $a \approx 0.1505$，$b \approx 0.8587$，即所求近似函数为

$$\phi(x) = 0.1505 + 0.8587x$$

常见的数据分布形状如图 4.1.2 所示，其中图 4.1.2(a)的数据分布接近于直线，宜采用线性函数 $y = a_0 + a_1 x$ 拟合；图 4.1.2(b)的数据分布接近于抛物线，可用二次多项式 $y = a_0 + a_1 x + a_2 x^2$ 拟合；图 4.1.2(c)的数据分布特点是开始曲线上升较快，随后逐渐变慢，宜采用双曲线型函数 $y = \dfrac{x}{a + bx}$ 或指数型函数 $y = ae^{-b/x}$ 拟合；图 4.1.2(d)的数据分布特点是开始曲线下降快，随后逐渐变慢，宜采用 $y = \dfrac{1}{a + bx}$ 或 $y = \dfrac{x}{a + bx^2}$ 或 $y = ae^{-bx}$ 等函数拟合。

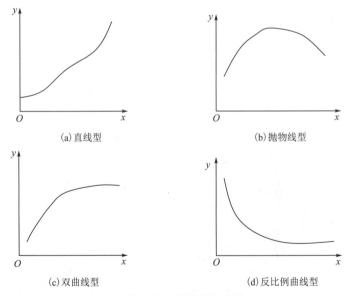

(a) 直线型 (b) 抛物线型

(c) 双曲线型 (d) 反比例曲线型

图 4.1.2　数据分布形状

MATLAB 提供了求解多项式最小二乘拟合的函数 polyfit，调用格式为

```
P=polyfit(x, y, n)
```

其中，x, y 是所给数据的横纵坐标，n 为拟合多项式的次数，返回值 P 是拟合多项式

$$p(x) = p_1 x^n + p_2 x^{n-1} + \cdots + p_n x + p_{n+1}$$

按自变量降幂排列的系数向量，即 $P = (p_1, p_2, \cdots, p_n, p_{n+1})$。

调用函数 polyval 计算多项式 P 在点 x 的函数值，调用格式为

```
y=polyval(P, x)
```

其中，x 是矩阵或向量，P 是拟合多项式按自变量降幂排列的系数向量。

例题 4.1.2　给定一组数据 $(0, 0.447)$，$(0.1, 1.978)$，$(0.2, 3.11)$，$(0.4, 5.02)$，$(0.5, 4.66)$，$(0.6, 4.01)$，$(0.7, 4.58)$，$(0.8, 3.45)$，$(0.9, 5.35)$，$(1.0, 9.22)$　，试求一个 3 次多项式函数，使其反映该组数据的变化规律。

解：编写 M 文件如下。

```
x0=0:0.1:1;
y0=[-.447,1.978,3.11,5.25,5.02,4.66,4.01,4.58,3.45,5.35,9.22];
n=3;
P=polyfit(x0,y0,n)
xx=0:0.01:1;
yy=polyval(P,xx);
figure('color',[1 1 1])
plot(xx,yy,'-b',x0,y0,'.r','MarkerSize',20)
legend('拟合曲线','原始数据','Location','SouthEast')
xlabel('x轴'), ylabel('y轴')
```

执行结果为

```
P =
   56.6915  -87.1174   40.0070   -0.9043
```

即所求函数为 $P(x) = 56.6915 x^3 - 87.1174 x^2 + 40.0070 x - 0.9043$，图形如图 4.1.3 所示。

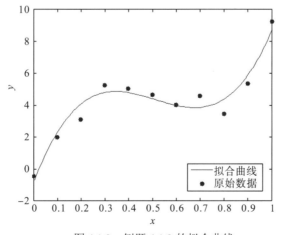

图 4.1.3　例题 4.1.2 的拟合曲线

4.2　非线性最小二乘拟合

在实际问题中，曲线拟合分为线性拟合和非线性拟合。当拟合函数不能表示成一组基函数的线性组合时，通常采用两种方法进行处理：第一种称为线性化方法，即通过适当的变量代换，将非线性函数转化为线性化函数（表 4.2.1），按线性最小二乘拟合方法求解，再还原为原变量所表示曲线的拟合函数；第二种不能线性化，需要使用优化方法求解。

表 4.2.1　非线性函数的线性化

非线性函数	变量代换	线性化函数
$y = ax^b$	$Y = \ln y$，$X = \ln x$	$Y = \ln a + bX$
$y = ax^b + c$	$Y = y$，$X = x^b$	$Y = aX + c$
$y = ae^{bx}$	$Y = \ln y$，$X = x$	$Y = \ln a + bX$
$y = a + b\ln x$	$Y = y$，$X = \ln x$	$Y = a + bX$
$y = \dfrac{x}{ax+b}$	$Y = \dfrac{1}{y}$，$X = \dfrac{1}{x}$	$Y = a + bX$
$y = \dfrac{e^{a+bx}}{1+e^{a+bx}}$	$Y = \ln\dfrac{y}{1-y}$，$X = x$	$Y = a + bX$

例题 4.2.1　已知数据见表 4.2.2，求形如 $y = ae^{bx}$ 的拟合函数（a,b 为常数）。

表 4.2.2　例 4.2.2 的数据

x	1	2	3	4	5	6	7	8
y	15.3	20.5	27.4	36.6	49.1	65.5	87.8	117.6

解：将拟合函数线性化。两边取对数，得 $\ln y = \ln a + bx$，令 $Y = \ln y$，$A = \ln a$，编写 M 文件如下。

```
x0=1:1:8;
y0=[15.3 20.5 27.4 36.6 49.1 65.5 87.8 117.6];
y=log(y0);
P=polyfit(x0,y,1)
a=exp(P(2))
b=P(1)
xx=1:0.1:8;
yy=a*exp(b*xx);
plot(x0,y0,'r*',xx,yy,'b')
legend('原始数据','拟合曲线','Location','NorthWest')
xlabel('x轴'); ylabel('y轴');
```

执行结果为

```
P =
   0.2912    2.4369
a =
   11.4377
b =
   0.2912
```

所求拟合函数为 $y = 11.4377e^{0.2912x}$，曲线如图 4.2.1 所示。

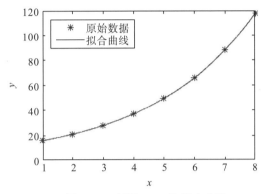

图 4.2.1   例题 4.2.1 的拟合曲线

对于不能线性化的非线性函数，MATLAB 提供了两个求非线性最小二乘拟合的函数 lsqcurvefit 和 lsqnonlin，调用格式为

```
x = lsqcurvefit ('fun', x0, xdata, ydata)
```

其中，fun 是事先建立的拟合函数 $F(x, xdata)$，$x0$ 是初始值，$xdata$、$ydata$ 为给定的数据点。

函数 lsqcurvefit 是求向量值函数 $F(x, xdata) = (F(x, xdata_1), \cdots, F(x, xdata_n))^{\mathrm{T}}$ 中的变量 x，使得 $\displaystyle\sum_{i=1}^{n}(F(x, xdata_i) - ydata_i)^2$ 最小。

```
x = lsqnonlin ('fun', x0)
```

其中，fun 是事先建立的拟合函数 $f(x)$，$x0$ 是初始值。

函数 lsqnonlin 是求向量值函数 $f(x) = (f_1(x), f_2(x), \cdots, f_n(x))^{\mathrm{T}}$ 中的变量 x，使得 $f^{\mathrm{T}}(x)f(x) = f_1^2(x) + f_2^2(x) + \cdots + f_n^2(x)$ 最小，其中

$$f_i(x) = f(x, xdata_i, ydata_i) = F(x, xdata_i) - ydata_i.$$

例题 4.2.2 用表 4.2.3 中的数据拟合函数 $c(t) = a + be^{-0.02kt}$ 中的参数 a、b、k。

表 4.2.3   例题 4.2.2 的数据

t_j	100	200	300	400	500	600	700	800	900	1000
$c_j \times 10^{-3}$	4.54	4.99	5.35	5.65	5.90	6.10	6.26	6.39	6.50	6.59

解：该问题即求解如下最优化问题：

$$\min F(a,b,k) = \sum_{j=1}^{10} (a + be^{-0.02kt_j} - c_j)^2$$

解法一：调用函数 lsqcurvefit。

(1)定义 M 函数文件 curvefun1.m。

```
function  f=curvefun1(x,tdata)
f=x(1)+x(2)*exp(-0.02*x(3)*tdata);   % x(1)=a; x(2)=b; x(3)=k;
```

(2)编写 M 文件。

```
tdata=100:100:1000;
cdata=1e-03*[4.54, 4.99, 5.35, 5.65, 5.90, 6.10, 6.26, 6.39,
6.50, 6.59];
x0=[0.2, 0.05, 0.05];
x1=lsqcurvefit('curvefun1', x0, tdata, cdata)
```

执行结果为

```
x1=
   0.0069  -0.0029  0.0809
```

即 $a=0.0069$，$b=-0029$，$k=0.0809$。

解法二：调用函数 lsqnonlin。

(1)定义 M 函数文件 curvefun2.m。

```
function  f=curvefun2(x)
tdata=100:100:1000;
cdata=1e-03*[4.54, 4.99, 5.35, 5.65, 5.90, 6.10, 6.26, 6.39,
6.50, 6.59];
f=x(1)+x(2)*exp(-0.02*x(3)*tdata)-cdata;
% x(1)=a; x(2)=b; x(3)=k;
```

(2)输入命令：

```
x0=[0.2, 0.05, 0.05];
x2=lsqnonlin('curvefun2', x0)
```

执行结果为

```
x2=
   0.0069  -0.0034  0.0809
```

可以看出，两种方法的计算结果是相同的。

例题 4.2.3 体重约 70kg 的某人在短时间内喝下 2 瓶啤酒后，隔一定时间测量他血液中的酒精浓度(mg/100mL)，得到数据见表 4.2.4。试将所给数据用函数 $\phi(t) = at^b e^{ct}$ 进行拟合，并求出未知常数 a、b、c。

表 4.2.4　血液中的酒精浓度

时间 t/h	0.25	0.5	0.75	1	1.5	2	2.5	3	3.5	4	4.5	5
酒精浓度 h/(mg/100mL)	30	68	75	82	82	77	68	68	58	51	50	41

续表

时间 t/h	6	7	8	9	10	11	12	13	14	15	16
酒精浓度 h/(mg/100mL)	38	35	28	25	18	15	12	10	7	7	4

解：由于拟合函数形式已经确定，且不是多项式函数，所以先对酒精浓度数据 h 进行对数变换，再调用 lsqcurvefit 函数进行拟合。

```
t=[0.25 0.5 0.75 1 1.5 2 2.5 3 3.5 4 4.5 5 6 7 8 9 10 11 12 13
14 15 16];
h=[30 68 75 82 82 77 68 68 58 51 50 41 38 35 28 25 18 15 12 10
7 7 4];
figure('color',[1 1 1])
plot(t,h,'*')
h1=log(h);                                    %对数变换
f=inline('a(1)+a(2).*log(t)+a(3).*t', 'a', 't');
x=lsqcurvefit(f, [1, 0.5, -0.5], t, h1)
     %求参数 lna,b,c 的拟合值
hold on
g=@(x,t)t^(x(2))*exp(x(1)+x(3)*t);
fplot(@(t)g(x,t),[0,16])                      %绘图
xlabel('时间 t/h'), ylabel('酒精浓度 h/(mg/100mL)');
```

执行结果为

```
x =
    4.4834    0.4709    -0.2663
```

拟合曲线如图 4.2.2 所示。

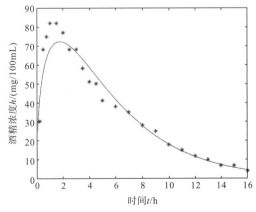

图 4.2.2 血液中酒精浓度拟合曲线

例题 4.2.4 在一次传染病中，已知 t 时刻的人数 $i(t)$ 满足模型 $i(t)=\dfrac{1}{a+be^{ct}}$，公共部门每隔 2 天记录一次传染病的人数，具体数据见表 4.2.5，求 a、b、c 的值。

表 4.2.5 传染病人数观测数据

天数/天	0	2	4	6	8	10	12	14	16	18	20	22	24
人数/人	0.2	0.4	0.5	0.9	1.5	2.4	3.1	3.8	4.1	4.2	4.5	4.4	4.5

解: 编写 M 文件如下。

```
tdata=0:2:24;
ydata=[0.2,0.4,0.5,0.9,1.5,2.4,3.1,3.8,4.1,4.2,4.5,4.4,4.5];
f=@(x,t)1./(x(1)+x(2)*exp(x(3)*t));
x=lsqcurvefit(f,[0.5,10,0],tdata,ydata);
figure('color',[1 1 1])
plot(tdata,ydata,'ko')
hold on
fplot(@(t)f(x,t),[0,30])
legend({'观测数据', '拟合曲线'},'location','northwest')
title(sprintf('a=%.4f,b=%.4f,c=%.4f',x))
xlabel('天数/天'), ylabel('人数/人')
```

执行结果如图 4.2.3 所示。

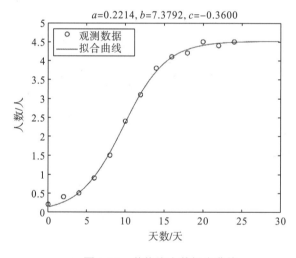

图 4.2.3 传染病人数拟合曲线

4.3 应用案例——电池放电时间的预测

1. 问题描述

铅酸电池广泛用于工业、军事、日常生活中。在铅酸电池以恒定电流强度放电的过程中，电压随放电时间单调下降，直到额定的最低保护电压 U_m。电池在当前负荷下还能供电多长时间(剩余放电时间)备受关注。

对同一生产批次的电池以不同电流强度进行放电测试，从满电开始，每隔 2min 采样电压数据，直到额定的最低保护电压 U_m（9V），采样数据见表 4.3.1（完整数据参见高教社杯全国大学生数学建模竞赛 2016 年 C 题附件）。

（1）试用初等函数表示各放电曲线，并分别给出相应的平均相对误差（mean relative error，MRE）。

（2）当电压为 9.8V 时，以 30A、40A、50A、60A 和 70A 的电流强度放电，分别计算电池的剩余放电时间。

表 4.3.1　不同电流强度的放电时间

放电时间/min	电压/V								
	20A	30A	40A	50A	60A	70A	80A	90A	100A
0	11.1781	11.0514	11.0650	11.0821	11.1043	11.1243	11.1536	11.1864	11.2179
2	10.8913	10.7179	10.6421	10.5650	10.5086	10.4257	10.3736	10.3250	10.2750
...	...	...	...	...	...	...	...	...	...
536	10.5125	10.4321	10.3214	10.1929	10.0664	9.9064	9.7300	9.4871	9.0250
538	10.5119	10.4314	10.3193	10.1900	10.0636	9.9036	9.7257	9.4800	9.0000
...	...	...	...	...	...	...	...	...	
618	10.4944	10.3993	10.2707	10.1321	9.9829	9.7836	9.5429	9.0086	
620	10.4938	10.3993	10.2707	10.1329	9.9814	9.7800	9.5371	9.0000	
...	...	...	...	...	...	...	...		
728	10.4688	10.3536	10.2036	10.0457	9.8529	9.5743	9.0057		
730	10.4681	10.3521	10.2036	10.0457	9.8507	9.5693	9.0000		
...	...	...	...	...	...	...			
860	10.4356	10.2957	10.1214	9.9250	9.6550	9.0129			
862	10.4356	10.2943	10.1200	9.9243	9.6514	9.0000			
...	...	...	...	...	...				
1042	10.3888	10.2107	10.0014	9.7236	9.0297				
1044	10.3881	10.2129	9.9986	9.7200	9.0000				
...	...	...	...	...					
1306	10.3169	10.0921	9.7850	9.0176					
1308	10.3163	10.0900	9.7850	9.0000					
...	...	...	...						
1722	10.1925	9.8814	9.0166						
1724	10.1913	9.8814	9.0000						
...	...	...							
2452	9.9500	9.0102							
2454	9.9494	9.0000							
...	...								
3762	9.0038								
3764	9.0000								

2. 问题求解

1) 拟合放电曲线

利用表 4.3.1 的数据,画出不同电流下的放电曲线及剩余放电曲线,如图 4.3.1 和图 4.3.2 所示。

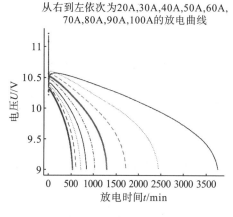

从右到左依次为20A,30A,40A,50A,60A,
70A,80A,90A,100A的放电曲线

图 4.3.1 不同电流放电曲线

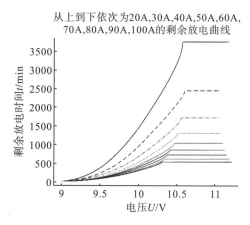

从上到下依次为20A,30A,40A,50A,60A,
70A,80A,90A,100A的剩余放电曲线

图 4.3.2 不同电流剩余放电曲线

由图 4.3.1 可知,放电初期,电压极速下降且不稳定,然后单调下降,直到额定最低保护电压 9V,最后在放电末期电压快速下降。

由于放电初期电压极速下降的时间极短,所以忽略此过程,放电过程从电压稳定后开始。去除最初数据中波动的部分,从第一个完全单调递减的数据开始,建立剩余放电时间的模型。

利用 MATLAB 的拟合函数 polyfit 或拟合工具箱 cftool,采用 6 次多项式拟合放电曲线,不同电流强度的放电曲线拟合函数见表 4.3.2,图 4.3.1 中各放电曲线的拟合效果如图 4.3.3 所示。

表 4.3.2 不同电流强度的放电曲线拟合函数

电流强度/A	拟合电压/V
20	$U=-1.10\times10^{-20}t^6+1.17\times10^{-16}t^5-4.85\times10^{-13}t^4+9.91\times10^{-10}t^3-1.06\times10^{-6}t^2+3.06\times10^{-4}t+10.54$
30	$U=-1.25\times10^{-19}t^6+8.38\times10^{-16}t^5-2.19\times10^{-12}t^4+2.78\times10^{-9}t^3-1.82\times10^{-6}t^2+1.56\times10^{-4}t+10.59$
40	$U=-9.61\times10^{-19}t^6+4.57\times10^{-15}t^5-8.51\times10^{-12}t^4+7.76\times10^{-9}t^3-3.65\times10^{-6}t^2+2.88\times10^{-4}t+10.54$
50	$U=-5.85\times10^{-18}t^6+2.16\times10^{-14}t^5-3.12\times10^{-11}t^4+2.20\times10^{-8}t^3-8.02\times10^{-6}t^2+7.30\times10^{-4}t+10.47$
60	$U=-2.23\times10^{-17}t^6+6.58\times10^{-14}t^5-7.62\times10^{-11}t^4+4.31\times10^{-8}t^3-1.25\times10^{-5}t^2+9.08\times10^{-4}t+10.44$
70	$U=-5.58\times10^{-17}t^6+1.31\times10^{-13}t^5-1.19\times10^{-10}t^4+5.31\times10^{-8}t^3-1.22\times10^{-5}t^2+4.50\times10^{-4}t+10.40$
80	$U=-1.54\times10^{-16}t^6+3.07\times10^{-13}t^5-2.39\times10^{-10}t^4+8.99\times10^{-8}t^3-1.75\times10^{-5}t^2+5.92\times10^{-4}t+10.36$
90	$U=-3.63\times10^{-16}t^6+6.19\times10^{-13}t^5-4.13\times10^{-10}t^4+1.34\times10^{-7}t^3-2.27\times10^{-5}t^2+6.78\times10^{-4}t+10.33$
100	$U=-8.05\times10^{-16}t^6+1.19\times10^{-12}t^5-6.91\times10^{-10}t^4+1.95\times10^{-7}t^3-2.86\times10^{-5}t^2+6.72\times10^{-4}t+10.30$

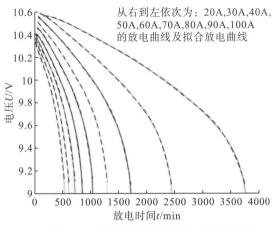

图 4.3.3　不同电流放电曲线的拟合结果

图 4.3.3 中各虚线为拟合放电曲线，各实线为放电曲线，拟合效果较好。

2) 平均相对误差

放电曲线预测电池的剩余放电时间（或剩余容量）的精度取决于放电曲线在低电压段的质量，因此采用低电压段的平均相对误差 MRE 进行模型检验。

在表 4.3.1 中从 U_m 开始按不超过 0.005V 的最大间隔提取 231 个电压样本点，这些电压值对应的模型已放电时间与采样已放电时间的平均相对误差即为 MRE，计算公式为

$$MRE = \frac{1}{n}\sum_{i=1}^{n}\left|\frac{t_i - t_i^*}{t_i}\right| \tag{4.3.1}$$

其中，n 为采样点个数；t_i、t_i^* 分别为实际采样和模型计算的已放电时间。

从表 4.3.1 中选出满足条件的样本点，利用多项式方程求根函数 roots，计算采样电压对应的放电时间，根据式(4.3.1)计算不同电流强度下的 MRE 值，计算结果见表 4.3.3。

表 4.3.3　不同电流强度的 MRE

电流强度/A	20	30	40	50	60	70	80	90	100
MRE/%	0.2243	0.3081	0.3348	0.3538	0.3750	0.3432	0.5341	0.7496	0.8696

表 4.3.3 中，各 MRE 值均小于 1%，因此拟合效果较好。

3) 剩余放电时间预测

电池的剩余放电时间是指从当前电压(U_D)到最低保护电压(U_m)所用的放电时间，即电池全部放电到最低保护电压所用的放电时间减去当前电压下的已放电时间。

根据表 4.3.2 中各电流段的放电曲线模型，利用函数 fsolve 算出 9.8V 时相应的已放电时间，可得到不同电流强度放电时的预测剩余放电时间。

在计算实际剩余放电时间时，表 4.3.1 中没有 9.8V 的放电时间，找到最接近 9.8 V 的

两个相邻电压 $U_k > 9.8 > U_{k+1}$，对应的放电时间为 t_k 和 t_{k+1}，利用线性插值，可求得 9.8 V 对应的放电时间为

$$t_D = t_k + \frac{U_k - U_D}{U_k - U_{k+1}}(t_{k+1} - t_k) \tag{4.3.2}$$

其中，t_D 为电压降至 U_D 时的已放电时间。

实际剩余放电时间和预测剩余放电时间如表 4.3.4 所示。

表 4.3.4　9.8V 电压下不同电流强度的剩余放电时间

	电流强度/A				
	30	40	50	60	70
实际剩余放电时间/min	593.00	429.72	326.50	277.00	254.50
预测剩余放电时间/min	593.52	430.83	328.55	278.68	255.88
相对误差/%	0.087	0.258	0.628	0.607	0.544

表 4.3.4 看出，9.8V 时电池的剩余放电时间预测值与实际值非常接近，进一步说明表 4.3.2 中的模型能够达到较高的精度。

部分程序代码如下。

```
sj=xlsread('dianchifangdian.xlsx','附件1','B3:K1885');
shysj=xlsread('dianchifangdian.xlsx','附件3','B3:K1885');
%绘制不同电流下的放电曲线
t_20=sj(:,1);
u_20=sj(:,2);
……
figure('color',[1,1,1])
plot(t_20,u_20,t_30,u_30,t_40,u_40,t_50,u_50,t_60,u_60,t_70,
u_70,t_80,u_80,t_90,u_90,t_100,u_100,'--');
xlabel('放电时间 t/min');
ylabel('电压 U/V');
axis([0 3900 8.9 11.3])
gtext('从右到左依次为：20A,30A,40A,50A,60A,70A,80A,90A,100A 的放
电曲线')
%剩余放电曲线
shyu_20=shysj(find(shysj(:,2)>=9.0),2);
shyt_20=shysj(1:length(shyu_20),1)-shysj(length(shyu_20),1)
*ones(length(shyu_20),1);
……
figure('color',[1,1,1])
```

```
plot(shyu_20,shyt_20,'k',shyu_30,shyt_30,'r--',shyu_40,
shyt_40,'g-.',shyu_50,shyt_50,'b:',shyu_60,shyt_60,'c',shyu_70,
shyt_70,'m',shyu_80,shyt_80,'g',shyu_90,shyt_90,'c',shyu_100,
shyt_100,'b');
    xlabel('电压 U/V');
    ylabel('剩余放电时间 t/min');
    axis([8.9 11.3 -100 3900 ])
    gtext('从上到下依次为：20A,30A,40A,50A,60A,70A,80A,90A,100A 的剩
余放电曲线')


    %放电曲线拟合
    n20=length(u_20);
    nt_20=sj(82:n20,1);              %去除开始放电时极速且不稳定部分数据
    nu_20=sj(82:n20,2);
    P20=polyfit(nt_20,nu_20,6);
    nhu_20=polyval(P20,nt_20);
    ……
    figure('color',[1,1,1])
    plot(nt_20,nhu_20,'--',nt_30,nhu_30,'--',nt_40,nhu_40,'--',
nt_50,nhu_50,'--',nt_60,nhu_60,'--',nt_70,nhu_70,'--',nt_80,
nhu_80,'--',nt_90,nhu_90,'--',nt_100,nhu_100,'--');
    xlabel('放电时间  t/min ');
    ylabel('电压  U/V ');
    axis([0 4000 9 10.6])
    gtext('从右到左依次为：20A,30A,40A,50A,60A,70A,80A,90A,100A 的放
电曲线及拟合放电曲线')


    %计算平均相对误差
    %计算 20A 时的 MRE
    num20=[1869 1868 1866:-1:1638]';
    N20=length(num20);              %满足<=0.005 的电压样本数
    jst20=zeros(N20,1);
    for i=1:N20
       k=num20(i);
       f20=[P20(1) P20(2)  P20(3) P20(4) P20(5) P20(6) P20(7)-u_20(k)];
       r=roots(f20);
       for j=1:6
         if imag(r(j))==0 && real(r(j))>0
```

```
            jst20(i)=real(r(j));
        end
    end
end
sum=0;
for i=1:231
    k=num20(i);
    sum=sum+abs(t_20(k)-jst20(i))/t_20(k);
end
mre20=sum/231;
```

%不同电流强度放电到 9.8V 时的剩余放电时间
%9.8V 时的实际已放电时间

```
loc=[931 932;648 649;491 492;384 385;304 305];
Uk=[u_30(loc(1,1)),u_30(loc(1,2));u_40(loc(2,1)),u_40(loc(2,2));
u_50(loc(3,1)),u_50(loc(3,2));
    u_60(loc(4,1)),u_60(loc(4,2));u_70(loc(5,1)),u_70(loc(5,2))];
    tk=[t_30(loc(1,1)),t_30(loc(1,2));t_40(loc(2,1)),t_40(loc(2,2));
t_50(loc(3,1)),t_50(loc(3,2));
    t_60(loc(4,1)),t_60(loc(4,2));t_70(loc(5,1)),t_70(loc(5,2))];
    UD=9.8;
    for i=1:5
        yfdt(i)=tk(i,1)+(tk(i,2)-tk(i,1))*(Uk(i,1)-UD)/(Uk(i,1)-Uk(i,2));
    end
```
%各电流强度的总放电时间
```
    zfdt=[t_30(length(t_30)) t_40(length(t_40)) t_50(length(t_50))
t_60(length(t_60)) t_70(length(t_70))];
```

%不同电流强度放电到 9.8V 时的实际剩余放电时间
```
shyfdt=zfdt-yfdt;
```
%不同电流强度放电到 9.8V 时的预测剩余放电时间
```
XISHU=[P30(1) P30(2)  P30(3) P30(4)  P30(5) P30(6) P30(7)-UD;
        P40(1) P40(2)  P40(3) P40(4)  P40(5) P40(6) P40(7)-UD;
        P50(1) P50(2)  P50(3) P50(4)  P50(5) P50(6) P50(7)-UD;
        P60(1) P60(2)  P60(3) P60(4)  P60(5) P60(6) P60(7)-UD;
        P70(1) P70(2)  P70(3) P70(4)  P70(5) P70(6) P70(7)-UD;];
for i=1:5
    q=XISHU(i,:);
```

```
    r=roots(q);
    for j=1:6
        if imag(r(j))==0 && real(r(j))>0
            ycyfdt(i)=real(r(j));
        end
    end
end
ycshyfdt=zfdt-ycyfdt;                    %预测剩余放电时间
wc=abs(ycshyfdt-shyfdt)./shyfdt*100;     %相对误差
```

练 习 四

1. 已知数据点 $(-1.00, -0.2209)$，$(-0.75, 0.3295)$，$(-0.50, 0.8826)$，$(-0.25, 1.4392)$，$(0, 2.0003)$，$(0.25, 2.5645)$，$(0.50, 3.1334)$，$(0.75, 3.7061)$，$(1.00, 4.2836)$，试求一次和二次拟合多项式。

2. 悬挂不同重物 x 的物体时弹簧的长度 y 见下表。

x/g	5	10	15	20	25	30
y/cm	7.25	8.12	8.95	9.90	10.90	11.80

试确定 y 和 x 之间的关系，悬挂 16g 的重物时弹簧的长度大约是多少？要使弹簧的长度控制在 10～11cm，悬挂物体的重量应控制在什么范围？

3. 电容器充电后电压达到 100V，然后开始放电。测得不同时刻 t 的电压 U 值见下表。

t/s	0	1	2	3	4	5	6	7	8	9	10
U/V	100	75	55	40	30	20	15	10	10	5	5

(1) 用二次多项式进行拟合；

(2) 用 $U=A\mathrm{e}^{bt}$ $(A>0)$ 进行拟合；

(3) 考察以上两种拟合在 $t=0.5$ 和 $t=9.5$ 处的误差，并进行分析。

(施肥效果分析) 某地区作物生长所需的营养素主要是 N、K、P。某作物研究所在该地区对土豆与生菜做了一定数量的实验，实验数据见下表。当一个营养素的施肥量变化时，总将另两个营养素的施肥量保持在第七个水平上，如对土豆产量关于 N 的施肥量做实验时，P 与 K 的施肥量分别取 196kg/hm² 与 372kg/h m²。试分析施肥量与产量之间的关系。

	N		P		K	
	施肥量/(kg/hm²)	产量(kg/hm²)	施肥量(kg/hm²)	产量(kg/hm²)	施肥量(kg/hm²)	产量(kg/hm²)
土豆	0	15.18	0	33.46	0	18.98
	34	21.36	24	32.47	47	27.35
	67	25.72	49	36.06	93	34.86
	101	32.29	73	37.96	140	38.52
	135	34.03	98	41.04	186	38.44
	202	39.45	147	40.09	279	37.73
	259	43.15	196	41.26	372	38.43
	336	43.46	245	42.17	465	43.87
	404	40.83	294	40.36	556	42.77
	471	30.75	342	42.73	651	46.22
生菜	0	11.02	0	6.39	0	15.75
	28	12.70	49	9.48	47	16.76
	56	14.56	98	12.46	93	16.89
	84	16.27	147	14.38	140	16.24
	112	17.75	196	17.10	186	17.56
	168	22.59	294	21.94	279	19.20
	224	21.63	391	22.64	372	17.97
	280	19.34	489	21.34	465	15.84
	336	16.12	587	22.07	558	20.11
	392	14.11	685	24.53	651	19.40

第五章 数值积分与数值微分

许多实际问题可以归结为定积分的求解。根据微积分基本定理：若被积函数 $f(x)$ 在区间 $[a,b]$ 上连续，则存在一个原函数 $F(x)$，使得

$$\int_a^b f(x)\mathrm{d}x = F(b) - F(a)$$

此公式称为牛顿-莱布尼茨(Newton-Leibniz)公式。

利用牛顿-莱布尼茨公式计算定积分时，要求原函数 $F(x)$ 必须为初等函数或有解析表达式。但在实际计算中，有一定的局限性，表现如下。

(1)虽然有些函数的原函数 $F(x)$ 存在，但无法用初等函数表示。例如，$\sin x^2, \cos x^2, \dfrac{\sin x}{x}, \dfrac{1}{\ln x}, \mathrm{e}^{-x^2}$ 等，很难找到其原函数。

(2)有些被积函数的原函数虽然可以用初等函数表示，但表达式相当复杂，计算极其不方便。例如，函数 $x^2\sqrt{2x^2+3}$ 的原函数为

$$\frac{1}{4}x^2\sqrt{2x^2+3} + \frac{3}{16}x\sqrt{2x^2+3} - \frac{9}{16\sqrt{2}}\ln\left(\sqrt{2}x + \sqrt{2x^2+3}\right)$$

(3)被积函数没有解析表达式，只有数表形式。例如下表。

x	1	2	3	4	5
$f(x)$	4	4.5	6	8	9.5

为了解决这些问题，需要研究数值积分方法。

5.1 数 值 积 分

5.1.1 数值积分原理

设函数 $f(x) \geqslant 0$，由定积分的几何意义可知，计算 $f(x)$ 的定积分即是求由连续曲线 $y = f(x)$ 与 x 轴和两条直线 $x = a, x = b$ 所围成的曲边梯形的面积。

根据积分中值定理，对于连续函数 $f(x)$，在区间 $[a,b]$ 上至少存在一点 ξ，使得

$$I(f) = \int_a^b f(x)\mathrm{d}x = (b-a)f(\xi)$$

称 $f(\xi)$ 为 $f(x)$ 在区间 $[a,b]$ 上的平均值。

特别地，当 ξ 分别取 a、b、$\dfrac{a+b}{2}$ 时，有

$$I(f) \approx (b-a)f(a) \qquad \text{左矩形公式}$$

$$I(f) \approx (b-a)f(b) \qquad 右矩形公式$$

$$I(f) \approx (b-a)f\left(\frac{a+b}{2}\right) 中矩形公式$$

若取 a、b 两点，并令 $f(\xi) = \dfrac{f(a)+f(b)}{2}$，得到两点求积公式，称为梯形公式，即

$$I(f) \approx (b-a)\frac{f(a)+f(b)}{2}$$

若取三点 a、b 和 $c = \dfrac{a+b}{2}$，并令 $f(\xi) = \dfrac{1}{6}\big[f(a) + 4f(c) + f(b)\big]$，得到三点求积公式，称为辛普森(Simpson)公式，即

$$I(f) \approx (b-a)\frac{f(a)+4f(c)+f(b)}{6}$$

一般地，取区间 $[a,b]$ 内 $n+1$ 个点 $x_0,x_1,\cdots,x_n$（$x_0 = a, x_n = b$）处的函数值 $f(x_k)$（$k = 0,1,2,\cdots,n$），通过加权平均的方法近似地计算平均值 $f(\xi)$，即

$$f(\xi) = \sum_{k=0}^{n} \lambda_k f(x_k)$$

其中，$\lambda_k(k = 0,1,2,\cdots,n)$ 为权重。

于是，有

$$I(f) = \int_a^b f(x)\mathrm{d}x \approx (b-a)\sum_{k=0}^{n} \lambda_k f(x_k)$$

或

$$I(f) = \int_a^b f(x)\mathrm{d}x \approx \sum_{k=0}^{n} A_k f(x_k) \tag{5.1.1}$$

式(5.1.1)称为数值积分公式，其中，A_k 为求积系数，$f(x_k)$ 为求积节点。

这种求积方法称为机械求积方法。数值积分问题就是选择合适的求积节点 x_k 和求积系数 A_k，使得积分公式(5.1.1)具有尽可能小的截断误差。

5.1.2 插值型积分公式

1. Lagrange 积分公式

将区间 $[a,b]$ 进行 n 等分，令 $h = \dfrac{b-a}{n}$，取等分点为积分节点，记为 $x_i = a + ih$（$i = 0,1,2,\cdots,n$）。以 $(x_i, f(x_i))(i = 0,1,2,\cdots,n)$ 为插值节点构造 Lagrange 插值多项式

$$L_n(x) = \sum_{i=0}^{n} l_i(x) f(x_i)$$

其中，

$$l_i(x) = \frac{(x-x_0)(x-x_1)\cdots(x-x_{i-1})(x-x_{i+1})\cdots(x-x_n)}{(x_i-x_0)(x_i-x_1)\cdots(x_i-x_{i-1})(x_i-x_{i+1})\cdots(x_i-x_n)}$$

为 Lagrange 插值基函数。

用 $L_n(x)$ 代替被积函数 $f(x)$，得

$$\int_a^b f(x)\mathrm{d}x \approx \int_a^b L_n(x)\mathrm{d}x = \int_a^b \sum_{i=0}^n l_i(x)f(x_i)\mathrm{d}x = \sum_{i=0}^n \left[\int_a^b l_i(x)\mathrm{d}x\right]f(x_i)$$

记

$$a_i = \int_a^b l_i(x)\mathrm{d}x = \int_a^b \frac{(x-x_0)(x-x_1)\cdots(x-x_{i-1})(x-x_{i+1})\cdots(x-x_n)}{(x_i-x_0)(x_i-x_1)\cdots(x_i-x_{i-1})(x_i-x_{i+1})\cdots(x_i-x_n)}\mathrm{d}x \qquad (5.1.2)$$

于是

$$I_n(f) = \int_a^b f(x)\mathrm{d}x \approx \sum_{i=0}^n a_i f(x_i) \qquad (5.1.3)$$

式(5.1.3)称为 Lagrange 插值型积分公式，式(5.1.2)为插值系数。

Lagrange 积分公式(5.1.3)的截断误差为

$$R_n(f) = \int_a^b f(x)\mathrm{d}x - \int_a^b L_n(x)\mathrm{d}x = \int_a^b [f(x)-L_n(x)]\mathrm{d}x$$

$$= \int_a^b \frac{f^{(n+1)}(\xi)}{(n+1)!}\prod_{i=0}^n (x-x_i)\mathrm{d}x$$

其中，$\xi \in (a,b)$。

例题 5.1.1 给出区间[0, 2]上节点为 $x_0 = 0, x_1 = 0.5, x_2 = 2$ 的 Lagrange 积分公式。

解：由 $a_i = \int_a^b l_i(x)\mathrm{d}x$，得

$$a_0 = \int_0^2 l_0(x)\mathrm{d}x = \int_0^2 \frac{(x-0.5)(x-2)}{(0-0.5)(0-2)}\mathrm{d}x = -\frac{1}{3}$$

$$a_1 = \int_0^2 l_1(x)\mathrm{d}x = \int_0^2 \frac{(x-0)(x-2)}{(0.5-0)(0.5-2)}\mathrm{d}x = \frac{16}{9}$$

$$a_2 = \int_0^2 l_2(x)\mathrm{d}x = \int_0^2 \frac{(x-0)(x-0.5)}{(2-0)(2-0.5)}\mathrm{d}x = \frac{5}{9}$$

于是，所求 Lagrange 积分公式为

$$I_2(f) = -\frac{1}{3}f(0) + \frac{16}{9}f(0.5) + \frac{5}{9}f(2)$$

2. Newton-Cotes 积分公式

将区间 $[a,b]$ 进行 n 等分，令 $h = \dfrac{b-a}{n}$，则积分节点 $x_i = a+ih$（$i = 0,1,2,\cdots,n$）。令 $t = \dfrac{x-x_0}{h}$，代入式(5.1.2)得

$$a_i = \int_0^n \frac{t(t-1)\cdots(t-i+1)(t-i-1)\cdots(t-n)h}{i!(n-i)!(-1)^{n-i}}\mathrm{d}t$$

$$= \frac{(b-a)}{n}\frac{(-1)^{n-i}}{i!(n-i)!}\int_0^n t(t-1)\cdots(t-i+1)(t-i-1)\cdots(t-n)\mathrm{d}t$$

记

$$c_i^{(n)} = \frac{1}{n} \frac{(-1)^{n-i}}{i!(n-i)!} \int_0^n t(t-1)\cdots(t-i+1)(t-i-1)\cdots(t-n)\mathrm{d}t , \quad i = 0,1,2,\cdots,n \qquad (5.1.4)$$

于是 $a_i = (b-a)c_i^{(n)}$，代入式(5.1.2)，得

$$\int_a^b f(x)\mathrm{d}x \approx (b-a)\sum_{i=0}^n c_i^{(n)} f(x_i) \qquad (5.1.5)$$

式(5.1.5)称为 Newton-Cotes(牛顿-柯特斯)积分公式，式(5.1.4)为 Newton-Cotes 系数。

Newton-Cotes 积分公式(5.1.5)的截断误差为

$$R_n(f) = \int_a^b \frac{f^{(n+1)}(\xi)}{(n+1)!}\prod_{i=0}^n (t-i)\mathrm{d}t = \frac{h^{n+2}}{(n+1)!}\int_0^n f^{(n+1)}(\xi)\prod_{i=0}^n (t-i)\mathrm{d}t$$

其中，$\xi \in (a,b)$。

式(5.1.4)确定的 Newton-Cotes 系数只与 i 和 n 有关，与 $f(x)$ 和区间 $[a,b]$ 无关，且满足

$$c_i^{(n)} = c_{n-i}^{(n)}, \quad \sum_{i=0}^n c_i^{(n)} = 1$$

当 $n = 1$ 时，由式(5.1.4)得

$$c_0^{(1)} = \frac{(-1)^1}{0!1!}\int_0^1 (t-1)\mathrm{d}t = \frac{1}{2}$$

$$c_1^{(1)} = \frac{(-1)^0}{1!0!}\int_0^1 t\mathrm{d}t = \frac{1}{2}$$

当 $n = 2$ 时，由式(5.1.4)得

$$c_0^{(2)} = \frac{1}{2}\cdot\frac{(-1)^2}{2!0!}\int_0^2 (t-1)(t-2)\mathrm{d}t = \frac{1}{6}$$

$$c_1^{(2)} = \frac{1}{2}\cdot\frac{(-1)^1}{1!1!}\int_0^2 t(t-2)\mathrm{d}t = \frac{4}{6},$$

$$c_2^{(2)} = \frac{1}{2}\cdot\frac{(-1)^2}{2!0!}\int_0^2 t(t-1)\mathrm{d}t = \frac{1}{6}$$

类似地，可以计算出 n 从 1 到 8 的 Newton-Cotes 系数 $c_i^{(n)}$，见表 5.1.1。

表 5.1.1 Newton-Cotes 系数

n	$c_1^{(n)}$	$c_2^{(n)}$	$c_3^{(n)}$	$c_4^{(n)}$	$c_5^{(n)}$	$c_6^{(n)}$	$c_7^{(n)}$	$c_8^{(n)}$	$c_9^{(n)}$
1	$\frac{1}{2}$	$\frac{1}{2}$							
2	$\frac{1}{6}$	$\frac{4}{6}$	$\frac{1}{6}$						
3	$\frac{1}{8}$	$\frac{3}{8}$	$\frac{3}{8}$	$\frac{1}{8}$					
4	$\frac{7}{90}$	$\frac{16}{45}$	$\frac{2}{15}$	$\frac{16}{45}$	$\frac{7}{90}$				
5	$\frac{19}{288}$	$\frac{25}{96}$	$\frac{25}{144}$	$\frac{25}{144}$	$\frac{25}{96}$	$\frac{19}{288}$			
6	$\frac{41}{840}$	$\frac{9}{35}$	$\frac{9}{280}$	$\frac{34}{105}$	$\frac{9}{280}$	$\frac{9}{35}$	$\frac{41}{840}$		

n	$c_1^{(n)}$	$c_2^{(n)}$	$c_3^{(n)}$	$c_4^{(n)}$	$c_5^{(n)}$	$c_6^{(n)}$	$c_7^{(n)}$	$c_8^{(n)}$	$c_9^{(n)}$
7	$\dfrac{751}{17280}$	$\dfrac{3577}{17280}$	$\dfrac{1323}{17280}$	$\dfrac{2989}{17280}$	$\dfrac{2989}{17280}$	$\dfrac{1323}{17280}$	$\dfrac{3577}{17280}$	$\dfrac{751}{17280}$	
8	$\dfrac{989}{28350}$	$\dfrac{5888}{28350}$	$\dfrac{-928}{28350}$	$\dfrac{10496}{28350}$	$\dfrac{-45440}{28350}$	$\dfrac{10496}{28350}$	$\dfrac{-928}{28350}$	$\dfrac{5888}{28350}$	$\dfrac{989}{28350}$

由表 5.1.1 可知，当 $n>7$ 时，$c_i^{(n)}$ 出现负数，不能保证数值稳定性，因此不宜采用高阶的 Newton-Cotes 积分公式。

结合 Newton-Cotes 积分公式(5.1.5)和表 5.1.1，得到常用的几个低阶 Newton-Cotes 积分公式。

(1) 当 $n=1$ 时，Newton-Cotes 积分公式为

$$\int_a^b f(x)\mathrm{d}x \approx \frac{b-a}{2}[f(a)+f(b)] \tag{5.1.6}$$

称为梯形公式，其截断误差为

$$R_1(f)=\frac{h^3}{2!}\int_0^1 f^{(2)}(\eta)\prod_{i=0}^1 (t-i)\mathrm{d}t=-\frac{(b-a)^3}{12}f^{(2)}(\eta),\quad \eta\in(a,b)$$

(2) 当 $n=2$ 时，Newton-Cotes 积分公式为

$$\int_a^b f(x)\mathrm{d}x \approx \frac{b-a}{6}\left[f(a)+4f\left(\frac{a+b}{2}\right)+f(b)\right] \tag{5.1.7}$$

称为 Simpson 公式，其截断误差为

$$R_2=-\frac{1}{90}\left(\frac{b-a}{2}\right)^5 f^{(4)}(\eta),\quad \eta\in(a,b)$$

(3) 当 $n=3$ 时，Newton-Cotes 积分公式为

$$\int_a^b f(x)\mathrm{d}x \approx \frac{b-a}{8}\left[f(a)+3f\left(\frac{2a+b}{3}\right)+3f\left(\frac{a+2b}{3}\right)+f(b)\right] \tag{5.1.8}$$

称为辛普森 3/8 公式，其截断误差为

$$R_3=-\frac{2}{405}\left(\frac{b-a}{2}\right)^5 f^{(4)}(\eta),\quad \eta\in(a,b)$$

(4) 当 $n=4$ 时，Newton-Cotes 积分公式为

$$\int_a^b f(x)\mathrm{d}x \approx \frac{b-a}{90}\left[7f(a)+32f\left(\frac{3a+b}{4}\right)+12f\left(\frac{a+b}{2}\right)+32f\left(\frac{a+3b}{4}\right)+7f(b)\right] \tag{5.1.9}$$

式(5.1.9)常被称为 Cotes 积分公式，其截断误差为

$$R_4=-\frac{8}{945}\left(\frac{b-a}{4}\right)^7 f^{(6)}(\eta),\quad \eta\in(a,b)$$

例题 5.1.2 利用 $n=2$ 和 $n=3$ 的 Newton-Cotes 积分公式计算积分 $\int_1^3 \mathrm{e}^{-\frac{x}{2}}\mathrm{d}x$。

解：当 $n=2$ 时，$\int_1^3 \mathrm{e}^{-\frac{x}{2}}\mathrm{d}x \approx \dfrac{3-1}{6}\left(\mathrm{e}^{-\frac{1}{2}}+\mathrm{e}^{-\frac{2}{2}}+\mathrm{e}^{-\frac{3}{2}}\right)\approx 0.76657551$

当 $n=3$ 时，$\displaystyle\int_1^3 e^{-\frac{x}{2}}dx \approx \frac{3-1}{8}\left(e^{-\frac{1}{2}}+3e^{-\frac{5}{6}}+3e^{-\frac{7}{6}}+e^{-\frac{3}{2}}\right) \approx 0.76691628$

如何判断 Newton-Cotes 积分公式的精确度？

定义 5.1.1 **（代数精度）** 在区间 $[a,b]$ 上，以 $(x_i, f(x_i))(i=0,1,2,\cdots,n)$ 为积分节点的数值积分公式

$$I_n(f) = \sum_{i=0}^n a_i f(x_i)，\quad I(f) = \int_a^b f(x)\mathrm{d}x$$

若 $I_n(f)$ 满足

$$E_n(x^k) = I(x^k) - I_n(x^k) = 0 \ (k=0,1,2,\cdots,m)，\quad E_n(x^{m+1}) \neq 0$$

则称 $I_n(f)$ 具有 m 阶代数精度。

定理 5.1.1 $2m$ 阶 Newton-Cotes 积分公式至少具有 $2m+1$ 阶代数精度。

由定理 5.1.1 易知，梯形公式 (5.1.6) 的代数精度为 1，Simpson 公式 (5.1.7) 的代数精度为 3，Cotes 公式 (5.1.9) 的代数精度为 5。

3. 数值积分的 MATLAB 实现

MATLAB 中主要用函数 int 进行符号积分，用函数 trapz、dblquad、quad、quad8 等进行数值积分，调用格式及功能见表 5.1.2。

表 5.1.2   MATLAB 的数值积分函数

调用格式	功能
trapz(x,y)	梯形积分法，x 表示积分区间的离散化向量，y 是与 x 同维的向量
quad ('*fun*',a,b,tol)	变步长 Simpson 法，计算区间 $[a,b]$ 上函数 fun 的数值积分，tol 控制积分精度，默认为 10^{-6}
quadl ('fun',a,b)	Newton-Cotes 法
quad8 ('fun',a,b,tol)	8 样条 Newton-Cotes 法
quad2d ('fun',a,b,y1,y2)	计算区域 $a \leqslant x \leqslant b$，$y_1(x) \leqslant y \leqslant y_2(x)$ 上函数 fun 的二重数值积分
dblquad ('fun',a,b,c,d,tol,method)	计算矩形区域 $[a,b,c,d]$ 上函数 fun 的二重数值积分，method 指定积分方法，默认为 quad
triplequad ('fun',a,b,c,d,m,n,tol,method)	计算长方体域 $a \leqslant x \leqslant b$，$c \leqslant y \leqslant d$，$m \leqslant z \leqslant n$ 上函数 fun 的三重数值积分

一般来说，trapz 是最基本的数值积分方法，精度低，适用于数值函数和光滑性不好的函数。

例题 5.1.3 利用符号积分函数 int 计算积分 $\displaystyle\int x^2 \sin x\mathrm{d}x$。

解： 在命令窗口输入命令：

```
syms x;
int(x^2*sin(x))
```

执行结果为

```
ans =
```

```
    2*x*sin(x) - cos(x)*(x^2 - 2)
```

例题 5.1.4 利用梯形积分法计算积分 $\int_{-2}^{2} x^4 \mathrm{d}x$。

解：在命令窗口输入命令：

```
clear;
x=-2:0.1:2;          %积分步长为0.1
y=x.^4;
trapz(x,y)
```

执行结果为

```
ans =
    12.8533
```

例题 5.1.5　计算积分 $\iint\limits_{x^2+y^2\leqslant 1} (1+x+y)\mathrm{d}x\mathrm{d}y$。

解：　将此二重积分转化为累次积分

$$\iint\limits_{x^2+y^2\leqslant 1} (1+x+y)\mathrm{d}x\mathrm{d}y = \int_{-1}^{1} \mathrm{d}x \int_{-\sqrt{1-x^2}}^{\sqrt{1-x^2}} (1+x+y)\mathrm{d}y$$

在命令窗口输入命令：

```
clear;  syms x y;
iy=int(1+x+y,y,-sqrt(1-x^2),sqrt(1-x^2));
int(iy,x,-1,1)
```

执行结果为

```
ans =
    pi
```

例题 5.1.6 计算广义积分 $I = \int_{-\infty}^{+\infty} \mathrm{e}^{\sin x - \frac{x^2}{50}} \mathrm{d}x$。

解：在命令窗口输入命令：

```
syms x;
y=int(exp(sin(x)-x^2/50),-inf, inf);
vpa(y,10)
```

执行结果为

```
ans =
    15.86778263
```

5.1.3　复化积分公式

当积分区间较大时，插值型数值积分的误差也会增大。为了提高计算精度，可以将积分区间分为若干个小区间，然后在各个小区间上应用插值型积分公式，再将结果相加，这样得到的积分公式称为复化积分公式。

(1)复化梯形公式。将积分区间$[a,b]$进行n等分，令$h=\dfrac{b-a}{n}$，积分节点为$x_j=a+jh$（$j=0,1,2,\cdots,n$）。在每个小区间$[x_j,x_{j+1}]$上利用梯形公式(5.1.6)，则

$$\int_a^b f(x)\mathrm{d}x = \sum_{j=0}^{n-1}\int_{x_j}^{x_{j+1}} f(x)\mathrm{d}x \approx \frac{h}{2}\sum_{j=0}^{n-1}[f(x_j)+f(x_{j+1})]=\frac{h}{2}\left[f(a)+f(b)+2\sum_{j=1}^{n-1}f(x_j)\right]$$

记

$$T_n(f)=\frac{h}{2}\left[f(a)+f(b)+2\sum_{j=1}^{n-1}f(x_j)\right] \qquad (5.1.10)$$

式(5.1.10)称为复化梯形公式，其误差为

$$R_{T_n}(f)=-\frac{(b-a)h^2}{12}f''(\eta)，\quad \eta\in[a,b]$$

(2)复化 Simpson 公式。在每个小区间$[x_j,x_{j+1}]$上利用 Simpson 公式(5.1.7)时，需要将子区间再进行二等分，即将积分区间$[a,b]$划分为$2n$等分，共有$2n+1$个分点，积分节点为$x_j=a+j\dfrac{h}{2}$（$j=0,1,2,\cdots,2n$），$h=\dfrac{b-a}{2n}$，则

$$S_n(f)=\frac{h}{6}\left[f(a)+2\sum_{j=1}^{n-1}f(x_{2j})+4\sum_{j=0}^{n-1}f(x_{2j+1})+f(b)\right] \qquad (5.1.11)$$

式(5.1.11)称为复化 Simpson 公式，其误差为

$$R_{S_n}(f)=-\frac{(b-a)h^4}{180}f^{(4)}(\eta)，\quad \eta\in[a,b]$$

(3)复化 Cotes 公式。在每个小区间$[x_j,x_{j+1}]$上利用 Cotes 公式(5.1.9)时，需要将子区间再进行四等分，共有$4n+1$个分点，$h=\dfrac{b-a}{4n}$，积分节点$x_j=a+j\dfrac{h}{4}$，$j=0,1,2,\cdots,4n$，则

$$C_n(f)=\frac{h}{90}\left[7f(a)+32\sum_{j=0}^{n-1}f(x_{4j+1})+12\sum_{j=0}^{n-1}f(x_{4j+2})+32\sum_{j=0}^{n-1}f(x_{4j+3})+14\sum_{j=1}^{n-1}f(x_{4j})+7f(b)\right]$$

$$(5.1.12)$$

式(5.1.12)称为复化 Cotes 公式，其误差为

$$R_{C_n}(f)=-\frac{2(b-a)h^6}{945}f^{(6)}(\eta)，\quad \eta\in[a,b]$$

复化梯形公式(5.1.10)、复化 Simpson 公式(5.1.11)、复化 Cotes 公式(5.1.12)的代数精度分别为 2、4、6。

例题 5.1.7 分别利用复化梯形公式、复化 Simpson 公式和复化 Cotes 公式计算积分$\int_1^5 \dfrac{\sin x}{x}\mathrm{d}x$。

解：编写复化梯形公式、复化 Simpson 公式和复化 Cotes 公式的 M 函数文件。

```
%复化梯形公式计算积分
function s=complex_trape(f,a,b,n)
    % f 为积分函数，a 和 b 为积分区间下、上界，n 为子区间等分数
```

```
h=(b-a)/n;
s=0;
for k=1:n-1
    x=a+h*k;
    s=s+feval(f,x);
end
s=h*(feval(f,a)+feval(f,b))/2+h*s;
```

%复化 Simpson 公式计算积分
```
function s=complex_simpson(f,a,b,n)
h=(b-a)/n;
s1=0;
s2=0;
for k=0:n-1
    x=a+h*(2*k+1)/2;
    s1=s1+feval(f,x);
end
for k=1:n-1
    x=a+h*2*k/2;
    s2=s2+feval(f,x);
end
s=h*(feval(f,a)+feval(f,b)+4*s1+2*s2)/6;
```

%复化 Cotes 公式计算积分
```
function s=complex_cotes(f,a,b,n)
h=(b-a)/n;
s1=0;
s2=0;
s3=0;
s4=0;
for k=0:n-1
    x=a+h*(4*k+1)/4;
    s1=s1+feval(f,x);
end
for k=0:n-1
    x=a+h*(4*k+2)/4;
    s2=s2+feval(f,x);
end
```

```
for k=0:n-1
    x=a+h*(4*k+3)/4;
    s3=s3+feval(f,x);
end
for k=1:n-1
    x=a+h*4*k/4;
    s4=s4+feval(f,x);
end
s=h*(7*feval(f,a)+7*feval(f,b)+32*s1+12*s2+32*s3+14*s4)/90;
```

在命令窗口输入命令:

```
f=@(x)sin(x)./x;                %定义函数
a=1; b=3; n=100;
t1=complex_trape(f,a,b,n);      %用复化梯形公式计算积分
t2=complex_simpson(f,a,b,n);    %用复化 Simpson 公式计算积分
t3=complex_cotes(f,a,b,n);      %用复化 Cotes 公式计算积分
format long
[t1,t2,t3]
```

执行结果为

```
ans =
    0.902567974011705   0.902569457630590   0.902569457632285
```

5.1.4　Romberg 积分公式

Romberg(龙贝格)积分公式也称逐次分半积分法,它是在复化梯形公式、复化 Simpson 公式和复化 Cotes 公式的基础上,构造出一种加速计算积分的方法,目的是在不增加计算量的前提下提高误差的精度。

将积分区间$[a,b]$划分为 n 等分,每个小区间的长度为 $h = \dfrac{b-a}{n}$,由复化梯形公式有

$$I(f) = \int_a^b f(x)\mathrm{d}x = \sum_{j=0}^{n-1} \int_{x_j}^{x_{j+1}} f(x)\mathrm{d}x$$

$$= T_n(f) - \frac{(b-a)h^2}{12} f''(\eta), \quad \eta \in (a,b)$$

即

$$I(f) - T_n(f) \approx Ch^2$$

类似地,有

$$I(f) - T_{2n}(f) \approx C\left(\frac{h}{2}\right)^2$$

联立上述两式,得

$$I(f) - T_{2n}(f) \approx \frac{1}{3}(T_{2n}(f) - T_n(f))$$

即

$$I(f) \approx \frac{4T_{2n}(f) - T_n(f)}{3}$$

利用式(5.1.10)得到

$$\frac{4T_{2n} - T_n}{3} = \frac{4}{3}\sum_{j=0}^{n-1}\left[\frac{h}{4}(f(x_j) + f(x_{j+\frac{1}{2}})) + \frac{h}{4}(f(x_{j+\frac{1}{2}}) + f(x_{j+1}))\right] - \frac{1}{3}\sum_{k=0}^{n-1}\frac{h}{2}[f(x_j) + f(x_{j+1})]$$

$$= \sum_{j=0}^{n-1}\frac{h}{6}[f(x_j) + 4f(x_{j+\frac{1}{2}}) + f(x_{j+1})] = S_n$$

于是,

$$S_n(f) \approx \frac{4T_{2n}(f) - T_n(f)}{3} = \frac{4T_{2n}(f) - T_n(f)}{4-1} \tag{5.1.13}$$

类似地,可以推出

$$C_n(f) \approx \frac{4^2 S_{2n}(f) - S_n(f)}{4^2 - 1} \tag{5.1.14}$$

$$R_n(f) \approx \frac{4^3 C_{2n}(f) - C_n(f)}{4^3 - 1} \tag{5.1.15}$$

其中, $R_n(f)$ 是 $I(f)$ 的近似值。

式(5.1.13)、式(5.1.14)和式(5.1.15)统称为 Romberg 积分公式。

以 $n = 8$ 为例,Romberg 积分的求积过程可以描述如下:

$$
\begin{array}{lllll}
T_1 = T_0^{(0)} & & & & \\
T_2 = T_0^{(1)} & S_1 = T_1^{(0)} & & & \\
T_4 = T_0^{(2)} & S_2 = T_1^{(1)} & C_1 = T_2^{(0)} & & \\
T_8 = T_0^{(3)} & S_4 = T_1^{(2)} & C_2 = T_2^{(1)} & R_1 = T_3^{(0)} &
\end{array}
$$

第一步:在整个区间上实施梯形求积得到 T_1。

第二步:等分区间,求得复化梯形积分值 T_2,将 T_1、T_2 线性组合得到 Simpson 积分值 S_1。

第三步:再等分区间,得到复化梯形积分值 T_4,将 T_2 和 T_4 线性组合得到 S_2,将 S_1 和 S_2 进行线性组合得到 Cotes 积分值 C_1。

第四步:再等分区间,得到复化梯形积分值 T_8,将 T_4 和 T_8 进行线性组合得到 S_4,将 S_2 和 S_4 进行线性组合得到 C_2,再将 C_1 和 C_2 进行组合得到 Romberg 积分值 R_1。

第五步:再等分区间,可得 T_{16},将 T_8 和 T_{16} 线性组合得到 S_8,将 S_4 和 S_8 线性组合得到 C_4,将 C_2 和 C_4 进行线性组合得到复化的 Romberg 积分值 R_2。

第六步:不断重复上述过程,可不断获得新的复化 Romberg 积分值。

由于 Romberg 积分的插值多项式是 8 次,具有 9 次插值求积多项式的精度,依据插值多项式理论,当插值多项式次数超过 9 次时,多项式中会出现负值,导致积分值不稳定,因此 Romberg 积分最多计算到 R_2,就能得到很精确的计算结果。

例题 5.1.8　利用 Romberg 积分公式计算积分 $I = \int_1^5 \dfrac{\sin x}{x}\mathrm{d}x$。

解： 编写 Romberg 积分的 M 函数文件 romberg.m。

```
%Romberg 积分
function s=romberg(f,a,b,ep)
%f 为积分函数，a 和 b 为积分区间下、上界，ep 是精度
h=b-a;
n=1;
i=1;
T(i,1)=h/2*sum(feval(f,[a,b]));
%利用梯形公式计算初始区间的积分值
while 1
    h=h/2;                                    %步长减半
    x=a+h*(2*(1:n)-1);
    T(i+1,1)=1/2*T(i,1)+h*sum(f(x));          %更新三角阵第 1 列的积分值
    for j=1:i
        T(i+1,j+1)=(4^j*T(i+1,j)-T(i,j))/(4^j-1);
%计算三角阵第 i+1 行的值
    end
    n=2*n;
    if abs(T(i+1,i+1)-T(i,i))<=ep
        break
    end
    i=i+1;
end
s=T;
```

在命令窗口输入命令：

```
fun=@(x)sin(x)./x;                %定义函数
R=romberg(fun,1,5,1e-6)           %用 Romberg 公式计算积分
```

执行结果为

```
R =
    1.2994         0         0         0         0         0
    0.7438    0.5586         0         0         0         0
    0.6373    0.6019    0.6047         0         0         0
    0.6121    0.6037    0.6039    0.6038         0         0
    0.6059    0.6038    0.6038    0.6038    0.6038         0
    0.6044    0.6038    0.6038    0.6038    0.6038    0.6038
```

5.2　数 值 微 分

在微积分中，函数 $f(x)$ 在某一点 x_0 处的导数定义为

$$f'(x_0) = \lim_{h \to 0} \frac{f(x_0 + h) - f(x_0)}{h}$$

当 $f(x)$ 的表达式很复杂或者 $f(x)$ 由表格形式给出时，无法用上述方法求导数，需要用数值方法求函数的导数。最简单的方法是利用差商近似代替导数。

5.2.1　中点法

设 $x_0 \in [a, b]$，称

$$\Delta f(x_0) = f(x_0 + h) - f(x_0)$$
$$\nabla f(x_0) = f(x_0) - f(x_0 - h)$$
$$\delta f(x_0) = f(x_0 + h) - f(x_0 - h)$$

分别为函数 $f(x)$ 在点 x_0 处的向前差分、向后差分、中心差分。

由导数定义，导数 $f'(x_0)$ 是差商 $\dfrac{f(x_0 + h) - f(x_0)}{h}$ 当 $h \to 0$ 时的极限。如果精度要求不高，可取向前差商作为导数的近似值，即

$$f'(x_0) \approx \frac{f(x_0 + h) - f(x_0)}{h} \tag{5.2.1}$$

类似地，用向后差商作近似计算，得

$$f'(x_0) \approx \frac{f(x_0) - f(x_0 - h)}{h} \tag{5.2.2}$$

用中心差商作近似计算，得

$$f'(x_0) \approx \frac{f(x_0 + h) - f(x_0 - h)}{2h} \tag{5.2.3}$$

称式(5.2.3)为中点公式，是式(5.2.1)和式(5.2.2)的算术平均。

分别将 $f(x_0 \pm h)$ 在 $x = x_0$ 处进行 Taylor 展开，得

$$f(x_0 \pm h) = f(x_0) \pm f'(x_0)h + \frac{h^2}{2!}f''(x_0) \pm \frac{h^3}{3!}f'''(x_0) + \frac{h^4}{4!}f^{(4)}(x_0) \pm \cdots$$

于是

$$\frac{f(x_0 \pm h) - f(x_0)}{\pm h} = f'(x_0) \pm \frac{h}{2!}f''(x_0) + \frac{h^2}{3!}f'''(x_0) \pm \cdots$$

$$\frac{f(x_0 + h) - f(x_0 - h)}{2h} = f'(x_0) + \frac{h^2}{3!}f'''(x_0) + \frac{h^4}{5!}f^{(5)}(x_0) + \cdots$$

可见，式(5.2.1)和式(5.2.2)的截断误差为 $o(h)$，中点公式(5.2.3)的截断误差为 $o(h^2)$。

除了一阶导数外，还可以利用 Taylor 公式推导计算高阶导数的差商公式。以二阶导数为例，由

$$f(x_0 + h) = f(x_0) + hf'(x_0) + \frac{h^2}{2!}f''(x_0) + \frac{h^3}{3!}f'''(\xi_1) , \quad \xi_1 \in [a,b]$$

$$f(x_0 + 2h) = f(x_0) + (2h)f'(x_0) + \frac{(2h)^2}{2!}f''(x_0) + \frac{(2h)^3}{3!}f'''(\xi_2) , \quad \xi_2 \in [a,b]$$

得

$$f(x_0 + 2h) - 2f(x_0 + h) + f(x_0) = h^2 f''(x_0) + \frac{h^3}{3!}[8f'''(\xi_2) - 2f'''(\xi_1)]$$

即

$$f''(x_0) = \frac{f(x_0 + 2h) - 2f(x_0 + h) + f(x_0)}{h^2} + f'''(\xi)h$$

其中，$f'''(\xi) = \frac{1}{3!}[2f'''(\xi_1) - 8f'''(\xi_2)]$。

于是

$$f''(x_0) \approx \frac{f(x_0 + 2h) - 2f(x_0 + h) + f(x_0)}{h^2} \tag{5.2.4}$$

即为二阶向前差商公式，其截断误差为 $o(h)$。

类似地，可以推出二阶向后差商公式和二阶中点差商公式。

5.2.2　插值型微分公式

若函数 $f(x)$ 以表格形式给出，即 $y_i = f(x_i)(i = 0,1,2,\cdots,n)$，用插值多项式 $P_n(x)$ 作为 $f(x)$ 的近似函数 $f(x) \approx P_n(x)$，由于多项式的导数容易求得，取 $P_n(x)$ 的导数 $P'_n(x)$ 作为 $f'(x)$ 的近似值，这样建立的数值公式 $f'(x) \approx P'_n(x)$ 统称为插值型微分公式，其截断误差可由插值多项式的余项得到。

下面介绍几个常用的数值微分公式。

1) 两点公式

过节点 x_0、x_1 做线性插值多项式 $P_1(x)$，记 $h = x_1 - x_0$，则

$$P_1(x) = \frac{x - x_1}{h}f(x_0) - \frac{x - x_0}{h}f(x_1)$$

两边求导数，得

$$P'_1(x) = \frac{1}{h}[f(x_1) - f(x_0)]$$

于是得到两点公式

$$f'(x_0) = f'(x_1) \approx \frac{1}{h}[f(x_1) - f(x_0)] \tag{5.2.5}$$

其截断误差为 $R_1(x_0) = -\frac{h}{2}f''(\xi)$，$R_1(x_1) = \frac{h}{2}f''(\xi)$。

2) 三点公式

过等距节点 x_0、x_1、x_2 作 2 次插值多项式 $P_2(x)$，记步长为 h，则

$$P_2(x) = \frac{(x-x_1)(x-x_2)}{2h^2}f(x_0) - \frac{(x-x_0)(x-x_2)}{h^2}f(x_1) + \frac{(x-x_0)(x-x_1)}{2h^2}f(x_2)$$

两边求导数，得

$$P_2'(x) = \frac{(x-x_1)(x-x_2)}{2h^2}f(x_0) - \frac{(x-x_0)(x-x_2)}{h^2}f(x_1) + \frac{(x-x_0)(x-x_1)}{2h^2}f(x_2)$$

于是得到三点公式

$$\begin{cases} f'(x_0) \approx \dfrac{1}{2h}\left[-3f(x_0) + 4f(x_1) - f(x_2)\right] \\[2mm] f'(x_1) \approx \dfrac{1}{2h}\left[f(x_2) - f(x_0)\right] \\[2mm] f'(x_2) \approx \dfrac{1}{2h}\left[f(x_0) - 4f(x_1) + 3f(x_2)\right] \end{cases} \tag{5.2.6}$$

其截断误差为

$$\begin{cases} R_2(x_0) = f'(x_0) - P_2'(x_0) = \dfrac{1}{3}h^2 f'''(\xi) \\[2mm] R_2(x_1) = f'(x_1) - P_2'(x_1) = -\dfrac{1}{6}h^2 f'''(\xi) \\[2mm] R_2(x_2) = f'(x_2) - P_2'(x_2) = \dfrac{1}{3}h^2 f'''(\xi) \end{cases}$$

如果要求 $f(x)$ 的二阶导数，可用 $P_2''(x)$ 作为 $f''(x)$ 的近似值，即

$$f''(x_i) \approx P_2''(x_i) = \frac{1}{h^2}\left[f(x_0) - 2f(x_1) + f(x_2)\right] \tag{5.2.7}$$

其截断误差为 $f''(x_i) - P_2''(x) = o(h^2)$ 。

3）五点公式

已知五个节点 $x_i = x_0 + ih(i=0,1,2,3,4)$ 上的函数值 $f(x_i)(i=0,1,2,3,4)$，重复同样的步骤，得到下列五点公式

$$\begin{cases} f'(x_0) \approx \dfrac{1}{12h}[-25f(x_0) + 48f(x_1) - 36f(x_2) + 16f(x_3) - 3f(x_4)] \\[2mm] f'(x_1) \approx \dfrac{1}{12h}[-3f(x_0) - 10f(x_1) + 18f(x_2) - 6f(x_3) + f(x_4)] \\[2mm] f'(x_2) \approx \dfrac{1}{12h}[f(x_0) - 8f(x_1) + 8f(x_3) - f(x_4)] \\[2mm] f'(x_3) \approx \dfrac{1}{12h}[-f(x_0) + 6f(x_1) - 18f(x_2) + 10f(x_3) + 3f(x_4)] \\[2mm] f'(x_4) \approx \dfrac{1}{12h}[3f(x_0) - 16f(x_1) + 36f(x_2) - 16f(x_3) + 3f(x_4)] \end{cases}$$

与

$$
\begin{cases}
f''(x_0) \approx \dfrac{1}{12h^2}[35f(x_0)-104f(x_1)+114f(x_2)-56f(x_3)+11f(x_4)] \\[2mm]
f''(x_1) \approx \dfrac{1}{12h^2}[11f(x_0)-20f(x_1)+6f(x_2)+4f(x_3)-f(x_4)] \\[2mm]
f''(x_2) \approx \dfrac{1}{12h^2}[-f(x_0)+16f(x_1)-30f(x_3)+16f(x_3)-f(x_4)] \\[2mm]
f''(x_3) \approx \dfrac{1}{12h^2}[-f(x_0)+4f(x_1)+6f(x_2)-20f(x_3)+11f(x_4)] \\[2mm]
f''(x_4) \approx \dfrac{1}{12h^2}[11f(x_0)-56f(x_1)+11f(x_2)-104f(x_3)+35f(x_4)]
\end{cases}
$$

不难推出这些求导公式的余项。用五点公式求节点上的导数值往往可以获得满意的结果。

数值微分的几何意义为：数值微分是用近似值内接弦的斜率代替精确值切线的斜率，如图 5.2.1 所示。

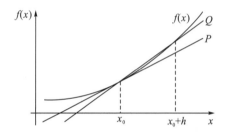

图 5.2.1　微商与差商示意图

例题 5.2.1　给出下列数据，利用两点公式计算 $f'(0.02), f'(0.06), f'(0.10), f''(0.08)$ 。

x	0.02	0.04	0.06	0.08	0.10
$f(x)$	5.06	5.07	5.065	5.05	5.055

解： $f'(0.02) \approx (5.07\text{-}5.06)/(0.04\text{-}0.02)=0.5$

$f'(0.06) \approx (5.05\text{-}5.07)/(0.08\text{-}0.04)=-0.5$

$f'(0.10) \approx (5.05\text{-}5.055)/(0.08\text{-}0.10)=0.25$

$f''(0.08) \approx [f'(0.10)-f'(0.06)]/(0.10-0.06)=18.75$

5.3　应用案例——储油罐油量标定

1. 问题描述

加油站通常都有若干地下储油罐，采用流量计和油位计测量进/出油量与罐内油位高度等数据，通过预先标定的罐容表，得到罐内油位高度和储油量的变化情况。

图 5.3.1 所示两端平头的椭圆柱体型储油罐，罐内油量初值为 262L，油位高度和累计

进油量见表 5.3.1(完整数据参见高教社杯全国大学生数学建模竞赛 2010 年 A 题附件)。试建立罐中油量与油面高度之间的函数关系，并给出油面高度间隔 10cm 的罐容表标定值。

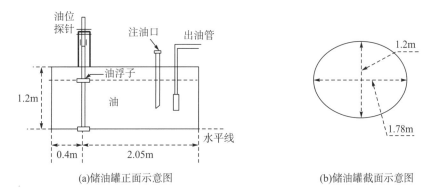

(a)储油罐正面示意图　　　　　　　　　　(b)储油罐截面示意图

图 5.3.1　椭圆柱体型储油罐形状及尺寸示意图

表 5.3.1　储油罐油位高度与累计进油量部分数据

序号	油位高度/mm	累计进油量/L
1	159.02	50
2	176.14	100
3	192.59	150
…	…	…
76	1125.32	3606.91
77	1152.36	3656.91
78	1193.49	3706.91

2. 问题求解

设油罐截面椭圆的长半轴长度为 a，短半轴长度为 b，储油罐纵向长度为 L，油位探针距离油罐左端点的距离为 l，罐内油位高度为 h。

1) 油位高度与储油量的关系

以储油罐椭圆柱体接地的一端为原点，椭圆短轴方向为 y 轴，长轴方向为 x 轴，圆柱体长方向为 z 轴，建立直角坐标系，如图 5.3.2 所示。

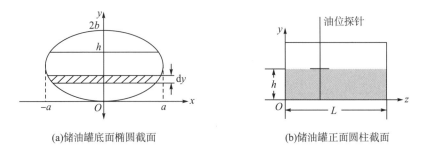

(a)储油罐底面椭圆截面　　　　　　　　(b)储油罐正面圆柱截面

图 5.3.2　储油罐截面图

于是储油罐底面的椭圆方程为

$$\frac{x^2}{a^2}+\frac{(y-b)^2}{b^2}=1$$

当油位高度为 h 时,记平行于底面椭圆且垂直于 z 轴的截面面积为 $S(z)$,储油量 $V(h)$ 可由截面面积 $S(z)$ 与储油罐长 $\mathrm{d}z$ 的乘积得到,即有

$$S(z)=\int_0^h 2|x|\mathrm{d}y=2\frac{a}{b}\int_0^h\sqrt{-y^2+2by}\mathrm{d}y \quad (0\leqslant h\leqslant 2b) \tag{5.3.1}$$

$$V(h)=\int_0^L S(z)\mathrm{d}z=\frac{2aL}{b}\int_0^h\sqrt{-y^2+2by}\mathrm{d}y \quad (0\leqslant h\leqslant 2b) \tag{5.3.2}$$

通过积分计算,得到储油量 $V(h)$ 的解析解为

$$V(h)=abL\left[\frac{h-b}{b}\sqrt{1-\left(\frac{h-b}{b}\right)^2}+\arcsin\left(\frac{h-b}{b}\right)+\frac{\pi}{2}\right] \quad (0\leqslant h\leqslant 2b) \tag{5.3.3}$$

2)模型求解与检验

对式(5.3.2)利用 Romberg 积分计算理论储油量,再将实际测量值加上原有油量 262L 后,与求出的进油后罐内理论储油量和实际储油量的数据进行比较,同时计算理论储油量与实际储油量之间的相对误差,如图 5.3.3 所示。相对误差范围为[2.5%,3.41%],平均误差为 3.27%。

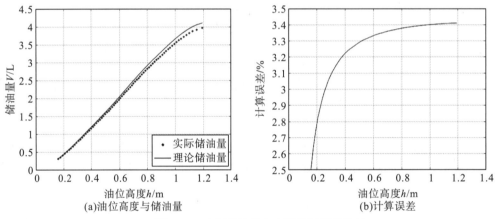

图 5.3.3　实际储油量与理论储油量的比较

由图 5.3.3 可知,理论储油量与实际储油量存在一定误差,且误差随着油位高度的增加逐渐增大,因此需要对式(5.3.3)描述的模型进行修正,使得对罐内储油量的判断更精确。

对计算误差利用 6 次多项式进行拟合,并将系统误差的影响从模型(5.3.3)中去除,得到储油量与油位高度之间的修正模型

$$V(h)=abL\left[\frac{h-b}{b}\sqrt{1-\left(\frac{h-b}{b}\right)^2}+\arcsin\left(\frac{h-b}{b}\right)+\frac{\pi}{2}\right]$$

$$-(-0.0806h^6+0.2534h^5-0.3011h^4+0.0913h^3+0.0937h^2+0.0694h-0.0058) \tag{5.3.4}$$

修正前后的理论储油量和实际储油量如图 5.3.4 所示。

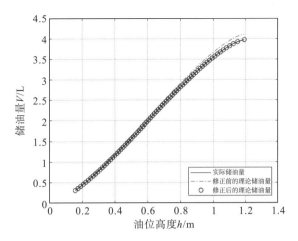

图 5.3.4 修正前后的储油量理论值与实际储油量

修正后的理论储油量和实际储油量几乎完全重合,两组数据的最大误差为 0.012%,平均误差为 0.0012%。因此,式(5.3.4)的修正后模型更加合理。

3) 罐容量的标定

利用式(5.3.4)的储油量修正模型,以油位高度 10cm 的间隔对储油罐的罐容表进行标定,标定结果见表 5.3.2。

表 5.3.2 储油罐的罐容表标定值

油位高度/cm	0	10	20	30	40	50	60
标定油量/L	0	161.4	438.1	779.5	1161.9	1569.4	1988.8

油位高度/cm	70	80	90	100	110	120
标定油量/L	2408.2	2815.7	3198.1	3539.5	3816.6	3974.4

部分程序代码如下。

```
clear all; close all
A=xlsread('chuyouguan.xls','wubianweijinyou','C2:D79');
h=A(:,2)/1000;                        %油位高度
y=(A(:,1)+265)/1000;                          %实际进油量,加上罐内初始油量
n=length(h);
Vj=zeros(n,1);
a=0.89;b=0.6;L=2.45;                          %椭圆长半轴、短半轴、油罐长
t=h/b-1;
Vj=a*b*L*(t.*sqrt(1-t.^2)+asin(t)+pi/2);      %储油量解析解
err1=abs((Vj-y)./y)*100;                      %储油量解析解与实测值相对误
差
f=@(x)sqrt(-x.^2+2*b*x);                       %Romberg 积分计算储油量
```

```matlab
for i=1:n
    Vbg(i)=romberg(f,0,h(i))*2*a*L/b;
end
jde=abs(Vbg'-y);
err2=jde./y*100;                            %储油量数值解与实测值相对误差
[err1 err2]

%画实际储油量与理论值储油量的图
figure('color',[1 1 1])
plot(h,y,'r*',h,Vbg,'b-','markersize',3)
axis([0 1.4 0 4.5])
legend('实际储油量','理论储油量',4)
grid on
xlabel('油位高度 h/m');ylabel('储油量 V/m^3')

%画实际储油量与理论值储油量间的相对误差图
figure('color',[1 1 1])
plot(h,err2)
axis([0 1.4 2.5 3.5])
%figure('color',[1 1 1])
%plot(h,jde)
grid on
xlabel('油位高度 h/m');ylabel('计算误差 /%')

%6 次多项式拟合计算误差
p6=polyfit(h,jde,6);
w=polyval(p6,h);
%模型修正
Vbgx=Vbg'-w;
figure('color',[1 1 1])
plot(h,y,'b-',h,Vbg,'g-.',h,Vbgx,'ro')
axis([0 1.4 0 4.5])
grid on
xlabel('油位高度 h/m');ylabel('储油量 /m^3')
legend('实际储油量','修正前的理论储油量','修正后的理论储油量')

%罐容量标定
hb=0:0.1:1.2;
```

```
nb=length(hb);
w=polyval(p6,hb);
for i=1:nb
    Vbgb(i)=romberg(f,0,hb(i))*2*a*L/b-w(i);
end
[hb'*10 Vbgb'*1000]
```

练　习　五

1. 分别用复化梯形公式、复化 Simpson 公式和复化 Cotes 公式计算下列积分，并比较各种方法的差异性，给出解释。

(1) $\int_0^1 \dfrac{(1-\mathrm{e}^{-x})^{\frac{1}{2}}}{x}\mathrm{d}x$，　$n=10$　　　　(2) $\int_0^{\frac{\pi}{6}} \sqrt{4-\sin^2\phi}\,\mathrm{d}\phi$，　$n=6$

(3) $\int_0^\pi \mathrm{e}^x \sin x\mathrm{d}x$，　$n=8$　　　　(4) $\int_0^\pi x\cos x\mathrm{d}x$，　$n=6$

2. 用 Romberg 公式计算下列积分，要求相邻两次 Romberg 值的差不超过 10^{-5}。

(1) $\int_0^1 \dfrac{2}{\sqrt{\pi}}\mathrm{e}^{-x}\mathrm{d}x$　　　　(2) $\int_0^1 \dfrac{x}{4+x^2}\mathrm{d}x$

3. 用复化 Simpson 公式和 Romberg 积分公式计算下列积分，绝对误差不超过 0.5×10^{-8}，试根据积分余项估计步长 h 的取值范围。按要求选择一个步长进行计算，观察计算结果与误差要求是否相符。

(1) $\ln 2 = \int_1^2 \dfrac{1}{x}\mathrm{d}x$　　　　(2) $\pi = \int_0^1 \dfrac{4}{1+x^2}\mathrm{d}x$

4. 已知某火车行驶的速度随时间的变化关系如下表所示，计算从静止开始 20min 内火车行驶过的路程[提示：火车从静止开始 20min 内行驶的路程为 $s = \int_0^{20} v(t)\mathrm{d}t$]。

t/min	2	4	6	8	10	12	14	16	18	20
v/(km/min)	10	18	25	29	32	20	11	5	2	0

5. 利用函数 $f(x)=\dfrac{1}{(1+x)^2}$ 在 $x=1.0,\,1.1,\,1.2$ 处的函数值，试用两点、三点、五点公式分别计算 $f(x)$ 在 $x=1.0,\,1.1,\,1.2$ 处的一阶和二阶导数值，并估计误差。

6. 对函数 $f(x)=\sin x$，取 $h=0.2,\,0.1,\,0.05$，分别计算 $f(x)$ 在 $x=\dfrac{\pi}{6}$ 处的一阶和二阶导数值，并估计误差。

7. 利用第三章 3.1.6 节应用案例中的日用水量数据，估计一天的总用水量。

8. 加拿大和俄罗斯将允许民航班机飞越北极，此改变可大幅度缩短北美与亚洲之间的飞行时间。据相关部门估计，若飞越北极，底特律至北京的飞行时间将节省 4 个小时。

若北京至底特律原来的航线飞经以下 10 处：

A1（北纬 31°，东经 122°）　A2（北纬 36°，东经 140°）

A3（北纬 53°，西经 165°）　A4（北纬 62°，西经 150°）

A5（北纬 59°，西经 140°）　A6（北纬 55°，西经 135°）

A7（北纬 50°，西经 130°）　A8（北纬 47°，西经 125°）

A9（北纬 47°，西经 122°）　A10（北纬 42°，西经 87°）

请针对以下两种情况，分别对"北京至底特律的飞行时间节省 4 个小时"做合理的解释：

（1）设地球是半径为 6371 km 的球体；

（2）设地球是一个旋转椭球体，赤道半径为 6378 km，子午线短半轴为 6357 km。

9. 在相距 100m 的两棵树的相同高度处悬挂一根绳子，允许绳子在中间下垂 10m。试计算两树之间所用绳子的长度（绳子满足悬链线方程）。

第六章 特征值与特征向量的计算

矩阵最大特征值和最小特征值与特征向量的求解是工程计算中经常遇到的问题。

已知 n 阶方阵 A，若存在数 λ 和非零向量 x，使得 $Ax = \lambda x$ 成立，则称 λ 为方阵 A 的特征值，x 为对应于 λ 的特征向量。

在线性代数中，求特征值和特征向量的方法是：

(1) 求解特征方程 $|\lambda E - A| = 0$，得到矩阵 A 的所有特征值；

(2) 对每个特征值 λ_i，求解齐次方程组 $(\lambda_i E - A)x = 0$ 的所有非零解即为特征值 λ_i 对应的特征向量。

当 n 很大时，利用该方法求解会由于高次多项式的计算导致数值不稳定，这时可以采用幂法和反幂法计算。

幂法是求方阵按模最大特征值及对应特征向量的一种迭代法，适用于大型稀疏矩阵的计算。反幂法是计算矩阵按模最小的特征值及对应特征向量，也可用来计算对应于一个给定近似特征值的特征向量。

6.1 幂 法

设 n 阶实矩阵 A 的特征值为 $\lambda_1, \lambda_2, \cdots, \lambda_n$，对应特征向量为 $u_1, u_2, \cdots, u_2$，且满足条件

$$|\lambda_1| > |\lambda_2| \geqslant |\lambda_3| \geqslant \cdots \geqslant |\lambda_n| \tag{6.1.1}$$

此时，λ_1 一定是实数，称为主特征值。

对任意非零向量 $x^{(0)}$，有 $x^{(0)} = \sum_{i=1}^{n} \alpha_i u_i$，其中 $\alpha_1, \alpha_2, \cdots, \alpha_n$ 不全为 0，不妨设 $\alpha_1 \neq 0$。

构造向量序列

$$x^{(1)} = Ax^{(0)}, \quad x^{(2)} = Ax^{(1)} = A^2 x^{(0)}, \quad \cdots, \quad x^{(k)} = Ax^{(k-1)} = \cdots = A^k x^{(0)}, \quad \cdots$$

于是

$$
\begin{aligned}
x^{(k)} &= \sum_{i=1}^{n} A^k \alpha_i u_i = \sum_{i=1}^{n} \alpha_i \lambda_i^k u_i \\
&= \lambda_1^k \left[\alpha_1 u_1 + \left(\frac{\lambda_2}{\lambda_1} \right)^k \alpha_2 u_2 + \cdots + \left(\frac{\lambda_n}{\lambda_1} \right)^k \alpha_n u_n \right] \\
&\approx \lambda_1^k \alpha_1 u_1
\end{aligned}
\tag{6.1.2}
$$

同理，

$$x^{(k+1)} \approx \lambda_1^{k+1} \alpha_1 u_1 \approx \lambda_1 x^{(k)}$$

又

$$Ax^{(k)} = x^{(k+1)} \approx \lambda_1 x^{(k)}$$

得到 $\lambda_1 \approx \dfrac{x_i^{(k+1)}}{x_i^{(k)}}$ ，$x^{(k)}$ 即为矩阵 A 的特征值 λ_1 对应的特征向量 u_1 的近似值。

上述求主特征值 λ_1 及其对应特征向量 u_1 的方法，其主要运算是矩阵 A 的幂 A^k 与所取初始向量 $x^{(0)}$ 的乘积，故称之为乘幂法，简称幂法。

由式 (6.1.2) 知，幂法的收敛速度与初始向量 $x^{(0)}$ 的选择有关，但主要依赖于比值 $\left|\dfrac{\lambda_2}{\lambda_1}\right|$，该比值越小，收敛越快。当该比值接近于 1 时，收敛会很慢。

因为 $x^{(k)} \approx \lambda_1^k \alpha_1 u_1$，计算过程中可能会出现上溢（$|\lambda_1|>1$）或下溢（$|\lambda_1|<1$）的情况。为避免这种现象，实际计算时每次迭代所求的向量都要进行"归一化"，即将迭代向量 $x^{(k)}$ 的各分量都除以绝对值最大的分量。

定理 6.1.1   设 n 阶实矩阵 A 有特征值 $\lambda_1, \lambda_2, \cdots, \lambda_n$ 及其对应的特征向量 $u_1, u_2, \cdots, u_2$，且满足条件 $|\lambda_1|>|\lambda_2| \geqslant |\lambda_3| \geqslant \cdots \geqslant |\lambda_n|$，则对任意非零初始向量 $x^{(0)} = y^{(0)} \neq 0$，$\alpha_1 \neq 0$，按下述方法构造向量序列

$$\begin{cases} x^{(k)} = Ay^{(k-1)} \\ \alpha_k = \max\left(x^{(k)}\right), \quad k = 1, 2, \cdots \\ y^{(k)} = \dfrac{x^{(k)}}{\alpha_k} \end{cases} \tag{6.1.3}$$

则 $\lim\limits_{k \to \infty} y_k = u_1$，$\lim\limits_{k \to \infty} \alpha_k = \lambda_1$。

例题 6.1.1   用幂法求 $A = \begin{pmatrix} 2 & -1 & 0 \\ 0 & 2 & -1 \\ 0 & -1 & 2 \end{pmatrix}$ 的最大模特征值及其对应特征向量，取 $x^{(0)} = (0, 0, 1)^{\mathrm{T}}$，要求误差不超过 10^{-3}。

解： $y^{(0)} = x^{(0)} = (0, 0, 1)^{\mathrm{T}}$

$x^{(1)} = Ay^{(0)} = (0, -1, 2)^{\mathrm{T}}$，$\alpha_1 = \max(x^{(1)}) = 2$

$y^{(1)} = \dfrac{x^{(1)}}{\alpha_1} = (0, -0.5, 1)^{\mathrm{T}}$，$x^{(2)} = Ay^{(1)} = (0.5, -2, 2.5)^{\mathrm{T}}$，$\alpha_2 = \max(x^{(2)}) = 2.5$

$y^{(2)} = \dfrac{x^{(2)}}{\alpha_2} = (0.2, -0.8, 1)^{\mathrm{T}}$，$x^{(3)} = Ay^{(2)} = (1.2, -2.6, 2.8)^{\mathrm{T}}$，$\alpha_3 = \max(x^{(3)}) = 2.8$

如此继续，得到计算结果如表 6.1.1 所示。

表 6.1.1   最大模特征值及其对应特征向量迭代过程

k	$x^{(k)}$			α_k
0	0	0	1	
1	0	−1	2	2
2	0.500000000000000	−2.000000000000000	2.500000000000000	2.500000000000000
3	1.200000000000000	−2.600000000000000	2.800000000000000	2.800000000000000
4	1.785714285714286	−2.857142857142858	2.928571428571429	2.928571428571429

续表

k	$x^{(k)}$			α_k
5	2.195121951219512	−2.951219512195122	2.975609756097561	2.975609756097561
6	2.467213114754098	−2.983606557377049	2.991803278688525	2.991803278688525
7	2.646575342465753	−2.994520547945205	2.997260273972603	2.997260273972603
8	2.765082266910420	−2.998171846435100	2.999085923217550	2.999085923217550
9	2.843645230112770	−2.999390429747028	2.999695214873514	2.999695214873514

因为 $|\alpha_9 - \alpha_8| = 6.09291656 \times 10^{-4} < 10^{-3}$，计算结束，得到按模最大的特征值及其对应特征向量分别为

$$\lambda_1 \approx \alpha_9 = 2.9996952，\quad u_1 = y^{(9)} \approx \frac{x^{(8)}}{\max(x^{(8)})} = (0.9219750,\quad -0.9996952,\quad 1.0000000)$$

编写 M 文件如下。

```
A=[2,-1,0; 0,2,-1; 0,-1,2];
x0=[0;0;1];                    %设定初值
y=x0/maxa(x0);                 %向量归一化
x1=A*y;
while(abs(maxa(x1)-maxa(x0)))>0.001
    x0=x1;
    y=x0/maxa(x0);
    x1=A*y;
end
y, maxa(x1)


function y = maxa(x)           %求最大分量
k=1; n=length(x);
for i=2:n
    if  abs(x(i))>abs(x(k))
        k=i;
    end
end
y=x(k);
```

6.2 幂法的加速

幂法算法简单，易编程实现，适合于高阶稀疏矩阵。但幂法的收敛速度取决于比值 $\left|\dfrac{\lambda_2}{\lambda_1}\right|$，当 $\left|\dfrac{\lambda_2}{\lambda_1}\right|$ 接近 1 时，收敛速度会变得很慢，此时需要考虑加速。

1. Aitken 加速法

由定理 6.1.1 可知

$$\max(x^{(k)}) = \max(Ay^{(k-1)}) = \frac{\max\left\{A[\alpha_1 u_1 + \sum\limits_{i=1}^{n}\alpha_i(\frac{\lambda_i}{\lambda_1})^{k-1}u_i]\right\}}{\max[\alpha_1 u_1 + \sum\limits_{i=2}^{n}\alpha_i(\frac{\lambda_i}{\lambda_1})^{k-1}u_i]} = \lambda_1\frac{\max[\alpha_1 u_1 + \sum\limits_{i=2}^{n}\alpha_i(\frac{\lambda_i}{\lambda_1})^{k}u_i]}{\max[\alpha_1 u_1 + \sum\limits_{i=2}^{n}\alpha_i(\frac{\lambda_i}{\lambda_1})^{k-1}u_i]}$$

当 k 充分大时，有

$$\max(x^{(k)}) - \lambda_1 = \lambda_1\frac{\max\left[\alpha_1 u_1 + \sum\limits_{i=2}^{n}\alpha_i\left(\dfrac{\lambda_i}{\lambda_1}\right)^{k}u_i\right] - \max\left[\alpha_1 u_1 + \sum\limits_{i=2}^{n}\alpha_i\left(\dfrac{\lambda_i}{\lambda_1}\right)^{k-1}u_i\right]}{\max\left[\alpha_1 u_1 + \sum\limits_{i=2}^{n}\alpha_i\left(\dfrac{\lambda_i}{\lambda_1}\right)^{k-1}u_i\right]}$$

$$= \lambda_1\left(\frac{\lambda_2}{\lambda_1}\right)^{k-1}\frac{\max\left[\sum\limits_{i=2}^{n}\alpha_i\left(\dfrac{\lambda_i}{\lambda_2}\right)^{k-1}\left(\dfrac{\lambda_i}{\lambda_1}-1\right)u_i\right]}{\max\left[\alpha_1 u_1 + \sum\limits_{i=2}^{n}\alpha_i\left(\dfrac{\lambda_i}{\lambda_1}\right)^{k-1}u_i\right]}$$

$$\approx \lambda_1\left(\frac{\lambda_2}{\lambda_1}\right)^{k-1}M \to 0$$

其中，M 是一个常数。

同理，

$$\max(x^{(k+2)}) - \lambda_1 \approx \lambda_1\left(\frac{\lambda_2}{\lambda_1}\right)^{k+1}M，\qquad \max(x^{(k+1)}) - \lambda_1 \approx \lambda_1\left(\frac{\lambda_2}{\lambda_1}\right)^{k}M$$

从而

$$\frac{\max(x^{(k+2)}) - \lambda_1}{\max(x^{(k+1)}) - \lambda_1} \approx \frac{\max(x^{(k+1)}) - \lambda_1}{\max(x^{(k)}) - \lambda_1}\qquad\left(\approx \frac{\lambda_2}{\lambda_1}\right)$$

因此

$$\lambda_1 \approx \frac{\max(x^{(k+2)})\max(x^{(k)}) - \left[\max(x^{(k+1)})\right]^2}{\max(x^{(k+2)}) - 2\max(x^{(k+1)}) + \max(x^{(k)})}$$

$$= \max(x^{(k+2)}) - \frac{\left[\max(x^{(k+2)}) - \max(x^{(k+1)})\right]^2}{\max(x^{(k+2)}) - 2\max(x^{(k+1)}) + \max(x^{(k)})} \overset{\Delta}{=} \lambda_1^{(k+2)}$$

上述将 $\lambda_1^{(k+2)}$ 作为 λ_1 的近似值的算法称为 Aitken（埃特金）加速法。

利用 Aitken 加速法计算 λ_1 过程为

$$x^{(0)} \to \max(x^{(0)}) \to y^{(0)} \to x^{(1)} \to \max(x^{(1)}) \to y^{(1)} \to \cdots \to x^{(k)} \to \max(x^{(k)}) \to y^{(k)}$$

$$\to x^{(k+1)} \to \max(x^{(k+1)}) \to y^{(k+1)} \to x^{(k+2)} \to \max(x^{(k+2)}) \to \lambda_1$$

例题 6.2.1　分别用幂法和 Aitken 加速法求方阵 A 的最大模特征值。

$$A = \begin{pmatrix} -4 & 14 & 0 \\ -5 & 13 & 0 \\ -1 & 0 & 2 \end{pmatrix}$$

解：编写 M 文件如下。

```
%利用幂法求 A 的最大模特征值
A=[-4,14,0; -5,13,0; -1,0,2];
x0=[1;1;1]; kmi=1;
y=x0/maxa(x0);
x1=A*y;
while(abs(maxa(x1)-maxa(x0)))>0.001
    x0=x1;
    y=x0/maxa(x0);
    x1=A*y;
    kmi=kmi+1;
end
rmi=maxa(x1), kmi

%利用 Aitken 加速法求 A 的最大模特征值
A=[-4,14,0; -5,13,0; -1,0,2];
r1=0; kat=1;
x0=[1;1;1];
y0=x0/maxa(x0);
x1=A*y0;  y1=x1/maxa(x1);
x2=A*y1;  y2=x2/maxa(x2);
rat=maxa(x2)-(maxa(x2)-maxa(x1))^2/(maxa(x2)-2*maxa(x1)+maxa(x0));
while (abs(r1-r0))>0.01
    x0=x1; x1=x2; r1=r0; k=k+1;
    x2=A*y2;
    maxk=maxa(x2);
    y2=x2/maxk;
    rat=maxa(x2)-(maxa(x2)-maxa(x1))^2/(maxa(x2)-2*maxa(x1)+maxa(x0));
    kat=kat+1;
end
rat, kat
```

执行结果分别为

```
rmi =
    6.0008
kmi =
```

```
     12
rat =
     6.2667
kat =
     2
```

2. 原点平移法

原点平移法也称为带位移的幂法，其主要思想是：构造矩阵 $B = A - pE$，其中 p 是可选参数，E 是与矩阵 A 同阶的单位矩阵。由线性代数理论可知，若 λ_i 为 A 的特征值，则 $\lambda_i - p$ 为 B 的特征值，且 B 与 A 的特征向量相同。因此，如果需要计算 A 的最大特征值 λ_1，可选择适当的 p 使得：

(1) $\lambda_1 - p$ 是矩阵 B 的最大特征值，即 $|\lambda_1 - p| > |\lambda_j - p|$ $(j = 2,3,\cdots,n)$；

(2) $\displaystyle\max_{2 \leq j \leq n} \left| \frac{\lambda_j - p}{\lambda_1 - p} \right| < \left| \frac{\lambda_2}{\lambda_1} \right|$。

利用幂法计算矩阵 B 的最大特征值 $\lambda_1 - p$ 及其对应特征向量，比计算矩阵 A 的最大特征值速度快。

原点平移法是一种矩阵变换方法，这种变换易于计算，又不破坏矩阵 A 的稀疏性，但参数 p 的选取较为困难。

计算 $\lambda_1 - p$ 及其对应特征向量的迭代公式为

$$\begin{cases} y^{(k)} = \dfrac{x^{(k)}}{\max(x^{(k)})} \\ x^{(k+1)} = (A - pI)y^{(k)} \end{cases}$$

于是

$$y^{(k)} \to \frac{v_1}{\max(v_1)}, \quad \max(x^{(k)}) \to \lambda_1 - p, \quad 即 \ p + \max(x^{(k)}) \to \lambda_1$$

例题 6.2.2　设 $A = \begin{pmatrix} -3 & 1 & 0 \\ 1 & -3 & -3 \\ 0 & -3 & 4 \end{pmatrix}$，$x^{(0)} = \begin{pmatrix} 0 \\ 0 \\ 1 \end{pmatrix}$，分别用幂法和原点平移法求矩阵 A 的最大模特征值及对应特征向量。

解：编写 M 文件如下。

```
% 利用幂法求解最大模特征值
A=[-3,1,0;1,-3,-3;0,-3,4];
x0=[0;0;1]; kmi=1;
ymi=x0/maxa(x0);
x1=A*ymi;
while(abs(maxa(x1)-maxa(x0)))>0.001
    x0=x1;
```

```
    ymi=x0/maxa(x0);
    kmi=kmi+1;
    x1=A*ymi;
end
rmi=maxa(x1), ymi, kmi

% 利用原点平移法求解模最大特征值
A=[-3,1,0;1,-3,-3;0,-3,4];
x0=[0;0;1]; kpy=1;
ypy=x0/maxa(x0);
x1=(A+4*eye(3))*ypy;
while(abs(maxa(x1)-maxa(x0)))>0.001
    x0=x1;
    ypy=x0/maxa(x0);
    kpy=kpy+1;
    x1=(A+4*eye(3))*ypy;
end
rpy= maxa(x1)-4,  ypy,  kpy
```

执行结果分别为

```
rmi =                    rpy =
  5.1243                   5.1247
ymi =                    ypy =
 -0.0462                  -0.0461
 -0.3748                  -0.3749
  1.0000                   1.0000
kmi =                    kpy =
  79                       6
```

　　幂法需要迭代 79 次, 而原点平移法只需迭代 6 次, 说明原点平移法的收敛速度比幂法快得多。

3. 对称矩阵的 Rayleigh 商加速法

设 A 为对称矩阵, 对任意非零向量 $x \in \mathbf{R}^n$, 称 $R(x) = \dfrac{x^{\mathrm{T}} A x}{x^{\mathrm{T}} x}$ 为 x 关于 A 的 Rayleigh(瑞利)商。

设 $x^{(0)} = \displaystyle\sum_{i=1}^{n} \alpha_i u_i$, $\alpha_1 \neq 0$, 且 $x^{(k)} = A x^{(k-1)} = \cdots = A^k x^{(0)} = \displaystyle\sum_{i=1}^{n} \lambda_i^k \alpha_i u_i$, 由

$$R(y^{(k)}) = \frac{(y^{(k)})^{\mathrm{T}} A y^{(k)}}{(y^{(k)})^{\mathrm{T}} y^{(k)}} = \frac{(A^k x^{(0)})^{\mathrm{T}} A (A^k x^{(0)})}{(A^k x^{(0)})^{\mathrm{T}} (A^k x^{(0)})} = \frac{(x^{(0)})^{\mathrm{T}} A^{2k+1} x^{(0)}}{(x^{(0)})^{\mathrm{T}} A^{2k} x^{(0)}}$$

$$= \frac{\alpha_1^2 \lambda_1^{2k+1} + \sum_{i=2}^{n} \alpha_i^2 \lambda_i^{2k+1}}{\alpha_1^2 \lambda_1^{2k} + \sum_{i=2}^{n} \alpha_i^2 \lambda_i^{2k}} = \lambda_1 + \frac{\sum_{i=2}^{n} \alpha_i^2 (\lambda_i - \lambda_1) \left(\frac{\lambda_i}{\lambda_1} \right)^{2k}}{\alpha_1^2 + \sum_{i=2}^{n} \alpha_i^2 \left(\frac{\lambda_i}{\lambda_1} \right)^{2k}} = \lambda_1 + o \left(\left| \frac{\lambda_i}{\lambda_1} \right|^{2k} \right)$$

得到

$$R(y^{(k)}) \to \lambda_1, y^{(k)} \to \frac{v_1}{\max(u_1)}$$

其迭代公式为

$$\begin{cases} y^{(k)} = \dfrac{x^{(k)}}{\max(x^{(k)})} \\ x^{(k+1)} = A y^{(k)} \\ R(y^{(k)}) = \dfrac{(y^{(k)})^{\mathrm{T}} x^{(k+1)}}{(y^{(k)})^{\mathrm{T}} (y^{(k)})} \end{cases}$$

例题 6.2.3 设 $A = \begin{pmatrix} 6 & 2 & 1 \\ 2 & 3 & 1 \\ 1 & 1 & 1 \end{pmatrix}$，用 Rayleigh 商加速法求 A 的最大模特征值及对应特征

向量，并与幂法相比较。

解： 编写 M 文件如下。

```
% Rayleigh 商加速法
A=[6,2,1;2,3,1;1,1,1];
x0=[1;1;1]; krs=1;
r=0; r1=0;
yrs=x0/maxa(x0);
x1=A*yrs;
while(abs(r1-r))>0.001
    x0=x1; r1=r;
    yrs=x0/maxa(x0);
    x1=A*yrs;
    r = yrs'*x1/(yrs'*yrs);
    krs=krs+1;
end
yrs, r, krs

% 利用幂法求解最大模特征值
A=[6,2,1;2,3,1;1,1,1];
```

```
x0=[0;0;1]; kmi=1;
ymi=x0/maxa(x0);
x1=A*ymi;
while(abs(maxa(x1)-maxa(x0)))>0.001
    x0=x1;
    ymi=x0/maxa(x0);
    x1=A*ymi;
kmi=kmi+1;
end
ymi, rmi=maxa(x1), kmi
```

执行结果分别为

```
yrs=                              ymi=
  1.0000                            1.0000
  0.5265                            0.5230
  0.2436                            0.2422
r=                                rmi=
  7.2879                            7.2882
krs=                              kmi=
  5                                 8
```

由此可见，Rayleigh 商的收敛速度也比幂法快。

6.3 反 幂 法

用 A 的逆矩阵 A^{-1} 代替 A 作幂法，即为反幂法。反幂法是求矩阵按模最小的特征值及其对应的特征向量。

设 n 阶可逆实矩阵 A 的特征值为 $\lambda_1,\lambda_2,\cdots,\lambda_n$，对应特征向量为 $u_1,u_2,\cdots,u_n$，且满足条件 $|\lambda_1|\geqslant|\lambda_2|\geqslant\cdots\geqslant|\lambda_{n-1}|>|\lambda_n|$，则 A^{-1} 的特征值满足 $\dfrac{1}{|\lambda_n|}>\dfrac{1}{|\lambda_{n-1}|}\geqslant\cdots\geqslant\dfrac{1}{|\lambda_2|}\geqslant\dfrac{1}{|\lambda_1|}$，对应特征向量分别为 $u_n,u_{n-1},\cdots,u_2,u_1$。

任取初始向量 $x^{(0)}=y^{(0)}\neq0$，反幂法的计算公式为

$$\begin{cases}x^{(k+1)}=A^{-1}y^{(k)}\\y^{(k)}=\dfrac{x^{(k)}}{\max(x^{(k)})}\end{cases}\qquad k=0,1,2,\cdots \tag{6.3.1}$$

由于 A^{-1} 不易计算，因此迭代向量 $x^{(k+1)}$ 通过解方程组 $Ax^{(k+1)}=y^{(k)}$ 求得。

定理 6.3.1 设 n 阶可逆实矩阵 A 的特征值为 $\lambda_1,\lambda_2,\cdots,\lambda_n$，对应特征向量为 $u_1,u_2,\cdots,u_n$，且满足条件 $|\lambda_1|\geqslant|\lambda_2|\geqslant\cdots\geqslant|\lambda_{n-1}|>|\lambda_n|$，则对任意初始向量 $x^{(0)}=y^{(0)}\neq0$，按下述方法构造向量序列：

$$\begin{cases} y^{(k)} = \dfrac{x^{(k)}}{\max(x^{(k)})} \\ Ax^{(k+1)} = y^{(k)} \end{cases} \qquad k = 0,1,2,\cdots \qquad (6.3.2)$$

当 $k \to \infty$ 时，有

$$y^{(k)} \to \frac{u_n}{\max(u_n)}, \quad \frac{1}{\max(x^{(k)})} \to \lambda_n$$

收敛速度为 $\left| \dfrac{\lambda_n}{\lambda_{n-1}} \right|$。

计算式(6.3.2)时，每一步迭代都需要解一个线性方程组。为简便计算，可以将 A 进行 LU 分解，即令 $A = LU$，这样每迭代一次，只需求解两个三角方程组 $Lz^{(k)} = y^{(k)}$ 和 $Ux^{(k+1)} = z^{(k)}$ 即可。

例题 6.3.1 设 $A = \begin{pmatrix} -1 & 2 & 1 \\ 2 & -4 & 1 \\ 1 & 1 & -6 \end{pmatrix}$，用反幂法求 A 的最小模特征值及对应特征向量。

解：编写 M 文件如下。

```
A=[-1,2,1;2,-4,1;1,1,-6];
x0=[1,1,1]';
[L,U]=lu(A);
y=x0/maxa(x0);
z=x0;
x1=inv(U)*z;
while(abs(maxa(x1)-maxa(x0)))>0.001
    x0=x1;
    y=x0/maxa(x0);
    z=inv(L)*y;
    x1=inv(U)*z;
end
1/maxa(x1), y
```

执行结果为

```
ans =
    0.2880
y =
    1.0000
    0.5229
    0.2422
```

6.4 应用案例——普通高等教育发展水平综合评价

1. 问题描述

近年来我国普通高等教育发展迅速,培养了大批人才。但由于我国各地经济发展水平不均衡,以及高等院校原有布局不同等原因,使得各地高等教育发展起点不一致,各地普通高等教育发展水平存在一定差异。根据高等院校的规模、数量、学生数量、教职工情况、经费投入5个方面的10项指标(见表6.4.1),试评价我国各地普通高等教育的发展水平。

表 6.4.1 我国部分省(区、市)普通高等教育发展状况数据

	x_1	x_2	x_3	x_4	x_5	x_6	x_7	x_8	x_9	x_{10}
山东	0.57	58	64	181	57	22	32.95	3202	0.28	6805
新疆	1.29	47	73	265	114	46	25.93	2060	0.37	5719
江苏	0.95	64	94	287	102	39	31.54	3008	0.39	7786
山西	0.85	53	65	218	76	30	25.63	2555	0.43	5580
吉林	1.67	86	120	370	153	58	33.53	2215	0.76	7480
河北	0.81	43	66	188	61	23	29.82	2313	0.31	5704
辽宁	1.5	88	128	421	144	58	34.3	2808	0.54	7733
贵州	0.64	23	32	93	37	16	28.12	1469	0.34	5415
陕西	1.35	81	111	364	150	58	30.45	2699	1.22	7881
上海	3.39	234	308	1035	498	161	35.02	3052	0.9	12665
甘肃	0.71	42	62	190	66	26	28.13	2657	0.73	7282
湖南	0.74	42	61	194	61	24	33.06	2618	0.47	6477
天津	2.35	157	229	713	295	109	38.4	3031	0.86	9385
青海	1.48	38	46	151	63	30	17.87	1024	0.38	7368
北京	5.96	310	461	1557	931	319	44.36	2615	2.2	13631
浙江	0.86	42	71	204	66	26	29.94	2363	0.25	7704
黑龙江	1.17	63	93	296	117	44	35.22	2528	0.58	8570
湖北	1.05	67	92	297	115	43	32.89	2835	0.66	7262
江西	0.77	43	63	194	67	23	28.81	2515	0.34	4085
宁夏	1.39	48	62	208	77	34	22.7	1500	0.42	5377
广东	0.69	39	71	205	61	24	34.5	2988	0.37	11355
四川	0.56	40	57	177	61	23	32.62	3149	0.55	7693
西藏	1.69	26	45	137	75	33	12.1	810	1	14199
福建	1.04	53	71	218	63	26	29.01	2099	0.29	7106
海南	0.7	33	51	165	47	18	27.34	2344	0.28	7928
安徽	0.59	35	47	146	46	20	32.83	2488	0.33	5628
云南	0.66	36	40	130	44	19	28.55	1974	0.48	9106
广西	0.6	28	43	129	39	17	31.93	2146	0.24	5139
内蒙古	0.84	43	48	171	65	29	27.65	2032	0.32	5581
河南	0.55	32	46	130	44	17	28.41	2341	0.3	5714

数据来源:《中国统计年鉴,1995》和《中国教育统计年鉴,1995》。

表 6.4.1 中 10 项指标的含义如下 x_1 为每百万人口高等院校数量；x_2 为每十万人口高等院校毕业生数量；x_3 为每十万人口高等院校招生数量；x_4 为每十万人口高等院校在校生数量；x_5 为每十万人口高等院校教职工数量；x_6 为每十万人口高等院校专职教师数量；x_7 为高级职称占专职教师的比例；x_8 为平均每所高等院校的在校生数量；x_9 为国家财政预算内普通高教经费占国内生产总值的比重；x_{10} 为生均教育经费。

2. 问题分析

主成分分析法是一种降低维数的统计方法,其基本思想是利用较少的综合指标代替众多的原始指标,即通过原始指标的重新组合,得到一组新的相互独立的综合指标,并尽可能多地反映原始数据所提供的信息量。

下面应用主成分分析方法综合评价我国各地普通高等教育的发展水平。假设有 n 个评价对象, m 个评价指标 $x_1, x_2, \cdots, x_m$,记 $X=(x_1, x_2, \cdots, x_m)$,第 i 个对象的第 j 个评价指标取值为 $x_{ij}(i=1, 2, \cdots, n; j=1, 2, \cdots, m)$ 。

1)原始数据标准化

为消除样本数据中各变量不同量纲的影响,对原始数据进行标准化,得到标准化后的指标变量

$$z_{ij}=\frac{x_{ij}-\overline{x_j}}{s_j}, \quad j=1, 2, \cdots, m$$

其中, $\overline{x_j}=\frac{1}{n}\sum_{i=1}^{n}x_{ij}$, $s_j=\sqrt{\frac{1}{n-1}\sum_{i=1}^{n}\left(x_{ij}-\overline{x_j}\right)^2}$ $(j=1, 2, \cdots, m)$ 。 $\overline{x_j}$ 与 s_j 分别为第 j 个指标的样本均值和样本标准差。

2)计算相关系数矩阵 R

相关系数矩阵 $R=(r_{ij})_{m\times m}$,其中

$$r_{ij}=\frac{1}{n-1}\sum_{k=1}^{n}(z_{ki}\cdot z_{kj}), \quad i,j=1, 2, \cdots, m$$

为第 i 个指标 x_i 与第 j 个指标 x_j 的相关系数。

3)计算特征值、特征向量及贡献率

计算相关系数矩阵 R 的特征值,按从大到小顺序排列,即 $\lambda_1\geq\lambda_2\geq\ldots\geq\lambda_m\geq 0$,以及相应的特征向量 $u_1, u_2, \cdots, u_m$,其中 $u_j=(u_{1j}, u_{2j}, \cdots, u_{mj})^{\mathrm{T}}$,要求 $\|u_j\|=1$, $\sum_{j=1}^{m}u_{ij}^2=1$ 。

计算特征值 λ_j 的信息贡献率

$$t_i=\frac{\lambda_i}{\sum_{k=1}^{m}\lambda_k}, \quad i=1, 2, \cdots, m$$

累计贡献率

$$\omega_i = \frac{\sum\limits_{k=1}^{i} \lambda_k}{\sum\limits_{k=1}^{m} \lambda_k}, \quad i=1, 2, \cdots, m$$

4)确定主成分

当累计贡献率 $\omega_i (i=1, 2, \cdots, m)$ 超过 85%(一般取 85%、90%或 95%)时,选择前 p 个特征向量组成 p 个新的指标变量 $y_1, y_2, \cdots, y_p$, 即

$$y_1 = u_{11} z_1 + u_{21} z_2 + \cdots + u_{m1} z_m$$
$$y_2 = u_{12} z_1 + u_{22} z_2 + \cdots + u_{m2} z_m$$
$$\cdots\cdots$$
$$y_p = u_{1p} z_1 + u_{2p} z_2 + \cdots + u_{mp} z_m$$

其中,y_i 为第 i 主成分($i = 1, 2, \cdots, p$)。

用这 p 个主成分代替原来的 m 个指标变量,达到降低维数的目的。

5)计算综合评价值

利用主成分建立综合评价模型

$$F = \sum_{j=1}^{p} b_j y_j$$

其中,b_j 为第 j 个主成分(特征值)的信息贡献率,F 为综合得分。

根据综合得分 F,将 n 个对象进行排序,得到评价结果。

3. 问题求解

MATLAB 的数据标准化、计算相关系数矩阵 R 的函数调用格式为

```
z =zscore(X):对原始数据 X 进行标准化
R=corrcoef(z):计算标准化后的数据 z 的相关系数矩阵 R
```

进行主成分分析的函数的调用格式为

```
[vec,lamda,rate]=pcacov(R)
[vec,score,lamda,tsquare]=princomp(z);
[vec,score,lamda,tsquare,rate]=pca(z)
```

其中,R 为样本的协方差矩阵或相关系数矩阵;z 为标准化后的原始数据;vec 为主成分的系数矩阵;lamda 为 R 的特征值(从大到小排列)构成的列向量;rate 为主成分的贡献率向量;score 为各主成分的得分;tsquare 为每个数据的统计值。

对表 6.4.1 中的 10 个评价指标进行主成分分析,相关系数矩阵的特征值及贡献率见表 6.4.2。

表 6.4.2 特征值及其贡献率

| | 序号 | | | | | | | | | |
	1	2	3	4	5	6	7	8	9	10
特征值	7.5022	1.5770	0.5362	0.2064	0.1450	0.0222	0.0071	0.0027	0.0007	0.0006
贡献率	75.0216	15.7699	5.3621	2.0638	1.4500	0.2219	0.0712	0.0266	0.0073	0.0057
累计贡献率	75.0216	90.7915	96.1536	98.2174	99.6674	99.8893	99.9605	99.9870	99.9943	100.0000

由表 6.4.2 可知，前两个特征值的贡献率之和达到 90% 以上，为了对问题进行深入研究，选取前 4 个主成分进行综合评价。

前 4 个主成分对应的特征向量见表 6.4.3。

表 6.4.3 前 4 个主成分对应的特征向量

序号	z_1	z_2	z_3	z_4	z_5	z_6	z_7	z_8	z_9	z_{10}
1	0.3497	0.3590	0.3623	0.3623	0.3605	0.3602	0.2241	0.1201	0.3192	0.2452
2	-0.1972	0.0343	0.0291	0.0138	-0.0507	-0.0646	0.5826	0.7021	-0.1941	-0.2865
3	-0.1639	-0.1084	-0.0900	-0.1128	-0.1534	-0.1645	-0.0397	0.3577	0.1204	0.8637
4	-0.1022	-0.2266	-0.1692	-0.1607	-0.0442	-0.0032	0.0812	0.0702	0.8999	-0.2457

于是，4 个主成分分别为

$$y_1 = 0.3497z_1+0.3590z_2+0.3623z_3+0.3623z_4+0.3605z_5+0.3602z_6+0.2241z_7$$
$$+0.1201z_8+0.3192z_9+0.2452z_{10}$$
$$y_2 = -0.1972z_1+0.0343z_2+0.0291z_3+0.0138z_4-0.0507z_5-0.0646z_6+0.5826z_7$$
$$+0.7021z_8-0.1941z_9-0.2865z_{10}$$
$$y_3 = -0.1639z_1-0.1084z_2-0.0900z_3-0.1128z_4-0.1534z_5-0.1645z_6-0.0397z_7$$
$$+0.3577z_8+0.1204z_9+0.8637z_{10}$$
$$y_4 = -0.1022z_1-0.2266z_2-0.1692z_3-0.1607z_4-0.0442z_5-0.0032z_6+0.0812z_7$$
$$+0.0702z_8+0.8999z_9-0.2457z_{10}$$

从主成分的系数看出，第一主成分主要反映学校数量、学生数量、教师数量，第二主成分主要反映高级职称教师情况、学校规模，第三主成分主要反映生均教育经费，第四主成分主要反映国家财政预算内普通高教经费占国内生产总值的比重。

利用表 6.4.2 中的主成分特征值及其贡献率，得到主成分综合评价模型

$$F = 0.75022 y_1 + 0.15770 y_2 + 0.05362 y_3 + 0.02064 y_4$$

各地区高校发展水平的综合评价得分及排序结果见表 6.4.4。

表 6.4.4 综合评价得分及排名

名次	地区	综合得分	名次	地区	综合得分	名次	地区	综合得分	名次	地区	综合得分
1	北京	8.6043	9	江苏	0.0581	17	福建	-0.7697	25	西藏	-1.1470
2	上海	4.4738	10	广东	0.0058	18	山西	-0.7965	26	河南	-1.2059

续表

名次	地区	综合得分	名次	地区	综合得分	名次	地区	综合得分	名次	地区	综合得分
3	天津	2.7881	11	四川	-0.2680	19	河北	-0.8895	27	广西	-1.2250
4	陕西	0.8119	12	山东	-0.3645	20	安徽	-0.8917	28	宁夏	-1.2513
5	辽宁	0.7621	13	甘肃	-0.4879	21	云南	-0.9557	29	贵州	-1.6514
6	吉林	0.5884	14	湖南	-0.5065	22	江西	-0.9610	30	青海	-1.6800
7	黑龙江	0.2971	15	浙江	-0.7016	23	海南	-1.0147			
8	湖北	0.2455	16	新疆	-0.7428	24	内蒙古	-1.1246			

部分程序代码如下。

```
clear all; clc
sj=xlsread('gaodengjiaoyu.xlsx','b2:k31');
[n,m]=size(sj);
z=zscore(sj);                      %数据标准化
R=corrcoef(z);                     %计算相关系数矩阵
[vec,lamda,rate]=pcacov(R);        %主成分分析
f=repmat(sign(sum(vec)),size(vec,1),1);
vec1=vec.*f;
contr=cumsum(rate)/100;            %计算累计贡献率
num=input('请选择主成分的个数： ')
df=(vec(:,1:num))'*z';             %主成分得分
zdf=df'*rate(1:num)/100;           %计算综合得分
[szdf,ind]=sort(zdf,'descend');    %按综合得分从高到低的排序
[szdf1,ind1]=sort(ind)
```

练 习 六

1. 用幂法、Aitken 加速法、Rayleigh 商加速法分别求下列矩阵的最大特征值及对应特征向量，初值取 $x^{(0)} = (1,1,1)^T$ ，误差不超过 10^{-5} 。

$$(1)\begin{pmatrix} 5 & -2 \\ -2 & 5 \end{pmatrix} \qquad (2)\begin{pmatrix} 1 & 1 & 3 \\ 1 & 2 & 1 \\ 3 & 1 & 5 \end{pmatrix} \qquad (3)\begin{pmatrix} 2 & 3 & 6 \\ 2 & 3 & -4 \\ 6 & 11 & 4 \end{pmatrix}$$

2. 设 A= $\begin{pmatrix} 1 & 6 & 4 \\ 4 & 4 & 2 \\ 2 & 2 & 3 \end{pmatrix}$ ，选择位移 $a = 2, -3, 9$，进行原点平移的幂法和反幂法计算，误差不超过 10^{-3} 或至多迭代 5 次。

3. 分别调用函数 eig、poly 和 roots，求 $n=10$ 时矩阵 $\begin{pmatrix} 1 & 0 & 0 & \cdots & 0 & 1 \\ 0 & 1 & 0 & \cdots & 0 & 2 \\ 0 & 0 & 1 & \cdots & 0 & 3 \\ \vdots & \vdots & \vdots & \cdots & \vdots & \vdots \\ 0 & 0 & 0 & \cdots & 1 & n-1 \\ 1 & 2 & 3 & \cdots & n-1 & n \end{pmatrix}$ 的特

征值。

4. 某啤酒厂对生产的 5 种啤酒，分别检测了其中 11 种风味物质的含量，结果见下表。试对这 5 种啤酒的风味质量进行综合评价。

样品编号	乙醛	DMS	甲酸乙酯	乙酸乙酯	乙酸异丁酯	正丙醇	异丁醇	乙酸异戊酯	异戊醇	酸乙酯	辛酸乙酯
1	3.70	0.035	0.041	6.77	0.048	5.46	8.66	1.20	37.62	0.012	0.21
2	5.66	0.029	0.031	4.84	0.018	6.97	7.16	0.24	35.33	0.06	0.07
3	4.61	0.030	0.030	5.73	0.040	7.94	6.78	0.27	41.30	0.10	0.12
4	4.66	0.032	0.040	5.89	0.017	8.37	7.07	0.28	38.72	0.05	0.07
5	5.13	0.03	0.05	6.05	0	5.61	8.77	1.00	32.19	0.08	0.09

5. 利用第三章 3.2.4 节应用案例中重金属的测量数据，试分析各重金属污染的原因。

第七章 线性方程组的数值解法

线性方程组在社会经济中的数据计算、信息处理、均衡生产、减少消耗、增加产出等方面有着广泛的应用。

n 阶线性方程组一般形式为

$$\begin{cases} a_{11}x_1 + a_{12}x_2 + \ldots + a_{1n}x_n = b_1 \\ a_{21}x_1 + a_{22}x_2 + \ldots + a_{2n}x_n = b_2 \\ \qquad\qquad \cdots\cdots \\ a_{n1}x_1 + a_{n2}x_2 + \ldots + a_{nn}x_n = b_n \end{cases} \qquad (7.1.1)$$

方程组(7.1.1)的矩阵向量形式为 $Ax = b$，其中 A 为系数矩阵，x 为解向量，b 为常数向量，即

$$A = \begin{pmatrix} a_{11} & a_{12} & \cdots & a_{1n} \\ a_{21} & a_{22} & \cdots & a_{2n} \\ \vdots & \vdots & & \vdots \\ a_{n1} & a_{n2} & \cdots & a_{nn} \end{pmatrix}, \quad x = \begin{pmatrix} x_1 \\ x_2 \\ \vdots \\ x_n \end{pmatrix}, \quad b = \begin{pmatrix} b_1 \\ b_2 \\ \vdots \\ b_n \end{pmatrix}$$

若矩阵 A 非奇异，由克莱姆(Gramer)法则知，方程组(7.1.1)有唯一解

$$x_i = \frac{D_i}{D}, \qquad i = 1, 2, \cdots, n$$

其中，D 为系数行列式；D_i 表示 D 中第 i 列换成 b 后所得的行列式。

当方程组(7.1.1)的阶数 n 较高时用克莱姆法则求解是不现实的。因为 n 阶行列式有 $n!$ 项，每一项都是 n 个数的乘积，当 n 很大时，行列式的计算量是非常大的。例如，$n=20$ 时方程组求解需要进行大约 9.7×10^{20} 次乘法运算，用每秒 1 亿次乘法运算的计算机也需要 30 万年才能完成。此外，计算中的舍入误差对计算结果影响也很大。因此，需要研究方程组的数值解法。

7.1 线性方程组的直接解法

线性方程组的直接解法大多基于 Gauss(高斯)消元法、矩阵分解法等。

7.1.1 Gauss 消元法

Gauss 消元法由"消元过程"和"回代过程"两部分组成。先通过 $n-1$ 步消元，将方程组(7.1.1)转化为与之等价的上三角形方程组，再经过回代，得到原方程组(7.1.1)的解。

1. 顺序 Gauss 消元法

顺序 Gauss 消元法是按自然顺序进行的消元法，步骤如下

记 $Ax=b$ 为 $A^{(1)}x=b^{(1)}$，$A^{(1)}$ 和 $b^{(1)}$ 的元素分别记为 $a_{ij}^{(1)}$ 和 $b_i^{(1)}$（$i,j=1,2,\cdots,n$）。开始时，方程组具有形式

$$\begin{pmatrix} a_{11}^{(1)} & a_{12}^{(1)} & \cdots & a_{1n}^{(1)} \\ a_{21}^{(1)} & a_{22}^{(1)} & \cdots & a_{2n}^{(1)} \\ \vdots & \vdots & & \vdots \\ a_{n1}^{(1)} & a_{n2}^{(1)} & \cdots & a_{nn}^{(1)} \end{pmatrix} \begin{pmatrix} x_1 \\ x_2 \\ \vdots \\ x_n \end{pmatrix} = \begin{pmatrix} b_1^{(1)} \\ b_2^{(1)} \\ \vdots \\ b_n^{(1)} \end{pmatrix}$$

第一次消元时，设 $a_{11}^{(1)}\neq 0$，对每行计算乘数 $m_{i1}=\dfrac{a_{i1}^{(1)}}{a_{11}^{(1)}}(i=2,3,\cdots,n)$。用 $-m_{i1}$ 乘以第一个方程，加到第 i 个方程，消去第二个方程到第 n 个方程中的 x_1，得到 $A^{(2)}x=b^{(2)}$，即

$$\begin{pmatrix} a_{11}^{(1)} & a_{12}^{(1)} & \cdots & a_{1n}^{(1)} \\ & a_{22}^{(2)} & \cdots & a_{2n}^{(2)} \\ & \vdots & & \vdots \\ & a_{n2}^{(2)} & \cdots & a_{nn}^{(2)} \end{pmatrix} \begin{pmatrix} x_1 \\ x_2 \\ \vdots \\ x_n \end{pmatrix} = \begin{pmatrix} b_1^{(1)} \\ b_2^{(2)} \\ \vdots \\ b_n^{(2)} \end{pmatrix}$$

其中，

$$a_{ij}^{(2)}=a_{ij}^{(1)}-m_{i1}a_{1j}^{(1)},\quad b_i^{(2)}=b_i^{(1)}-m_{i1}b_1^{(1)},\quad i,j=2,3,\cdots,n$$

设第 k（$2\leqslant k\leqslant n-1$）次消元已完成，设 $a_{kk}^{(k)}\neq 0$，计算乘数 $m_{ik}=\dfrac{a_{ik}^{(k)}}{a_{kk}^{(k)}}(i=k+1,\cdots,n)$，得 $A^{(k+1)}x=b^{(k+1)}$，即

$$\begin{pmatrix} a_{11}^{(1)} & a_{12}^{(1)} & a_{13}^{(1)} & \cdots & & \cdots & a_{1n}^{(1)} \\ & a_{22}^{(2)} & a_{23}^{(2)} & \cdots & & \cdots & a_{2n}^{(2)} \\ & & \ddots & \vdots & & & \vdots \\ & & & a_{k+1,k+1}^{(k+1)} & \cdots & & a_{k+1,n}^{(k+1)} \\ & & & \vdots & & & \vdots \\ & & & a_{n,k+1}^{(k+1)} & \cdots & & a_{nn}^{(k+1)} \end{pmatrix} \begin{pmatrix} x_1 \\ x_2 \\ \vdots \\ x_{k+1} \\ \vdots \\ x_n \end{pmatrix} = \begin{pmatrix} b_1^{(1)} \\ b_2^{(2)} \\ \vdots \\ b_{k+1}^{(k+1)} \\ \vdots \\ b_n^{(k+1)} \end{pmatrix}$$

其中，

$$a_{ij}^{(k+1)}=a_{ij}^{(k)}-m_{ik}a_{kj}^{(k)},\quad b_i^{(k+1)}=b_i^{(k)}-m_{ik}b_k^{(k)},\quad i,j=k+1,\cdots,n$$

经过 $n-1$ 次消元后，消元过程结束，得 $A^{(n)}x=b^{(n)}$，即

$$\begin{pmatrix} a_{11}^{(1)} & a_{12}^{(1)} & \cdots & a_{1n}^{(1)} \\ & a_{22}^{(2)} & \cdots & a_{2n}^{(2)} \\ & & \ddots & \vdots \\ & & & a_{nn}^{(n)} \end{pmatrix} \begin{pmatrix} x_1 \\ x_2 \\ \vdots \\ x_n \end{pmatrix} = \begin{pmatrix} b_1^{(1)} \\ b_2^{(2)} \\ \vdots \\ b_n^{(n)} \end{pmatrix} \tag{7.1.2}$$

当 $a_{ii}^{(i)}\neq 0$（$i=1,2,\cdots,n$）时，方程组（7.1.2）有唯一解。经过 $n-1$ 次消元把方程组（7.1.1）转化为上三角形方程组（7.1.2）的计算过程称为消元过程。

当 $a_{nn}^{(n)}\neq 0$ 时，对方程组（7.1.2）自下而上逐步进行回代，得到方程组的解 $x_n,x_{n-1},\cdots,x_1$。

该过程称为回代过程, 即

$$
\begin{cases}
x_n = \dfrac{b_n^{(n)}}{a_{nn}^{(n)}} \\[3mm]
x_k = \dfrac{b_k^{(k)} - \displaystyle\sum_{j=k+1}^{n} a_{kj}^{(k)} x_j}{a_{kk}^{(k)}}, \qquad k = n-1, n-2, \cdots, 1
\end{cases}
$$

Gauss 消元法的计算量以乘除法计算次数为主:

消元过程计算量为

$$
\sum_{k=1}^{n-1}(n-k)(n-k+2) = \frac{n^3}{3} + \frac{n^2}{2} - \frac{5}{6}n
$$

回代过程计算量为

$$
1 + \sum_{i=1}^{n-1}(n-i+1) = \sum_{i=1}^{n}(n-i+1) = \frac{n^2}{2} + \frac{n}{2}
$$

总计算量为

$$
\frac{n^3}{3} + n^2 - \frac{n}{3} = \frac{n^3}{3} + O(n^3)
$$

因此, 当 $n = 2$ 时, 利用 Gauss 消元法求解的计算量约为 2670 次, 比克莱姆法则 9.7×10^{20} 次乘法计算量大大减少。

在顺序 Gauss 消元法中, 只要主元素 $a_{kk}^{(k)} \neq 0(k = 1, 2, \cdots, n)$, 就可以通过 Gauss 消元法求出方程组 $Ax = b$ 的解。

编写 Gauss 消元法的 M 函数文件 gauss_eq.m。

```
% Gauss 消元法求解方程组
function x=gauss_eq(A,b)
B=[A,b];
[m,n]=size(B);
for i=1:m-1
    step=int2str(i);
    disp(['第',step,'次消元'])
    for j=i+1:m
        B(j,:)=B(j,:)-B(i,:)*B(j,i)/B(i,i);
    end
    B
end
disp('回代求解')
x(m)=B(m,n)/B(m,m);
for i=m-1:-1:1
    x(i)=(B(i,n)-B(i,i+1:m)*x(i+1:m)')/B(i,i);
end
```

例题 7.1.1   利用 Gauss 消元法求解方程组 $\begin{cases} x_1 + x_2 - x_3 = 1 \\ x_1 + 2x_2 - 2x_3 = 0 \\ -2x_1 + x_2 + x_3 = 1 \end{cases}$。

解： 调用 gauss_eq.m 函数文件求解。

```
clear all
A=[1 1 -1; 1 2 -2; -2 1 1];
b=[1; 0; 1];
x=gauss_eq(A,b)
```

执行结果为

```
第 1 次消元
B =
        1       1      -1       1
        0       1      -1      -1
        0       3      -1       3
第 2 次消元
B =
        1       1      -1       1
        0       1      -1      -1
        0       0       2       6
回代求解
x =
        2       2       3
```

2. 列选主元消元法

利用顺序 Gauss 消元法求解方程组 $Ax = b$ 的过程中，如果出现某个 $a_{kk}^{(k)} = 0$ 或者 $|a_{kk}^{(k)}|$ 很小，由于舍入误差的影响，会出现计算错误。为避免这种错误，需要在每一次消元之前增加一个列选主元的过程，即从第 k 列的元素 $a_{ik}^{(k)} (i = k, k+1, \cdots, n)$ 中选取绝对值最大的元素 $|a_{rk}^{(k)}| = \max\limits_{k \le i \le n} |a_{ik}^{(k)}|$，通过行交换将其交换到 a_{kk} 的位置上，使 $a_{rk}^{(k)}$ 成为主元（此时变成 $a_{kk}^{(k)}$），再按 Gauss 消元法进行消元计算。这种消元法称为列选主元 Gauss 消元法。

编写列选主元 Gauss 消元法的 M 函数文件 gauss_col.m 如下。

```
% 列选主元 Gauss 消元法求解方程组
function x=gauss_col(A,b)
B=[A,b];
[m,n]=size(B);
C=zeros(1,m+1);
for i=1:m-1
    step=int2str(i);
```

```
    disp(['第',step,'次列选主元'])
    [Y,k]=max(abs(B(i:m,i)));
    C=B(i,:); B(i,:)=B(k+i-1,:); B(k+i-1,:)=C;
    B
    disp(['第',step,'次消元'])
    for j=i+1:m
        B(j,:)=B(j,:)-B(i,:)*B(j,i)/B(i,i);
    end
    B
end
disp('回代求解')
x(m)=B(m,n)/B(m,m);
for i=m-1:-1:1
    x(i)=(B(i,n)-B(i,i+1:m)*x(i+1:m)')/B(i,i);
end
x;
```

例题 7.1.2　利用列选主元 Gauss 消元法求解方程组 $\begin{cases} 2x_2 & + x_4 = 0 \\ 2x_1 + 2x_2 + 3x_3 + 2x_4 = -2 \\ 4x_1 - 3x_2 & + x_4 = -7 \\ 6x_1 + x_2 & - 6x_3 - 5x_4 = 6 \end{cases}$。

解：调用 gauss_col.m 函数文件求解。

```
A=[0 2 0 1; 2 2 3 2; 4 -3 0 1; 6 1 -6 -5];
b=[0 -2 -7 6]';
x=gauss_col(A,b)
```

执行结果为

第 1 次列选主元

```
B =
    6     1    -6    -5     6
    2     2     3     2    -2
    4    -3     0     1    -7
    0     2     0     1     0
```

第 1 次消元

```
B =
    6.0000    1.0000   -6.0000   -5.0000    6.0000
         0    1.6667    5.0000    3.6667   -4.0000
         0   -3.6667    4.0000    4.3333  -11.0000
         0    2.0000         0    1.0000         0
```

第 2 次列选主元

B =
```
      6.0000      1.0000      -6.0000      -5.0000       6.0000
           0     -3.6667       4.0000       4.3333     -11.0000
           0      1.6667       5.0000       3.6667      -4.0000
           0      2.0000            0       1.0000            0
```

第 2 次消元

B =
```
      6.0000      1.0000      -6.0000      -5.0000       6.0000
           0     -3.6667       4.0000       4.3333     -11.0000
           0      0.0000       6.8182       5.6364      -9.0000
           0           0       2.1818       3.3636      -6.0000
```

第 3 次列选主元

B =
```
      6.0000      1.0000      -6.0000      -5.0000       6.0000
           0     -3.6667       4.0000       4.3333     -11.0000
           0      0.0000       6.8182       5.6364      -9.0000
           0           0       2.1818       3.3636      -6.0000
```

第 3 次消元

B =
```
      6.0000      1.0000      -6.0000      -5.0000       6.0000
           0     -3.6667       4.0000       4.3333     -11.0000
           0      0.0000       6.8182       5.6364      -9.0000
           0     -0.0000            0       1.5600      -3.1200
```

回代求解

x =
```
     -0.5000      1.0000       0.3333      -2.0000
```

3. 追赶法

在科学研究与工程计算中，经常遇到求解如下形式的三对角方程组

$$\begin{pmatrix} b_1 & c_1 & & & \\ a_1 & b_2 & c_2 & & \\ & \ddots & \ddots & \ddots & \\ & & a_{n-2} & b_{n-1} & c_{n-1} \\ & & & a_{n-1} & b_n \end{pmatrix} \begin{pmatrix} x_1 \\ x_2 \\ \vdots \\ x_{n-1} \\ x_n \end{pmatrix} = \begin{pmatrix} d_1 \\ d_2 \\ \vdots \\ d_{n-1} \\ d_n \end{pmatrix} \tag{7.1.3}$$

将 Gauss 消元法应用于三对角方程组(7.1.3)，即得到"追赶法"。求解过程如下。

1) 追(消元)

$$\begin{pmatrix} b_1 & c_1 & & & & d_1 \\ a_1 & b_2 & c_2 & & & d_2 \\ \ddots & \ddots & \ddots & & & \vdots \\ & & a_{n-2} & b_{n-1} & c_{n-1} & d_{n-1} \\ & & & a_{n-1} & b_n & d_n \end{pmatrix} \Rightarrow \begin{pmatrix} \overline{b_1} & c_1 & & & & \overline{d_1} \\ & \overline{b_2} & c_2 & & & \overline{d_2} \\ & & \ddots & \ddots & & \vdots \\ & & & \overline{b_{n-1}} & c_{n-1} & \overline{d_{n-1}} \\ & & & & \overline{b_n} & \overline{d_n} \end{pmatrix}$$

其中,

$$\overline{b_1} = b_1, \quad \overline{d_1} = d_1$$

$$\overline{b_k} = b_k - \frac{a_{k-1}}{b_{k-1}} c_{k-1}, \quad \overline{d_k} = d_k - \frac{a_{k-1}}{b_{k-1}} \overline{d_{k-1}}, \quad k = 2,3,\cdots,n$$

2) 赶(回代)

$$\begin{cases} x_n = \dfrac{\overline{d_n}}{\overline{b_n}} \\ x_k = \dfrac{\overline{d_k} - c_k x_{k+1}}{\overline{b_k}}, \quad k = n-1, n-2, \cdots, 1 \end{cases}$$

追赶法计算量较小,是解三对角方程组的优秀算法。

编写追赶法的 M 函数文件 chase.m 如下。

```
%追赶法求解方程组
function x=chase(A,d)
a=diag(A,-1);
b=diag(A);
c=diag(A,1);
n=length(d);
for k=2:n
    u=a(k-1)/b(k-1);
    b(k)=b(k)-u*c(k-1);
    d(k)=d(k)-u*d(k-1);
end
x=zeros(n,1);
x(n)=d(n)/b(n);
for k=n-1:-1:1
    x(k)=(d(k)-c(k)*x(k+1))/b(k);
end
```

例题 7.1.3 　利用追赶法求解方程组 $\begin{cases} x_1 + x_2 & = 5 \\ 2x_1 - x_2 + 5x_3 & = -9 \\ 3x_2 - 4x_3 + 2x_4 = 19 \\ 2x_3 + 6x_4 = 2 \end{cases}$。

解：调用 chase.m 函数文件求解。

```
A=[1 1 0 0; 2 -1 5 0; 0 3 -4 2; 0 0 2 6];
d=[5 -9 19 2]';
x=chase(A,d)
```

执行结果为

```
x=
   2   3   -2   1
```

7.1.2　矩阵分解法

矩阵分解的基本思想是：将矩阵分解成多个简单矩阵的乘积，使得分解后的矩阵形式简单，便于方程组的计算。常用的矩阵分解有 LU 分解和 QR 分解。

1. 矩阵的 LU 分解

求解线性方程组 $Ax = b$ 时，先将非奇异矩阵 A 分解为一个单位下三角矩阵 L 和一个上三角矩阵 U 的乘积，即 $A = LU$，方程组 $Ax = b$ 转化为

$$LUx = b$$

于是，方程组 $Ax = b$ 的求解问题转化为求解两个简单的三角方程组

$$Ly = b, \quad Ux = y \tag{7.1.4}$$

先利用第一个方程求出 y，再代入第二个方程求出 x。

矩阵 LU 分解的实现过程如下。

第一步，令

$$\begin{pmatrix} a_{11} & a_{12} & \cdots & a_{1n} \\ a_{21} & a_{22} & \cdots & a_{2n} \\ \vdots & \vdots & & \vdots \\ a_{n1} & a_{n2} & \cdots & a_{nn} \end{pmatrix} = \begin{pmatrix} 1 & & & \\ l_{21} & 1 & & \\ \vdots & \vdots & \ddots & \\ l_{n1} & l_{n2} & \cdots & 1 \end{pmatrix} \begin{pmatrix} u_{11} & u_{12} & \cdots & u_{1n} \\ & u_{22} & \cdots & u_{2n} \\ & & \ddots & \vdots \\ & & & u_{nn} \end{pmatrix}$$

用比较等式两边元素的方法逐行逐列求解 L、U 的各元素，即

当 $k = 1$ 时，由 $a_{1j} = 1 \times u_{1j}$，得 $u_{1j} = a_{1j}$ $(j = 1, 2, \cdots, n)$；

　　　　再由 $a_{i1} = u_{11} l_{i1}$，得 $l_{i1} = \dfrac{a_{i1}}{u_{11}}$ $(i = 2, 3, \cdots, n)$；

当 $k = 2$ 时，由 $a_{2j} = l_{21} u_{1j} + 1 \times u_{2j}$，得 $u_{2j} = a_{2j} - l_{21} u_{1j}$ $(j = 2, 3, \cdots, n)$；

　　　　再由 $a_{i2} = l_{i1} u_{12} + l_{i2} u_{22}$，得 $l_{i2} = \dfrac{a_{i2} - l_{i1} u_{12}}{u_{22}}$ $(i = 3, 4, \cdots, n)$。

一般地，当 $j \geq i$ 时，由 $a_{ij} = \sum_{k=1}^{i-1} l_{ik}u_{kj} + u_{ij}$，得 $u_{ij} = a_{ij} - \sum_{k=1}^{i-1} l_{ik}u_{kj}$；

当 $j < i$ 时，由 $a_{ij} = \sum_{k=1}^{j-1} l_{ik}u_{kj} + l_{ij}u_{jj}$，得 $l_{ij} = \dfrac{a_{ij} - \sum_{k=1}^{j-1} l_{ik}u_{kj}}{u_{jj}}$。

第二步，由方程 $Ly = b$ 和 $Ux = y$，得

$$y_i = b_i - \sum_{j=1}^{i-1} l_{ij}y_j, \quad i = 1,2,\cdots,n$$

$$x_i = \frac{y_i - \sum_{j=i+1}^{n} u_{ij}x_j}{u_{ii}}, \quad i = n,n-1,\cdots,1$$

即获得解 $x = (x_1, x_2, \cdots, x_n)^{\mathrm{T}}$。

LU 分解与 Gauss 消元法是等价的，其关键是把一般方程组化为三角方程组，只是实现途径不同。因此，LU 分解的计算量与 Gauss 消元法的计算量基本相同。

2. 矩阵的 QR 分解

矩阵的 QR 分解也称为正交分解，是将矩阵 A 分解为一个正交矩阵 Q 和一个上三角矩阵 R 的乘积，即 $A = QR$。

于是，方程组 $Ax = b$ 的求解问题转化为求解两个简单的三角方程组

$$Qy = b, \quad Rx = y \tag{7.1.5}$$

先利用第一个方程求出 y，再代入第二个方程求出 x。

利用 QR 分解求解方程组，由于矩阵 Q 的正交性，只需令 $y = Q^{\mathrm{T}}b$，再解上三角形方程组 $Rx = y$，计算过程是稳定的，也不必选主元，但是计算量比 Gauss 消元法将近大一倍。

7.1.3　线性方程组求解的 MATLAB 函数

1. 逆矩阵解法

(1)当系数矩阵 A 为 n 阶方阵且秩 $\mathrm{rank}(A) = n$ 时，可以用左除或求逆的方法求解方程组，调用格式为

```
x = A\b 或者 x = inv(A)*b
```

(2)当系数矩阵 A 的秩 $\mathrm{rank}(A) < n$ 时，方程组可能有无穷多解，MATLAB 提供两个函数求解齐次方程组，调用格式为

```
rref(A)    用初等变换将矩阵 A 化为行阶梯形
null(A)    给出齐次线性方程组 Ax = 0 的基础解系
```

2. LU 分解函数

MATLAB 提供了 LU 分解的函数 lu，调用格式为

```
[L,U] = lu(A)    生成下三角矩阵 L 和上三角矩阵 U，满足 LU=A
```

```
[L,U,P] = lu(A)    生成下三角矩阵L、上三角矩阵U和单位矩阵的行变换矩阵P，
```
满足
```
LU=PA
```
线性方程组 $Ax=b$ 的系数矩阵 A 进行 LU 分解后，其解为
$$x = U \backslash (L \backslash b) \text{ 或 } x = U \backslash (L \backslash Pb)$$

3. QR 分解函数

MATLAB 提供了 QR 分解的函数 qr，调用格式为
```
[Q,R]=qr(A)          生成正交矩阵Q和上三角矩阵R，满足A=QR
[Q,R,P]=qr(A)        生成正交矩阵Q、上三角矩阵R、置换矩阵P，满足AP=QR
```
线性方程组 $Ax=b$ 的系数矩阵 A 进行 QR 分解后，其解为
$$x = R \backslash (Q \backslash b) \text{ 或 } x = P(R \backslash (Q \backslash b))$$

例题 7.1.4 求解方程组 $\begin{cases} 2x_1 + x_2 + x_3 = 7 \\ 4x_1 + 5x_2 - x_3 = 11 \\ x_1 - 2x_2 + x_3 = 0 \end{cases}$。

解：先判断系数矩阵的秩，在命令窗口输入命令
```
A=[2,1,1;4,5,-1;1,-2,1];
r=rank(A)            %求矩阵A的秩
```
执行结果为
```
r =
    3
```
因为 rank(A)=3，所以方程组有唯一解，用左除法\求解。输入命令
```
b=[7,11,0]';
x=A\b
```
执行结果为
```
x =
    1
    2
    3
```

例题 7.1.5 求解方程组 $\begin{cases} x_1 + x_2 - x_3 - x_4 = 5 \\ 2x_1 - 5x_2 + 3x_3 + 2x_4 = -4 \\ 7x_1 - 7x_2 + 3x_3 + x_4 = 7 \end{cases}$。

解：由于 rank(A)=2，利用左除法\和 null 函数求解，输入命令
```
A=[1 1 -1 -1;2 -5 3 2;7 -7 3 1];
b=[5; -4; 7];
format rat
x1=A\b               %求非齐次方程组Ax=b的一个特解x1
Y=null(A,'r')        %求齐次方程组Ax=0的基础解系Y
```

执行结果为

```
x1 =
    3
    2
    0
    0
Y =
    2/7        3/7
    5/7        4/7
    1          0
    0          1
```

于是，方程组的通解为

$$\begin{pmatrix} x_1 \\ x_2 \\ x_3 \\ x_4 \end{pmatrix} = k_1 \begin{pmatrix} 2/7 \\ 5/7 \\ 1 \\ 0 \end{pmatrix} + k_2 \begin{pmatrix} 3/7 \\ 4/7 \\ 0 \\ 1 \end{pmatrix} + \begin{pmatrix} 3 \\ 2 \\ 0 \\ 0 \end{pmatrix}$$

例题 7.1.6　利用 LU 分解求解线性方程组 $\begin{cases} 2x_1 + 4x_2 + 2x_3 + 6x_4 = 9 \\ 4x_1 + 9x_2 + 6x_3 + 15x_4 = 23 \\ 2x_1 + 6x_2 + 9x_3 + 18x_4 = 22 \\ 6x_1 + 15x_2 + 18x_3 + 40x_4 = 47 \end{cases}$。

解： 输入命令

```
A=[2 4 2 6;4 9 6 15;2 6 9 18;6 15 18 40];
b=[9 23 22 47]';
[L,U]=lu(A);    %对 A 矩阵做 LU 分解
y=L\b;          %求解方程组 Ly=b
x=U\y           %求解方程组 Ux=y，得到原方程组的解
```

执行结果为

```
x =
    1/2
    2
    3
    -1
```

7.2　线性方程组的迭代解法

线性方程组的直接解法，对中小型方程组是比较有效的。但方程组的变量个数较多时，计算量和存储量较大，就需要采用迭代法进行求解。

迭代法的基本思想是：先给定一个解的初始值，然后按照一定的迭代格式，生成一系列近似解进行逐步逼近，从而求出较精确的近似解。经典的迭代解法有 Jacobi(雅可比)迭代法、Gauss-Seidel(高斯-赛德尔)迭代法。

7.2.1 Jacobi 迭代法

设方程组 $Ax=b$ 为

$$\begin{cases} a_{11}x_1 + a_{12}x_2 + \cdots + a_{1n}x_n = b_1 \\ a_{21}x_1 + a_{22}x_2 + \cdots + a_{2n}x_n = b_2 \\ \qquad\qquad \cdots\cdots \\ a_{n1}x_1 + a_{n2}x_2 + \cdots + a_{nn}x_n = b_n \end{cases} \tag{7.2.1}$$

假设 $a_{ii} \neq 0$ $(i=1,2,\cdots,n)$，分别从式(7.2.1)的 n 个方程中分离出 n 个变量，即

$$\begin{cases} x_1 = \dfrac{1}{a_{11}}(\qquad\quad -a_{12}x_2 - \cdots - a_{1n}x_n + b_1) \\ x_2 = \dfrac{1}{a_{22}}(-a_{21}x_1 - \qquad\quad \cdots - a_{2n}x_n + b_2) \\ \quad\vdots \\ x_n = \dfrac{1}{a_{nn}}(-a_{n1}x_1 - a_{n2}x_2 - \cdots - a_{nn-1}x_{n-1} + b_n) \end{cases} \tag{7.2.2}$$

建立如下迭代格式

$$\begin{cases} x_1^{(k+1)} = \dfrac{1}{a_{11}}(\qquad -a_{12}x_2^{(k)} - a_{13}x_3^{(k)} - \cdots - a_{1n}x_n^{(k)} + b_1) \\ x_2^{(k+1)} = \dfrac{1}{a_{22}}(-a_{21}x_1^{(k)} \qquad - a_{23}x_3^{(k)} - \cdots - a_{2n}x_n^{(k)} + b_2) \\ \quad\vdots \\ x_n^{(k+1)} = \dfrac{1}{a_{nn}}(-a_{n1}x_1^{(k)} - \cdots \qquad\qquad - a_{n\,n-1}x_{n-1}^{(k)} + b_n) \end{cases} \tag{7.2.3}$$

如果序列 $\left\{x^{(k+1)}\right\}$ 收敛于 x ，则 x 必是方程组(7.2.1)的解。

记

$$D = \begin{pmatrix} a_{11} & & & \\ & a_{22} & & \\ & & \ddots & \\ & & & a_{nn} \end{pmatrix}, \quad L = \begin{pmatrix} 0 & & & \\ a_{21} & 0 & & \\ \vdots & \vdots & \ddots & \\ a_{n1} & a_{n2} & \cdots & 0 \end{pmatrix}, \quad U = \begin{pmatrix} 0 & a_{12} & \cdots & a_{1n} \\ & 0 & \cdots & a_{2n} \\ & & \ddots & \vdots \\ & & & 0 \end{pmatrix}$$

式(7.2.3)的矩阵形式为

$$x^{(k+1)} = -D^{-1}(L+U)x^{(k)} + D^{-1}b$$

或者

$$x^{(k+1)} = D^{-1}(D-A)x^{(k)} + D^{-1}b \tag{7.2.4}$$

式(7.2.3)称为 Jacobi 迭代格式，式(7.2.4)称为 Jacobi 迭代矩阵形式，$G = D^{-1}(D-A)$ 称为 Jacobi 迭代矩阵。

利用 Jacobi 迭代格式(7.2.3)或 Jacobi 迭代矩阵式(7.2.4)求解方程组(7.2.1)的方法称为 Jacobi 迭代法。

定理 7.2.1　当 $\|G\| < 1$ 时，Jacobi 迭代法收敛。

例题 7.2.1　利用 Jacobi 迭代法求解方程组 $\begin{cases} 10x_1 - x_2 - 2x_3 = 7.2 \\ -x_1 + 10x_2 - 2x_3 = 8.3 \\ -x_1 - x_2 + 5x_3 = 4.2 \end{cases}$ 。

解：原方程组的 Jacobi 迭代格式为

$$\begin{cases} x_1^{(k+1)} = \dfrac{1}{10}(\quad x_2^{(k)} + 2x_3^{(k)} + 7.2) \\ x_2^{(k+1)} = \dfrac{1}{10}(x_1^{(k)} \quad + 2x_3^{(k)} + 8.3) \\ x_3^{(k+1)} = \dfrac{1}{5}(x_1^{(k)} + x_2^{(k)} \quad + 4.2) \end{cases}$$

编写 Jacobi 迭代法的 M 函数文件 jacobi_solve.m 如下。

```
function u=jacobi_solve(A,b)
n=length(A); x0=ones(n,1);
x=x0;
err=1; k=0;
fprintf('  k          x_1^k            x_2^k           x_3^k\n');
fprintf('----------------------------------------------------
----------------------\n')
while err>0.00005
   err=0; k=k+1;
   for i=1:n
     s=0; t=x(i);
     for j=1:n
       if i~=j
         s=s+A(i,j)*x(j);
       end
     end
     x(i)=t;
     y(i)=(b(i)-s)/A(i,i);
     err=max(abs(x(i)-y(i)),err);
```

```
    end
    x=y; u=x';
    fprintf('%3d        %12.9f      %12.9f      %12.9f\n', k, u(1),
u(2), u(3));
  end
```
在命令窗口输入命令：
```
A=[10 -1 -2; -1 10 -2; -1 -1 5];
b=[7.2 8.3 4.2]';
x=jacobi_solve(A,b);
```
执行结果见表 7.2.1。

表 7.2.1   Jacobi 迭代法计算结果

k	$x_1^{(k)}$	$x_2^{(k)}$	$x_3^{(k)}$
1	1.020000000	1.130000000	1.240000000
2	1.081000000	1.180000000	1.270000000
3	1.092000000	1.192100000	1.292200000
4	1.097650000	1.197640000	1.296820000
5	1.099128000	1.199129000	1.299058000
6	1.099724500	1.199724400	1.299651400
7	1.099901220	1.199902730	1.299889780
8	1.099968229	1.199968228	1.299961090
9	1.099989041	1.199989041	1.299987291

7.2.2   Gauss-Seidel 迭代法

由 Jacobi 迭代公式(7.2.3)得到的序列 $\left\{x^{(k+1)}\right\}$ 中， $x^{(k+1)}$ 比 $x^{(k)}$ 更接近于方程组的解，因此在计算 $x_i^{(k+1)}$ 时用已得到的 $x_j^{(k+1)}$ 代替 $x_j^{(k)}$ （ $j=1,2,\cdots,i-1$ ），得

$$\begin{cases} x_1^{(k+1)} = \dfrac{1}{a_{11}}(\qquad -a_{12}x_2^{(k)} - a_{13}x_3^{(k)} - \quad \cdots \quad -a_{1n}x_n^{(k)} + b_1) \\ x_2^{(k+1)} = \dfrac{1}{a_{22}}(-a_{21}x_1^{(k+1)} \qquad -a_{23}x_3^{(k)} - \quad \cdots \quad -a_{2n}x_n^{(k)} + b_2) \\ \quad \vdots \\ x_n^{(k+1)} = \dfrac{1}{a_{nn}}(-a_{n1}x_1^{(k+1)} - \quad \cdots \qquad\qquad -a_{n\,n-1}x_{n-1}^{(k+1)} + b_n) \end{cases} \tag{7.2.5}$$

式(7.2.5)称为 Gauss-Seidel 迭代公式。

Gauss-Seidel 迭代公式(7.2.5)矩阵形式为

$$x^{(k+1)} = Lx^{(k+1)} + Ux^{(k)} + D^{-1}b$$

即

$$x^{(k+1)} = (I-L)^{-1}Ux^{(k)} + (I-L)^{-1}D^{-1}b \tag{7.2.6}$$

如果序列 $\left\{x^{(k+1)}\right\}$ 收敛于 x ，则 x 必是方程组 $Ax=b$ 的解。利用式(7.2.5)或式(7.2.6)

求解方程组(7.2.1)的方法称为 Gauss-Seidel 迭代法。

定理 7.2.2   当 $\|(I-L)^{-1}U\|<1$ 时，Gauss-Seidel 迭代法收敛。

例题 7.2.2 利用 Gauss-Seidel 迭代法求解例题 7.2.1 的方程组 $\begin{cases}10x_1-\ x_2-2x_3=7.2\\-x_1+10x_2-2x_3=8.3\\-x_1-\ x_2+5x_3=4.2\end{cases}$ 。

解：方程组的 Gauss-Seidel 迭代格式为

$$\begin{cases}x_1^{(k+1)}=\dfrac{1}{10}(\quad\quad x_2^{(k)}+2x_3^{(k)}+7.2)\\x_2^{(k+1)}=\dfrac{1}{10}(x_1^{(k+1)}\quad\quad+2x_3^{(k)}+8.3)\\x_3^{(k+1)}=\dfrac{1}{5}(\ x_1^{(k+1)}+x_2^{(k+1)}\quad\quad+4.2)\end{cases}$$

编写 Gauss-Seidel 迭代法的 M 函数文件 seidel_solve.m 如下。

```
function u=seidel_solve(A,b)
n=length (A); x0=ones(n,1);
x=x0;
err=1; k=0;
fprintf('  k          x_1^k          x_2^k          x_3^k\n');
fprintf('-------------------------------------------------
----------------------\n')
while err>0.00005
    err=0; k=k+1;
    for i=1:n
        s=0; t=x(i);
        for j=1:n
            if i~=j
                s=s+A(i,j)*x(j);
            end
        end
        x(i)=(b(i)-s)/A(i,i);
        err=max(abs(x(i)-t),err);
    end
    u=x';
    fprintf('%3d     %12.9f   %12.9f   %12.9f\n', k, u(1),
u(2), u(3));
end
```

在命令窗口输入命令

```
A=[10 -1 -2; -1 10,-2; -1 -1 5];
```

```
    b=[7.2 8.3 4.2]';
    x=seidel_solve(A,b);
```
执行结果见表 7.2.2。

表 7.2.2　Gauss-Seidel 迭代法计算结果

k	$x_1^{(k)}$	$x_2^{(k)}$	$x_3^{(k)}$
1	1.020000000	1.132000000	1.270400000
2	1.087280000	1.192800000	1.296017600
3	1.098484320	1.199051952	1.299507254
4	1.099806646	1.199882115	1.299937752
5	1.099975762	1.199985127	1.299992178
6	1.099996948	1.199998130	1.299999016

由此可知，Gauss-Seidel 迭代法比 Jacobi 迭代法收敛速度快。

例题 7.2.3　求解方程组 $\begin{cases} 8x_1 + x_2 + 2x_3 = 10 \\ 8x_1 + 7x_2 + 2x_3 = 18 \\ 4x_1 + 9x_2 + 9x_3 = 17 \end{cases}$ 。

解： 直接调用 jacobi_solve 或 seidel_solve 函数

```
    A=[8 1 2; 8 7 2; 4 9 9];
    b=[10 18 17]';
    x=jacobi_solve(A,b)
```
执行结果为

```
    x =
        1.062508936033061   1.333351708354980   0.083357372812540
```

7.3　应用案例——古塔各层中心位置的计算

1. 问题描述

古塔由于长时间承受自重、气温、风力等各种作用，以及受地震、飓风的影响，会产生各种变形，如倾斜、弯曲、扭曲等。为保护古塔，需适时对古塔进行观测，了解各种变形量，以制定必要的保护措施。

某古塔每层呈正八边形，管理部门委托测绘公司对其进行了四次观测，每次观测均选八个顶点作为观测点，第一次的观测数据见表 7.3.1(完整数据参见高教社杯全国大学生数学建模竞赛 2013 年 C 题附件)。

请以第一次观测数据为例，给出确定古塔各层中心位置的方法，并给出各层中心坐标。

表 7.3.1 第一次观测部分数据

层	点	坐标			层	点	坐标		
		x/m	y/m	z/m			x/m	y/m	z/m
1	1	565.454	528.012	1.792	13	1	566.308	525.092	52.866
	2	562.058	525.544	1.818		2	564.716	523.616	52.878
	…	…	…	…		…	…	…	…
	8	569.5	527.356	1.801		8	566.308	525.092	52.866
2	1	565.48	527.764	7.326	塔尖	1	567.255	522.238	55.128
	2	562.238	525.364	7.351		2	567.235	522.242	55.108
	…	…	…	…		3	567.247	522.251	55.128
	8	569.414	527.141	7.336		4	567.252	522.244	55.129

2. 问题求解

假设塔的各层质量分布均匀，各层变形前平行于水平平面。

1) 各层观测点所在平面方程

利用观测点数据画出各层观测点散点图，如图 7.3.1 所示。

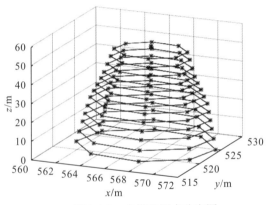

图 7.3.1 古塔观测点分布图

因为各层观测点在同一个水平面上，由平面的一般方程 $Ax+By+Cz+D=0$ ($C \neq 0$)，得 $z = -\dfrac{A}{C}x - \dfrac{B}{C}y - \dfrac{D}{C}$。

设某层观测点所处平面方程为

$$z = Ax + By + C \tag{7.3.1}$$

在变形前，同层的观测点位于同一平面，由于变形程度不同，导致各观测点与该平面出现偏差，因此利用最小二乘法拟合各层观测点所在的平面方程。

设 (x_j, y_j, z_j) 为某层第 j 个观测点的坐标，于是该层平面方程使得函数

$$f(A,B,C) = \sum_{j=1}^{8}(Ax_j + By_j + C - z_j)^2 \tag{7.3.2}$$

达到最小。

由 $\dfrac{\partial f}{\partial A} = \dfrac{\partial f}{\partial B} = \dfrac{\partial f}{\partial C} = 0$，得

$$
\begin{cases}
A\sum_{j=1}^{8}x_j^2 + B\sum_{j=1}^{8}x_jy_j + C\sum_{j=1}^{8}x_j = \sum_{j=1}^{8}x_jz_j \\
A\sum_{j=1}^{8}x_jy_j + B\sum_{j=1}^{8}y_j^2 + C\sum_{j=1}^{8}y_j = \sum_{j=1}^{8}y_jz_j \\
A\sum_{j=1}^{8}x_j + B\sum_{j=1}^{8}y_j + 8C = \sum_{j=1}^{8}z_j
\end{cases}
\tag{7.3.3}
$$

式(7.3.3)是关于 A、B、C 的线性方程组，利用线性方程组的数值解法，得到各层观测点所在的平面方程的系数，见表 7.3.2。

表 7.3.2　各层观测点所在平面方程的系数

层数	A	B	C	层数	A	B	C
1	-0.000831	0.003417	0.471966	8	-0.020009	0.005887	41.62012
2	-0.000818	0.003629	5.887189	9	-0.021455	0.006115	45.82585
3	-0.000883	0.003726	11.30848	10	-0.021682	0.000887	52.00394
4	-0.000935	0.003838	15.60265	11	-0.022189	0.001868	56.04830
5	-0.000874	0.003941	20.15685	12	-0.023884	0.002175	61.12171
6	-0.017498	0.005443	33.31043	13	-0.021874	-0.010207	70.59132
7	-0.018744	0.005668	37.50207	塔尖	1.144830	0.703548	-961.7021

2）各层中心点位置

塔的各层为正八边形，其中心即为形心。变形后，各层中心点发生微小变化，每层的中心点到该层各观测点的距离只能近似相等。因此，每层上与该层各观测点距离的平方和最小的点即为中心点。

设某层中心点坐标为 (x_0, y_0, z_0)，且 $z_0 = Ax_0 + By_0 + C$。于是此中心点使其到该层各观测点的距离平方和

$$
\begin{aligned}
\sum_{j=1}^{8}d_j &= \sum_{j=1}^{8}[(x_j-x_0)^2+(y_j-y_0)^2+(z_j-z_0)^2] \\
&= \sum_{j=1}^{8}[(x_j-x_0)^2+(y_j-y_0)^2+(z_j-Ax_0-By_0-C)^2]
\end{aligned}
\tag{7.3.4}
$$

达到最小。

利用 MATLAB 求极值方法，解得各层中心点坐标，见表 7.3.3。

表 7.3.3　各层中心点坐标

层数	x	y	z	层数	x	y	z
1	566.6647	522.7105	1.7874	8	566.9842	522.4923	33.3509
2	566.7196	522.6683	7.3202	9	567.0218	522.4764	36.8549
3	566.7735	522.6273	12.7553	10	567.0567	522.4624	40.1721
4	566.8162	522.5944	17.0783	11	567.1045	522.4230	44.4409
5	566.8622	522.5592	21.7205	12	567.1518	522.3836	48.7119
6	566.9084	522.5243	26.2351	13	567.1974	522.3462	52.8530
7	566.9468	522.5081	29.8369	塔尖	567.2472	522.2437	55.1232

由表 7.3.3 可知，各层中心点有不同幅度的变动，为更清晰地描述变化情况，利用 MATLAB 画出各层观测点及中心点的分布情况，如图 7.3.2 所示。

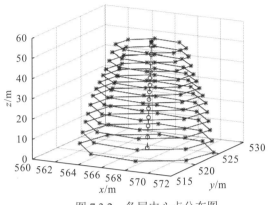

图 7.3.2　各层中心点分布图

利用各层中心点的变化，能够进一步确定该层的倾斜、弯曲和扭曲等变形情况，为相关部门制定必要的保护措施提供理论依据。

部分程序代码如下。

```matlab
Sj1=xlsread('guta.xls', 'C4:E111');
x1=Sj1(:,1);        %x 坐标
y1=Sj1(:,2);        %y 坐标
z1=Sj1(:,3);        %z 坐标
%观测点散点图及所在平面
figure('color',[1,1,1])
hold on
Coefficients=zeros(14,3);
for i=0:1:13
    if i<13
        x=x1(i*8+1:i*8+8);
        y=y1(i*8+1:i*8+8);
        z=z1(i*8+1:i*8+8);
        plot3(x,y,z,'b-*')
        plot3([x(1);x(8)],[y(1);y(8)],[z(1);z(8)],'b-*');
        A=[x y ones(length(x),1)];              %求解方程 Ax+By+C=z
        [L,U]=lu(A);
        y=L\z;
        Coefficients(i+1,:)=U\y;
    else if i==13
        x=x1(i*8+1:i*8+4);
```

```
            y=y1(i*8+1:i*8+4);
            z=z1(i*8+1:i*8+4);
            plot3(x,y,z,'b*')
            plot3([x(1);x(4)],[y(1);y(4)],[z(1);z(4)],'b-*');
            A=[x y ones(length(x),1)];          %求解方程 Ax+By+C=z
            [L,U]=lu(A);
            y=L\z;
            Coefficients(i+1,:)=U\y;
        end
    end
    title('观测点分布图')
    xlabel('x/m ');ylabel('y/m');zlabel('z/m')

    %观测各层中心点坐标
    b1=zeros(3,13);
    for i=1:14
        a= Coefficients(i,:);
        if i<14

        A=[x1((i-1)*8+1:(i-1)*8+8),y1((i-1)*8+1:(i-1)*8+8),
    z1((i-1)*8+1:(i-1)*8+8)];
        b1(1:2,i) = fminsearch(@(x)ff2(x,A,a),[1,2]);

        b1(3,i)=b1(1,i)*Coefficients(i,1)+b1(2,i)*Coefficients(i,
    2)+Coefficients(i,3);
        else if i==14

        A=[x1((i-1)*8+1:(i-1)*8+4),y1((i-1)*8+1:(i-1)*8+4),
    z1((i-1)*8+1:(i-1)*8+4)];
        b1(1:2,i) = fminsearch(@(x)ff2(x,A,a),[1,2]);

        b1(3,i)=b1(1,i)*Coefficients(i,1)+b1(2,i)*Coefficients(i,
    2)+Coefficients(i,3);
        end
    end
```

练 习 七

1. 求解下列方程组。

(1) $\begin{cases} x_1 + 2x_2 + 3x_3 = 1 \\ 2x_1 + 2x_2 + 5x_3 = 2 \\ 3x_1 + 5x_2 + x_3 = 3 \end{cases}$

(2) $\begin{cases} 10x_1 + 5x_2 = 6 \\ 5x_1 + 10x_2 - 4x_3 = 25 \\ -4x_2 + 8x_3 - x_4 = -11 \\ -x_3 + 5x_4 = -11 \end{cases}$

(3) $\begin{cases} 2x_1 - x_2 = 1 \\ -x_1 + 2x_2 - x_3 = 0 \\ -x_2 + 2x_3 - x_4 = 1 \\ -x_3 + 2x_4 = 0 \end{cases}$

(4) $\begin{cases} x_1 + x_2 + x_3 + x_4 + x_5 = 7 \\ 3x_1 + 2x_2 + x_3 + x_4 - 3x_5 = -2 \\ x_2 + 2x_3 + 2x_4 + 6x_5 = 23 \\ 5x_1 + 4x_2 + 3x_3 + 3x_4 - x_5 = 12 \end{cases}$

2. 将第 1 题中方程组的系数矩阵进行 LU 分解和 QR 分解，并求解方程组。

3. 已知火箭在 $5 \leqslant t \leqslant 12$ 时的速度可用 $v(t) = a_2 t^2 + a_1 t + a_0$ 近似，测得三个不同时刻的速度如下表，求 $t = 6, 7.5, 9, 11$ 时刻的速度。

时刻 t/s	5	8	12
速度 $v/(\mathrm{m/s})$	106.8	177.2	279.2

4. 对下列线性方程组，判断 Jacobi 迭代法和 Gauss-Serdel 迭代法的收敛性。若收敛，写出相应的迭代公式，并求其解，满足 $\left\| x^{(k+1)} - x^{(k)} \right\|_\infty < 10^{-4}$。

(1) $\begin{cases} 4x_1 + 2x_2 - x_3 = 2 \\ 3x_1 - x_2 + 2x_3 = 10 \\ 11x_1 + 3x_2 = 8 \end{cases}$

(2) $\begin{cases} 8x_1 + 10x_2 + 6x_3 + 11x_4 = 1 \\ 10x_1 + 16x_2 + 9x_3 + 15x_4 = 8 \\ 6x_1 + 9x_2 + 20x_3 + 13x_4 = 7 \\ 11x_1 + 15x_2 + 13x_3 + 20x_4 = 9 \end{cases}$

第八章 非线性方程(组)的数值解法

非线性方程是指因变量与自变量之间不是线性关系的一类方程，例如代数方程 $x^5 - x^3 + 4x - 1 = 0$ 或超越方程 $\sin(5x^2) + \mathrm{e}^{-x} = 0$ 等，这类方程都可以表示为 $f(x) = 0$，其中 $f(x)$ 是连续的非线性函数。

若存在 x^* 使得 $f(x^*) = 0$，则称 x^* 是方程 $f(x) = 0$ 的根或函数 $f(x)$ 的零点。求解 x^* 的基本方法有二分法、简单迭代法、Newton 法和弦截法等。

8.1 二 分 法

二分法也称对分法或逐次分半法，是求解非线性方程根的最简单的方法。其基本思想是：先确定方程 $f(x) = 0$ 的根所在区间 (a, b)，再对区间 (a, b) 逐次二等分，最终得到根的精确估计值。

设函数 $f(x)$ 在区间 $[a, b]$ 上连续，且 $f(a) \cdot f(b) < 0$，根据零点定理可知，存在 $x^* \in (a, b)$ 使得 $f(x^*) = 0$。同时若 $f(x)$ 在区间 $[a, b]$ 上是单调的，则 x^* 一定是唯一的。这是使用二分法的前提。

使用二分法求方程 $f(x) = 0$ 的根 x^* 的近似值步骤如下。

(1) 设 $[a, b]$ 是有根区间，即 $f(a) \cdot f(b) < 0$，令 $a_0 = a$，$b_0 = b$，$x_0 = \dfrac{a_0 + b_0}{2}$，计算 $f(x_0)$。

(2) 若 $f(x_0) = 0$，则 x_0 是 $f(x) = 0$ 的根，停止计算，输出结果 $x^* = x_0$。

若 $f(a_0)f(x_0) < 0$，则 $x^* \in [a_0, x_0]$，此时令 $a_1 = a_0, b_1 = x_0$；

若 $f(a_0)f(x_0) > 0$，则 $x^* \in [x_0, b_0]$，令 $a_1 = x_0$，$b_1 = b_0$（如图 8.1.1 所示），$x_1 = \dfrac{a_1 + b_1}{2}$。

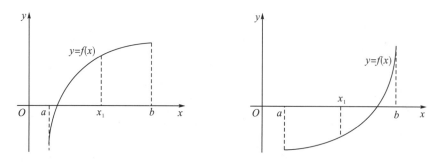

图 8.1.1 方程 $f(x) = 0$ 的根所在区间

(3) 设当前的有根区间为 $[a_k, b_k]$，取 $x_k = \dfrac{a_k + b_k}{2}$，则

若 $f(x_k)=0$，停止计算，输出结果 $x^*=x_k$；

若 $f(a_k)f(x_k)<0$，令 $a_{k+1}=a_k,b_{k+1}=x_k$；

否则，令 $a_{k+1}=x_k,b_{k+1}=b_k$，再取 $x_{k+1}=\dfrac{a_{k+1}+b_{k+1}}{2}$，继续计算。

(4) 当 $\dfrac{b_k-a_k}{2}<\varepsilon$ 时，计算停止，其中 ε 是预先给定的精度要求，显然有

$$|x^*-x_k|\leqslant \frac{b_k-a_k}{2}=\cdots=\frac{b-a}{2^{k+1}}, \qquad k=1,2,\cdots$$

总有 $\lim\limits_{k\to\infty}x_k=x^*$，且近似根 x^* 可以达到任意精度。

编写二分法求方程 $f(x)=0$ 根的 M 函数文件 bisect.m 如下。

```
function [xs,fx]=bisect(fun,a,b,err)
%利用二分法求方程 f(x)=0 的根
%fun 是要求解的函数，a 和 b 为区间端点，delta 是给定的误差精度
%xs 是方程的解，fx 是 fun 在 xs 的值
fa=fun(a);
fb=fun(b);
if fa*fb>0
    disp('(a,b) 不是有根区间');
end
while abs(b-a)>err
    xs=(a+b)/2;
    fx=fun(xs);
    if fx*fa<0
        b=xs;
        fb=fx;
    else
        a=xs;
        fa=fx;
    end
    if abs(fx)<err
        break
    end
end
```

例题 8.1.1　求函数 $f(x)=\mathrm{e}^x+2^{-x}+2\cos x-6$ 在区间 $[1,2]$ 的根。

解：编写 M 文件如下。

```
f=@(x)exp(x)+2^(-x)+2*cos(x)-6;
[x,fx]=bisect(f,1,2,1e-5)
fplot(f,[1,2])
```

```
hold on
plot(xlim,[0,0],'--',x,fx,'k*','markersize',8)
xlabel('x'); ylabel('y')
text(x-0.22, fx+0.1, [' x^*=',num2str(x)], 'fontsize',14)
```
执行结果为
```
x =
   1.8294
fx =
   1.0178e-06
```
方程的根如图 8.1.2 所示。

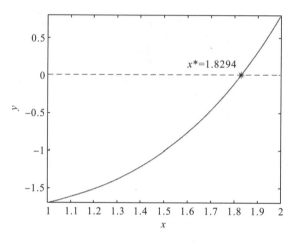

图 8.1.2 二分法求根结果

利用二分法求方程根的近似值时，需要给出根所在区间。此时，可以先用图解法做出函数 $y = f(x)$ 的粗略图形，观察其与 x 轴的交点的位置，以此决定根的个数及其所在区间。

例题 8.1.2 求解方程 $2x\sin x - 3 = 0$，$0 \le x \le 10$。

解： 先画出函数的图形，编写 M 文件如下。

```
f=@(x)2*x*sin(x)-3;
fplot(f,[0,10])
hold on
grid on
plot(xlim,[0,0],'-')
xlabel('x'); ylabel('y')
title('f(x)=2xsin(x)-3')
```
执行结果如图 8.1.3 所示。

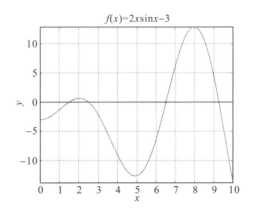

图 8.1.3 函数 $f(x)=2x\sin x-3$ 的图形

由图 8.1.3 可知,函数 $2x\sin x-3=0$ 在区间[0,10]上有 4 个实根,分别位于[1,2]、[2,3]、[6,7]、[9,10]内。分别在这四个区间上使用二分法进行求根计算,运行下列语句。

```
[x1,fx1]=bisect(f,1,2,1e-5);
[x2,fx2]=bisect(f,2,3,1e-5);
[x3,fx3]=bisect(f,6,7,1e-5);
[x4,fx4]=bisect(f,9,10,1e-5);
[x1,x2,x3,x4]
```

执行结果为

```
ans =
1.5034    2.4973    6.5155    9.2621
```

二分法的优点是对函数的要求低(只需满足零点定理的条件),计算简便、程序设计容易;缺点是需要事先估计根所在区间,且不能求出方程的多重根,收敛速度较慢。

8.2 简单迭代法

将方程

$$f(x)=0 \tag{8.2.1}$$

化为等价方程

$$x=\phi(x) \tag{8.2.2}$$

取根的初始近似值 x_0,用迭代格式

$$x_{k+1}=\phi(x_k), \quad k=0,1,2,\cdots \tag{8.2.3}$$

生成序列 $\{x_k\}$。若 $\phi(x)$ 连续,且 $\lim_{k\to\infty}x_k=x^*$,则有 $x^*=\phi(x^*)$,称 x^* 为 $\phi(x)$ 的不动点,同时 x^* 为方程(8.2.1)的解。称 $\phi(x)$ 为迭代函数,$\{x_k\}$ 为迭代序列。

若对任意初值 x_0,迭代序列 $\{x_k\}$ 收敛,则称迭代格式(8.2.3)收敛,否则称迭代格式(8.2.3)发散。

由于计算 x_{k+1} 时,只用到函数 $\phi(x)$ 在点 x_k 的值,所以这种迭代也称为单点迭代。

迭代法的几何意义是：方程 $x = \phi(x)$ 的解是直线 $y = x$ 与曲线 $y = \phi(x)$ 交点 P^* 的横坐标 x^*，如图 8.2.1 所示。

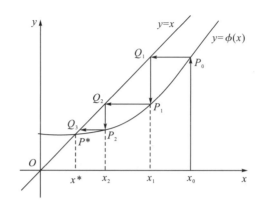

图 8.2.1   迭代法原理示意图

利用迭代公式 (8.2.3) 求序列 $\{x_k\}$，相当于从图 8.2.1 中的 x_0 点出发，由函数 $y = \phi(x)$ 得到点 P_0，将 P_0 的纵坐标代入函数 $y = x$ 中得到 Q_1，再把 Q_1 的横坐标 x_1 代入方程 $y = \phi(x)$，得到 P_1，再将 P_1 的纵坐标代入 $y = x$ 中得到 Q_2，把 Q_2 的横坐标 x_2 代入方程 $y = \phi(x)$ 得到 P_2。如此继续下去，在 $y = \phi(x)$ 上得到一系列点 $P_0, P_1, \cdots, P_k, \cdots$，这些点的横坐标即为 x_0，$x_1, \cdots, x_k, \cdots$，且 $k \to \infty$ 时，$x_k \to x^*$。

例题 8.2.1 用迭代法求方程 $x^4 + 2x^3 - x - 3 = 0$ 在区间 $[1, 1.2]$ 上的实根。

解：对方程进行如下三种变形

$$x = \phi_1(x) = (3 + x - 2x^2)^{\frac{1}{4}}$$

$$x = \phi_2(x) = \sqrt{\sqrt{x+4} - 1}$$

$$x = \phi_3(x) = x^4 + 2x^2 - 3$$

分别按以上三种形式建立迭代公式，并取 $x_0 = 1$ 进行迭代计算，结果如下

$$x_{k+1} = \phi_1(x_k) = (3 + x_k - 2x_k^2)^{\frac{1}{4}}, \quad x_{26} = x_{27} = 1.124123$$

$$x_{k+1} = \phi_2(x_k) = \sqrt{\sqrt{x_k + 4} - 1}, \quad x_6 = x_7 = 1.124123$$

$$x_{k+1} = \phi_3(x_k) = x_k^4 + 2x_k^2 - 3, \quad x_3 = 96, \quad x_4 = 8.495307 \times 10^7$$

由例题 8.2.1 计算结果可知，第二个迭代公式比第一个迭代公式收敛速度快，而第三个迭代公式不收敛。说明用同一个方程构成不同的迭代公式，所得到的迭代序列不同，且收敛速度也不同，为此需要研究迭代公式的收敛性。

定义 8.2.1 若函数 $\phi(x)$ 对 $[a, b]$ 上任意两点 x_1、x_2，都有

$$|\phi(x_1) - \phi(x_2)| \leq L |x_1 - x_2| \tag{8.2.4}$$

成立，其中 L 是与 x_1、x_2 无关的常数，称函数 $\phi(x)$ 在 $[a, b]$ 上满足 Lipschitz（利普希茨）条件（简记为 Lip 条件），L 称为 Lipschitz 常数。

定理 8.2.1 若函数 $\phi(x)$ 在 $[a, b]$ 上满足下列两个条件

(1)对任意的 $x \in [a,b]$，有 $a \leqslant \phi(x) \leqslant b$；

(2)存在常数 $L < 1$，对 $\forall x_1, x_2 \in [a,b]$，有 $|\phi(x_1) - \phi(x_2)| \leqslant L|x_1 - x_2|$ 成立。

则对任意初值 $x_0 \in [a,b]$，由迭代公式(8.2.3)产生的序列 $\{x_k\}$ 收敛于方程 $x = \phi(x)$ 的根 x^*，其误差估计为

$$|x^* - x_k| \leqslant \frac{L^k}{1-L}|x_1 - x_0| \tag{8.2.5}$$

在定理 8.2.1 中，若条件(2)改为导数条件，即如果 $\phi'(x)$ 在 $[a,b]$ 上存在，且 $\phi'(x) \neq 0$，$|\phi'(x)| \leqslant L < 1$，结论仍然成立。

例如，例题 8.2.1 中，已知 $x \in [1,1.2]$，有

$$|\phi_1'(x)| = \left|\frac{x - 0.25}{(3 + x - 2x^2)^{\frac{3}{4}}}\right| < \frac{1.2 - 0.25}{(3 + 1 - 2 \times 1.2^2)^{\frac{3}{4}}} < 0.87 < 1$$

$$|\phi_2'(x)| = \frac{1}{4\sqrt{\sqrt{x+4}-1}\sqrt{x+4}} < \frac{1}{4\sqrt{\sqrt{5}-1}\sqrt{5}} < 0.11$$

$$|\phi_3'(x)| = |4x^3 + 4x| > 8$$

可知，前两个迭代公式收敛，第三个迭代公式不收敛。

例题 8.2.2 求方程 $f(x) = x^3 + 2x - 5 = 0$ 的根，要求 $|x_{k+1} - x_k| < 10^{-6}$。

解： 把方程 $f(x) = 0$ 化为等价形式 $x = \sqrt[3]{5 - 2x}$，相应的迭代格式为

$$x_{k+1} = \sqrt[3]{5 - 2x_k}, \quad k = 0,1,2,\cdots$$

因为 $\phi'(x) = -\frac{2}{3} \times \frac{1}{\sqrt[3]{(5 - 2x_k)^2}}$，所以在区间 $(1,2)$ 内 $|\phi'(x)| \leqslant \frac{2}{3} < 1$。

由定理 8.1.1 知，迭代格式 $x_{k+1} = \sqrt[3]{5 - 2x_k}$ 收敛。

取 $x_0 = 1.5$，编写 M 文件如下。

```
x0=1.5;
d=(5-2*x0)^(1/3);
it=0; dd=abs(d-x0);
err=1e-6;
while abs(dd)>err
        it=it+1;
        x1=d;
        d=(5-2*x1)^(1/3);
        dd=abs(d-x1);
        fprintf('%3d        %12.9f        %12.9f\n', it, d, dd);
    end
```

执行结果见表 8.2.1。

表 8.2.1　迭代计算结果

k	x_k	$\mid x_k - x_{k-1} \mid$
1	1.353608617	0.093687567
2	1.31862398	0.034984637
3	1.331903363	0.013279383
4	1.32689408	0.005009283
5	1.328788132	0.001894053
6	1.32807261	0.000715522
7	1.328343006	0.000270396
8	1.328240836	0.00010217
9	1.328279443	0.000038607
10	1.328264855	0.000014588
11	1.328270367	0.000005512
12	1.328268284	0.000002083
13	1.328269072	0.000000787

即 $x_{13} = 1.32826907$ 是 x^* 满足条件的近似值。

8.3　Newton 法

Newton 迭代法是求解非线性方程 $f(x) = 0$ 的一种重要方法，其基本思想是：将非线性方程线性化，以线性方程的解逐步逼近非线性方程的解。

设方程 $f(x) = 0$ 有近似根 x_k，将 $f(x)$ 在 x_k 处进行 Taylor 展开，去掉二阶及二阶导数以后的项，得

$$f(x) \approx f(x_k) + f'(x_k)(x - x_k)$$

若 $f'(x_k) \neq 0$，则方程 $f(x) = 0$ 可近似表示为

$$f(x_k) + f'(x_k)(x - x_k) = 0$$

将该方程的根记为 x_{k+1}，于是 x_{k+1} 的计算公式为

$$x_{k+1} = x_k - \frac{f(x_k)}{f'(x_k)}, \quad k = 0,1,2,\cdots \tag{8.3.1}$$

式 (8.3.1) 称为 Newton 迭代公式。用 Newton 迭代公式 (8.3.1) 求方程 $f(x) = 0$ 根的方法称为 Newton 法。

Newton 法的几何意义是：方程 $f(x) = 0$ 的解 x^* 是曲线 $y = f(x)$ 过点 $(x_k, f(x_k))$ 的切线 $y = f(x_k) + f'(x_k)(x - x_k)$ 与 x 轴的交点横坐标，如图 8.3.1 所示。

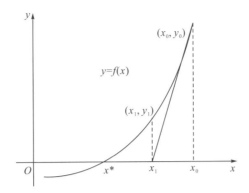

图 8.3.1 Newton 法原理示意图

利用迭代公式(8.3.1)求序列$\{x_k\}$,等于从图 8.3.1 中的x_0点出发,先求曲线$y=f(x)$过点$(x_0,f(x_0))$的切线$y=f(x_0)+f'(x_0)(x-x_0)$与x轴的交点x_1,再求曲线过点$(x_1,f(x_1))$的切线$y=f(x_1)+f'(x_1)(x-x_1)$与x轴的交点x_2,如此继续下去,x_{k+1}就是过曲线上点$(x_k,f(x_k))$处的切线与x轴的交点。

编写 Newton 法求方程根的 M 函数文件 fnewton.m 如下。

```
function [res,iter]=fnewton(fun,x0,tol)
%利用 Newton 迭代法求方程 f(x)=0 的根
%fun 是求解函数, dfun 是函数 fun 的一阶导数,
%x0 是初值, tol 为误差精度
%iter 是迭代次数, res 是所求近似解
if ~isscalar(fun)
    dfun=fun{2};                          %导函数匿名函数形式
    fun=fun{1};                           %函数的匿名函数形式
else
    if isa(fun,'sym')                     %函数以符号表达式的形式给
出
        dfun=matlabFunction(diff(fun));   %导函数匿名函数形式
        fun=matlabFunction(fun);          %函数的匿名函数形式
    elseif isa(fun,'function_handle')     %函数以匿名函数或函数句柄
的形式给出
        dfun=matlabFunction(diff(sym(@(x)fun(x))));   %导函数匿
名函数形式
    end
end
iter=0;
d=feval(fun,x0)/feval(dfun,x0);
while abs(d)>tol
```

```
    iter=iter+1;
    x1=x0-d;
    x0=x1;
    d=feval(fun,x0)/feval(dfun,x0);
end
res=x0;
```

例题 8.3.1 用 Newton 法求方程 $f(x) = x^3 + 2x - 5 = 0$ 的根，要求 $|x_{k+1} - x_k| < 10^{-6}$。

解： 由 $f'(x) = 3x^3 + 2$，建立 Newton 迭代公式

$$x_{k+1} = x_k - \frac{x_k^3 + 2x_k - 5}{3x_k^2 + 2}, \quad k = 0,1,\cdots$$

取 $x_0 = 1.5$，调用 fnewton.m 函数文件求解

```
f=@(x)x^3+2*x-5;
[x,iter]=fnewton(f,1.5,1e-6)
```

执行结果为

```
x =
   1.328268862930229
iter =
   3
```

可知，$x_3 = 1.32826886$ 是 x^* 满足条件的近似值，与例题 8.2.2 的结果相比，Newton 法的收敛速度明显要快得多，精度也高得多。

Newton 法的优点是收敛速度快。其缺点是：①每次迭代都需要计算 $f(x_k)$ 及 $f'(x_k)$，函数比较复杂时，计算量较大；②初始值 x_0 只在根 x^* 附近才能保证收敛，x_0 选取不当可能不收敛；③当函数不可导时，不能使用 Newton 法。

8.4　弦截法

Newton 法最大的缺点是需要计算导数 $f'(x)$，当函数 $f(x)$ 比较复杂或函数不可导时不能使用 Newton 法。此时，可以用有限差分近似计算导数，即 $f'(x_k) \approx \dfrac{f(x_k) - f(x_{k-1})}{x_k - x_{k-1}}$，于是式(8.3.1)改写为

$$x_{k+1} = x_k - \frac{x_k - x_{k-1}}{f(x_k) - f(x_{k-1})} f(x_k), \quad k = 1,2,\cdots \tag{8.4.1}$$

式(8.4.1)称为弦截法迭代公式。

弦截法的几何意义是：方程 $f(x) = 0$ 的解 x^* 是曲线 $y = f(x)$ 过两个点 $(x_{k-1}, f(x_{k-1}))$ 和 $(x_k, f(x_k))$ 的割线与 x 轴的交点横坐标，如图 8.4.1 所示。

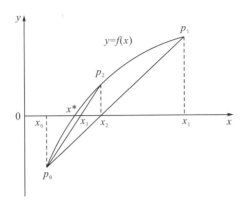

图 8.4.1　弦截法原理示意图

弦截法的优点是不需要计算导数值；缺点是不如 Newton 迭代法收敛快，而且需要给出两个初始值 x_0、x_1 才能进行迭代。

编写弦截法求方程根的 M 函数文件 fsecant.m。

```
function [xs,iter,err]=fsecant(fun,p0,p1,tol)
%割线法求方程的根
%fun 为给定的函数，p0，p1 为初始值，tol 为计算精度
iter=0;
d=feval(fun,p1)*(p1-p0)/(feval(fun,p1)-feval(fun,p0));
while abs(d)>tol
    iter=iter+1;
    p2=p1-d;
    p0=p1; p1=p2;
    d=feval(fun,p1)*(p1-p0)/(feval(fun,p1)-feval(fun,p0));
end
xs=p2; err=abs(d);
```

例题 8.4.1 用弦截法求方程 $f(x)=x^3+2x-5=0$ 的根，要求 $|x_{k+1}-x_k|<10^{-6}$。

解： 已知 $f(x_k)=x_k^3+2x_k-5$，$f(x_{k-1})=x_{k-1}^3+2x_{k-1}-5$，建立迭代公式

$$x_{k+1}=x_k-\frac{x_k-x_{k-1}}{f(x_k)-f(x_{k-1})}f(x_k)$$

$$=x_k-\frac{x_k^3+2x_k-5}{x_k^2+x_kx_{k-1}+x_{k-1}^2+2},\quad k=1,2,\cdots$$

取 $x_0=1.5$，$x_1=1.4$，调用 fsecant.m 函数文件求解。

```
x0=1.5; x1=1.4; tol=1e-6;
fun=@(x)x^3+2*x-5;
[x,iter,err]=fsecant(fun,x0,x1,tol)
```

执行结果为

```
x =
```

```
    1.328269676200845
iter =
    3
err =
    8.204246203148061e-07
```

可见，x_3=1.328269676200845 是 x^* 满足条件的近似根，与例题 8.2.2 的结果相比，弦截法收敛速度也很快，精度也很高。

8.5 非线性方程组的 Newton 迭代法

Newton 迭代法解非线性方程 $f(x)=0$ 的基本思想是将非线性方程线性化，通过建立迭代公式进行求解。这一方法也适用于非线性方程组的求解。

设二元非线性方程组

$$\begin{cases} f_1(x,y)=0 \\ f_2(x,y)=0 \end{cases} \tag{8.5.1}$$

有近似解 (x_k,y_k)，$f_1(x,y)$、$f_2(x,y)$ 在点 (x_k,y_k) 的某一邻域 $U(x_k,y_k)$ 内具有连续的各阶偏导数，将 $f_1(x,y)$、$f_2(x,y)$ 在点 (x_k,y_k) 处进行 Taylor 展开，去掉二阶及二阶导数以后的项，得

$$\begin{cases} f_1(x,y)=f_1(x_k,y_k)+(x-x_k)\dfrac{\partial f_1(x_k,y_k)}{\partial x}+(y-y_k)\dfrac{\partial f_1(x_k,y_k)}{\partial y} \\ f_2(x,y)=f_2(x_k,y_k)+(x-x_k)\dfrac{\partial f_2(x_k,y_k)}{\partial x}+(y-y_k)\dfrac{\partial f_2(x_k,y_k)}{\partial y} \end{cases}$$

结合式 (8.5.1)，得

$$\begin{cases} (x-x_k)\dfrac{\partial f_1(x_k,y_k)}{\partial x}+(y-y_k)\dfrac{\partial f_1(x_k,y_k)}{\partial y}=-f_1(x_k,y_y) \\ (x-x_k)\dfrac{\partial f_2(x_k,y_k)}{\partial x}+(y-y_k)\dfrac{\partial f_2(x_k,y_k)}{\partial y}=-f_2(x_k,y_k) \end{cases} \tag{8.5.2}$$

将方程组 (8.5.2) 的解记为 (x_{k+1},y_{k+1})，即

$$\begin{cases} (x_{k+1}-x_k)\dfrac{\partial f_1(x_k,y_k)}{\partial x}+(y_{k+1}-y_k)\dfrac{\partial f_1(x_k,y_k)}{\partial y}=-f_1(x_k,y_y) \\ (x_{k+1}-x_k)\dfrac{\partial f_2(x_k,y_k)}{\partial x}+(y_{k+1}-y_k)\dfrac{\partial f_2(x_k,y_k)}{\partial y}=-f_2(x_k,y_k) \end{cases} \tag{8.5.3}$$

显然，式 (8.5.3) 即为将非线性方程组 (8.5.1) 作线性化近似后得到的线性方程组，当其系数行列式

$$D_k=\begin{vmatrix} \dfrac{\partial f_1(x_k,y_k)}{\partial x} & \dfrac{\partial f_1(x_k,y_k)}{\partial y} \\ \dfrac{\partial f_2(x_k,y_k)}{\partial x} & \dfrac{\partial f_2(x_k,y_k)}{\partial y} \end{vmatrix}\neq 0$$

时，方程组(8.5.3)有唯一解

$$\begin{cases} x_{k+1} = x_k - \dfrac{A(x_k, y_k)}{D_k} \\[3mm] y_{k+1} = y_k - \dfrac{B(x_k, y_k)}{D_k} \end{cases}, \quad k = 0,1,\cdots \tag{8.5.4}$$

其中，

$$A(x_k, y_k) = \begin{vmatrix} f_1(x_k, y_k) & \dfrac{\partial f_1(x_k, y_k)}{\partial y} \\[3mm] f_2(x_k, y_k) & \dfrac{\partial f_2(x_k, y_k)}{\partial y} \end{vmatrix}, \quad B(x_k, y_k) = \begin{vmatrix} \dfrac{\partial f_1(x_k, y_k)}{\partial x} & f_1(x_k, y_k) \\[3mm] \dfrac{\partial f_1(x_k, y_k)}{\partial x} & f_1(x_k, y_k) \end{vmatrix}$$

式(8.5.4)称为求解二元非线性方程组(8.5.1)的 Newton 迭代公式。

对于 n 元非线性方程组

$$\begin{cases} f_1(x_1, x_2, \cdots, x_n) = 0 \\ f_2(x_1, x_2, \cdots, x_n) = 0 \\ \qquad\cdots\cdots \\ f_n(x_1, x_2, \cdots, x_n) = 0 \end{cases} \tag{8.5.5}$$

为方便表示，记

$$x = (x_1, x_2, \cdots, x_n)^{\mathrm{T}}, \quad F = (f_1, f_2, \cdots, f_n)^{\mathrm{T}}$$

于是，方程组(8.5.5)可写为

$$F(x) = 0 \tag{8.5.6}$$

将 $F(x)$ 在点 $x^{(k)} = (x_1^{(k)}, x_2^{(k)}, \cdots, x_n^{(k)})^{\mathrm{T}}$ 处进行 Taylor 展开并线性化，得

$$F(x) \approx F(x^{(k)}) + F'(x^{(k)})(x - x^{(k)}) \tag{8.5.7}$$

其中，

$$F'(x) = \frac{\partial F}{\partial x} = \begin{vmatrix} \dfrac{\partial f_1}{\partial x_1} & \dfrac{\partial f_1}{\partial x_2} & \cdots & \dfrac{\partial f_1}{\partial x_n} \\[3mm] \dfrac{\partial f_2}{\partial x_1} & \dfrac{\partial f_2}{\partial x_2} & \cdots & \dfrac{\partial f_2}{\partial x_n} \\[3mm] \vdots & \vdots & & \vdots \\[3mm] \dfrac{\partial f_n}{\partial x_1} & \dfrac{\partial f_n}{\partial x_2} & \cdots & \dfrac{\partial f_n}{\partial x_n} \end{vmatrix}$$

为 $F(x)$ 的 Jacobi 矩阵。

将式(8.5.6)代入式(8.5.7)中，得

$$F(x^{(k)}) + F'(x^{(k)})(x - x^{(k)}) = 0 \tag{8.5.8}$$

将方程(8.5.8)的解记为 $x^{(k+1)}$，于是有迭代公式

$$x^{(k+1)} = x^{(k)} - [F(x^{(k)})]^{-1} F'(x^{(k)}), \quad k = 0,1,\cdots \tag{8.5.9}$$

式(8.5.9)称为求解非线性方程组的 Newton 迭代公式。

8.6　非线性方程(组)求解的 MATLAB 函数

1. 非线性方程求解

MATLAB 中求解非线性方程的函数主要有 roots 和 fzero，其调用格式为

```
r = roots(c)
```

求解多项式方程的所有根(包括复根)，其中行向量 c 是多项式的系数向量，按多项式次数降序排列。

```
[x,fval,exitflag,output] = fzero(fun,x0,tol,trace)
```

求单变量函数 fun 在 $x0$ 附近的零点。其中，fun 是目标函数，可以是函数句柄、内嵌函数或匿名函数；$x0$ 是初值；tol 控制计算结果的相对精度，缺省为 eps；x 是函数 fun 零点的近似值，fval 是 x 的函数值，exitflag 显示程序停止运行的原因，output 是一个结构变量，包含 iterations(迭代次数)、funcCount(函数调用次数)、algorithm(所用算法)等。

例题 8.6.1　求方程 $x^3 - 2x - 5 = 0$ 的根。

解：调用 roots 函数求出方程所有根。

```
p=[1,0,-2,-5];
r=roots(p)
```

执行结果为

```
r =
  2.094551481542328 + 0.000000000000000i
 -1.047275740771163 + 1.135939889088928i
 -1.047275740771163 - 1.135939889088928i
```

调用 fzero 函数求 2 附近的根。

```
fun='x^3-2*x-5';
[x,fval,exitflag,output] =fzero(fun,2)     %初始估计值为 2
```

执行结果为

```
x =
    2.09455148154233
fval =
    -8.88178419700125e-16
exitflag =
    1
output =
    intervaliterations: 3
    iterations: 6
    funcCount: 13
    algorithm: 'bisection, interpolation'
```

<pre>   message: '在区间 [1.88686, 2.11314] 中发现零'</pre>

例题 8.6.2 求方程 $f(x)=4x^4-x^2+x-3$ 的所有根，并画出所有的实根。

解： 先调用 roots 函数求出方程所有根，利用 imag 函数提取根的虚部。若虚部的绝对值非常小，该根即判为实根。编写 M 文件如下。

```
p=[4,0,-1,1,-3];
r=roots(p)
fval=polyval(p,r);                          % 根处的函数值
fplot(@(x)[polyval(p,x),zeros(size(x))], [-1.5,1.5])
        % 绘制多项式图形
hold on
ind=abs(imag(r))<eps;                        % 求实根位置
plot(r(ind),fval(ind),'k*','markersize',8)          % 绘制实根
title('f(x)=4x^4-x^2+x-3')
xlabel('x'); ylabel('f(x)')
```

执行结果为

```
     r =
        -1.0683 + 0.0000i
         0.9252 + 0.0000i
         0.0715 + 0.8682i
         0.0715 - 0.8682i
```

实根的图形见图 8.6.1。

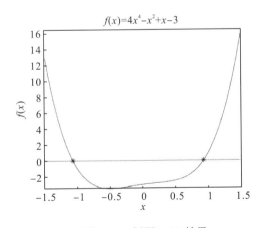

图 8.6.1 例题 8.6.2 结果

例题 8.6.3 调用 fzero 函数求以下方程的根。

(1) 求 $\sin x$ 在 $x=3$ 附近的零点；

(2) 求 $\cos x$ 在区间[1,2]内的零点；

(3) 求方程 $x^3-2\sin x=0$ 的根。

解： 直接输入命令求解。

(1) fzero(@sin,3)；

(2) fzero(@cos,[1,2])；

(3) fzero(@(x) x^3-2*sin(x),1)。

例题 8.6.4 利用 Newton 法求解方程 $e^x - x - 5 = 0$ 在 x=3.8 附近的根。

解： 调用 fnewton.m 函数文件求解。

```
fun=@(x)exp(x)-x-5;
[x,iter]=fnewton(fun,3.8,1e-6)   % Newton 法求根
```

执行结果为

```
x =
   1.936847407266655
iter =
    6
```

2. 非线性方程组求解

MATLAB 中求解非线性方程组的函数主要是 fsolve，其算法采用的是最小二乘法。调用格式与 fzero 函数类似，即

```
[x, fval, exitflag, output, jacobian] = fsolve(fun, x0, options,
p1, p2,…)
```

例题 8.6.5 　求方程组 $\begin{cases} 2x_1 - x_2 = e^{-x_1} \\ -x_1 + 2x_2 = e^{-x_2} \end{cases}$ 的解。

解： 将方程组化为标准形

$$\begin{cases} 2x_1 - x_2 - e^{-x_1} = 0 \\ -x_1 + 2x_2 - e^{-x_2} = 0 \end{cases}$$

建立 M 函数文件 myfun.m。

```
function F = myfun(x)
F = [2*x(1) - x(2) - exp(-x(1)); -x(1) + 2*x(2) - exp(-x(2))];
```

设初值 $x0$=[-5;5]，输入命令：

```
x0 = [-5; -5];
x= fsolve(@myfun,x0)
```

执行结果为

```
x =
    0.567143031397357
    0.567143031397357
```

例题 8.6.6 　求解方程组 $\begin{cases} \sin x + y^2 + \ln z = 7 \\ 3x + 2^y - z^3 + 1 = 0 \\ x + y + z = 5 \end{cases}$ 。

解： 将方程组化为标准形

$$\begin{cases} \sin x_1 + x_2{}^2 + \ln x_3 - 7 = 0 \\ 3x_1 + 2^{x_2} - x_3{}^3 + 1 = 0 \\ x_1 + x_2 + x_3 - 5 = 0 \end{cases}$$

建立 M 函数文件 fun.m。

```
function y=fun(x)
y(1)=sin(x(1))+x(2)^2+log(x(3))-7;
y(2)=3*x(1)+2^x(2)-x(3)^3+1;
y(3)=x(1)+x(2)+x(3)-5;
```

输入语句

```
x0=[1 1 1];
x=fsolve(@fun,x0)
```

执行结果为

```
x =
   0.599053756637426   2.395931402383216   2.005014840979314
```

8.7　应用案例——铅球投掷距离

1. 问题描述

在铅球的训练和比赛中，教练和运动员最关心的问题是如何将铅球投掷得最远？投掷距离是指铅球落地点与投掷圆之间的距离，而出手角度和出手速度是影响铅球投掷距离的两个重要因素。在忽略铅球运行过程中空气阻力影响的情况下，应选择怎样的出手角度和出手速度，以提高运动员的成绩？

2. 问题求解

1）抛射模型

将铅球视为质点，投掷后在空中做抛体运动。假设出手角度与出手速度相互独立，忽略铅球出手瞬间抵趾板与出手点之间的水平距离。

以铅球出手点的垂直方向为 y 轴（方向向上），以 y 轴与地面的交点到铅球落地点方向为 x 轴，建立平面直角坐标系，如图 8.7.1 所示。

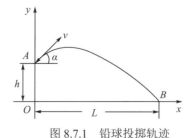

图 8.7.1　铅球投掷轨迹

设铅球出手时的高度为 h，速度为 v，投掷角为 α，铅球出手时开始计时。根据力学知识，得到铅球的运动方程

$$\begin{cases} x = vt\cos\alpha \\ y = vt\sin\alpha - \dfrac{1}{2}gt^2 + h \end{cases} \tag{8.7.1}$$

其中，t 为铅球在空中的运行时间，重力加速度 $g=9.8\text{m/m}^2$。

消去式(8.7.1)中的 t，得到铅球运动的轨迹方程

$$y(x) = h + x\tan\alpha - \frac{g}{2v^2\cos^2\alpha}x^2 \tag{8.7.2}$$

于是，投掷距离 L 为方程 $y(x)=0$ 的根。

2) 投掷距离的计算

表 8.7.1 中给出铅球运动员的相关数据，将其代入式(8.7.2)，利用 MATLAB 的 fzero 函数或 Newton 法求解该方程，得到相应的模型计算成绩。

表 8.7.1　铅球运动员的相关数据

出手高度 h / m	出手速度 v/(m/s)	出手角度 α /(°)	实测成绩 / m	计算成绩/ m	相对误差 / %
1.90	13.75	37.60	20.95	20.856	0.4471
1.95	12.24	38.69	17.17	17.062	0.6271
2.00	13.52	38.99	20.30	20.425	0.6172
2.00	14.00	42.41	22.00	21.909	0.4141
2.05	11.27	38.26	14.92	14.814	0.7094
2.06	13.77	40.00	21.41	21.254	0.7279
2.14	11.03	39.75	14.51	14.389	0.8341

由表 8.7.1 可知，式(8.7.2)计算的成绩多数比实际成绩小，这是由于忽略了铅球出手瞬间抵趾板与出手点之间的水平距离。出手速度小于 13m/s 时，成绩均不理想。出手速度从 12.24m/s 增加到 13.52m/s 时，出手高度增加 0.05m，出手角度增加 0.3°，而投掷距离增加了 3.13m，因此，出手速度是影响投掷距离的重要因素。

由式(8.7.2)，得到投掷距离 L 的解析解

$$L = \frac{1}{2g}\left[v^2\sin2\alpha + \sqrt{8hgv^2\cos^2\alpha + v^4\sin^2 2\alpha}\right] \tag{8.7.3}$$

式(8.7.3)描述了铅球投掷距离与出手高度、出手角度与出手速度之间的关系，出手高度和出手速度越大，投掷距离越远。

而当出手高度、出手速度一定时，如何选择最佳出手角度，能使铅球投掷距离最远？利用极值理论，最佳出手角度满足方程

$$v^2\sin2\alpha\cos2\alpha + \cos2\alpha\sqrt{8hgv^2\cos^2\alpha + v^4\sin^2 2\alpha} - 2hg\sin2\alpha = 0 \tag{8.7.4}$$

即

$$\cos 2\alpha = \frac{hg}{v^2 + hg} = \frac{g}{\dfrac{v^2}{h} + g} \tag{8.7.5}$$

式 (8.7.5) 表明，最佳出手角度 $0 < \alpha \leqslant 45°$。当铅球出手高度一定时，增加出手速度，最佳出手角度随之增大；铅球出手速度一定时，增加出手高度，最佳出手角度反而减小。

利用式 (8.7.3) 和式 (8.7.5) 可以计算出手高度在 $1.95\sim2.05\,\mathrm{m}$，出手角度在 $12\sim15\,\mathrm{m/s}$ 的最佳出手角度和投掷距离，结果见表 8.7.2。

表 8.7.2　最佳出手角度 α 和投掷距离 L

h/m	12m/s		12.5 m/s		13 m/s		13.5 m/s		14 m/s		14.5 m/s		15 m/s	
	α/°	L/m	α/°	L/m	α/°	L/m	α/°	L/m	α/°	L/m	α/°	L/m	α/°	L/m
1.90	41.71	16.48	41.94	17.74	42.15	19.05	42.34	20.41	42.51	21.82	42.67	23.28	42.81	24.79
1.95	41.64	16.53	41.87	17.79	42.08	19.10	42.28	20.45	42.45	21.86	42.61	23.32	42.76	24.83
2.00	41.56	16.57	41.80	17.83	42.02	19.14	42.21	20.50	42.39	21.91	42.55	23.37	42.70	24.88
2.05	41.48	16.62	41.72	17.88	41.95	19.19	42.15	20.54	42.33	21.95	42.50	23.41	42.65	24.93
2.10	41.41	16.66	41.66	17.92	41.88	19.23	42.09	20.59	42.27	22	42.44	23.46	42.60	24.97

由表 8.7.2 可知，铅球的出手速度、出手角度及出手高度对投掷距离的影响各不相同，出手速度对投掷距离的影响最大，出手速度增加会大幅度提高投掷距离。

部分程序代码如下。

```
g=9.8;
h1=[1.9,1.95,2.00,2.00,2.05,2.06,2.14];
%出手高度
v1=[13.75,12.24,13.52,14.00,11.27,13.77,11.03];
%出手速度
alpha1=[37.6,38.99,38.69,42.41,38.26,40.00,39.75]*3.14/180;
%出手角度
sjcj=[20.95,17.17,20.30,22,14.92,21.41,14.51];
%实测距离
    %计算投掷距离
    n1=length(h1);
    for i=1:n1
        f=@(x)h1(i)+x*tan(alpha1(i))-g*x^2/(2*(v1(i)
*cos(alpha1(i)))^2);
        jscj(i)=fnewton(f,20,1e-6);
%理论距离
    end
    wch=abs(sjcj-jscj)./sjcj*100;
    %计算最佳出手角度和距离
```

```
h2=1.9:0.05:2.10;
v2=12:0.5:15;
n2=length(h2);n3=length(v2);
for i=1:n2
  for j=1:n3
    a(i,j)=a*cos(g/(v2(j)^2/h2(i)+g))/2;
    L(i,j)=(v2(j)^2*sin(2* a(i,j))+sqrt(8*g*h2(i)*v2(j)^2
*cos(a(i,j))^2+v2(j)^4*sin(2* a(i,j))^2))/2/g;
  end
end
a=a*180/pi;
```

练 习 八

1. 判断以下四则运算形式求方程 $x^2-3=0$ 的根 $x*=\sqrt{3}=1.7320508\cdots$ 的方法是否收敛，若收敛，比较收敛速度。

(1) $x = x^2 + x - 3$ 　　　　　　　(2) $x = \dfrac{3}{x}$

(3) $x = x - \dfrac{1}{4}(x^2 - 3)$ 　　　　　(4) $x = \dfrac{1}{2}\left(x + \dfrac{3}{x}\right)$

2. 求方程 $x^3 - x^2 - 1 = 0$ 的有根区间，对下列四种等价变形，判断各迭代格式的收敛性，并利用收敛的迭代格式，计算具有 4 位有效数字的近似根。

(1) $x = 1 + \dfrac{1}{x^2}$ 　　　(2) $x = \sqrt[3]{1 + x^2}$ 　　　(3) $x = \dfrac{1}{\sqrt{x-1}}$ 　　　(4) $x = \sqrt{x^3 - 1}$

3. 用 Newton 法求方程 $x^3 - x^2 - 1 = 0$ 在 $x_0 = -2, -1, 0, 1, 1.5, 2$ 附近的根，分析初值对 Newton 法收敛性的影响。

4. 用 Newton 法、弦截法分别求方程 $x^3 - 3x - 1 = 0$ 在 $x_0 = 2$ 附近的根，要求计算结果精确到 4 位有效数字。

5. 确定方程 $x = 10^x - 2$ 的实根个数，并选择合适的迭代格式求其实根，误差 $\varepsilon = 10^{-6}$。

6. 用不同的方法求方程 $\sin x - x - x^2 + 0.5 = 0$ 在区间 [0,1] 内的根，并比较各种方法的迭代次数，误差 $\varepsilon = 10^{-6}$。

7. 求方程 $4x^4 - x^2 + x - 3 = 0$ 的所有根。

8. 某人在山崖顶扔下一块石头，过了 4s 后听到回声，试建立模型，求山崖的高度。

9. 若买一辆汽车需 32000 元，可选取 36 个月分期付款方式，每月须付 1200 元。也可以向银行贷款，贷款期限为 3 年，年利率为 6.66%。应该选择哪种方式购车更合算？

10. 某人向银行贷款 30000 元购房，在 15 年内按月等额偿还，每月还款 450 元。房地产开发商向他提出更"诱人"的承诺：在每月还款额基本不变的情况下，提前两年还清贷款。他们的条件是：①首期预付半年的还款；②改每月还款 450 元为每月还款 225 元。选择哪种方式更省钱？

11. 北方城市在寒冷的冬季温度较低，地下水管若埋得较浅容易冻结，埋得较深会增加施工难度和成本。寒流到来后地下土壤的温度会逐渐降低，随着寒流持续时间增加，某一深度土壤的温度逐渐降低，趋于地面温度。已知寒流到来后距地面 xm 处土壤温度 $T(x,t)$ 为

$$\frac{T(x,t)-T_S}{T_I-T_S}=\mathrm{erf}\left(\frac{x}{2\sqrt{\alpha t}}\right),\quad \mathrm{erf}(x)=\frac{2}{\sqrt{\pi}}\int_0^x e^{-t^2}dt$$

其中，t 为寒流持续时间，T_I 为寒流到来前的正常土壤温度，T_S 为寒冷季节的地面温度，α 为土壤的热传导系数。

为保证水管不冻结，水管应埋于地面以下多少米？假设 $\alpha = 0.138\times10^{-6}\mathrm{m^2/s}$，$T_I = 20℃$，$T_S = -15℃$，寒冷持续时间 t_m 为 60d。

第九章　常微分方程(组)的数值解法

含有未知函数及其导数的方程称为微分方程,未知函数是一元函数的微分方程称为常微分方程。

本章主要讨论一阶常微分方程初值问题

$$\begin{cases} y'(x) = f(x,y), & x \in [a,b] \\ y(x_0) = y_0 \end{cases}$$

的数值解法。

由常微分方程理论可知,当函数 $f(x,y)$ 连续且关于 y 满足 Lipschitz 条件,即存在常数 L,使得

$$|f(x,y_1) - f(x,y_2)| \leqslant L|y_1 - y_2|$$

对任意的 $x \in [a,b]$ 都成立,则一阶常微分方程初值问题的解一定存在且唯一。

所谓数值解法,是指寻求一阶常微分方程初值问题的解函数 $y(x)$ 在一系列离散节点

$$a = x_0 < x_1 < x_2 < \cdots < x_n = b$$

处的近似值 $y_i = y(x_i)$ $(i=0,1,2,\cdots,n)$ 的方法。其中, $y_1, y_2, \cdots, y_n$ 称为微分方程的数值解,节点间距 $h_{i+1} = x_{i+1} - x_i (i=0,1,\cdots,n-1)$ 称为步长,通常采用等距节点,即 h_i 为常数,此时节点为 $x_i = x_0 + ih(i=0,1,\cdots,n)$。

由于 $y(x_0) = y_0$ 为已知,利用一阶常微分方程初值问题第一式求出 $y(x_1)$ 的近似值 y_1,然后由 y_1 求出 $y(x_2)$ 的近似值 y_2,如此继续,顺着节点排列的次序一步一步向前推进,直到求出所有的 $y_1, y_2, \cdots, y_n$。

求解常微分方程的数值方法主要有 Euler(欧拉)法和 Runge-Kutta(龙格-库塔)法。

9.1　Euler 法

9.1.1　Euler 公式

Euler 法是一种最简单的求解微分方程的数值方法,其基本思想与数值微分法相似,即给定初值 $y(x_0) = y_0$,选取节点 $x_n = x_0 + nh$, $h = \dfrac{b-a}{n}$, $n = 1, 2, \cdots$。在区间 $[x_n, x_{n+1}]$ 上用差商 $\dfrac{y(x_{n+1}) - y(x_n)}{h}$ 代替导数 $y'(x_n)$,并代入问题 (P) 第一式,得

$$\frac{y(x_{n+1}) - y(x_n)}{h} \approx f(x_n, y(x_n)), \quad n = 0, 1, 2, \cdots$$

化简得

$$y(x_{n+1}) \approx y(x_n) + hf(x_n, y(x_n)), \quad n = 0, 1, 2, \cdots$$

于是，求解一阶常微分方程初值问题，可通过如下公式

$$\begin{cases} y_{n+1} = y_n + hf(x_n, y_n), & n = 0,1,2,\cdots \\ y_0 = y(x_0) \end{cases} \tag{9.1.1}$$

求出所有的 $y_k\ (k=1,2,\cdots,n)$。

式 (9.1.1) 称为 Euler 公式或向前 Euler 公式。

Euler 公式的几何意义就是用折线近似代替方程的解曲线，因此 Euler 方法也称为折线法。

编写求解一阶常微分方程初值问题的 Euler 公式的 M 函数文件 euler.m 如下。

```
%Euler 公式求解一阶常微分方程
function [x,y]=euler(f,a,b,y0,N)
h=(b-a)/N;
x=zeros(1,N+1); y=zeros(1,N+1);
x(1)=a; y(1)=y0;
for n=1:N
    x(n+1)=x(n)+h;
    y(n+1)=y(n)+h*feval(f,x(n),y(n));
end
```

例题 9.1.1 用 Euler 公式求解下列初值问题，并与其精确解 $y=\sqrt{1+2x}$ 进行比较。

$$\begin{cases} \dfrac{\mathrm{d}y}{\mathrm{d}x} = y - \dfrac{2x}{y}, & 0 \leqslant x \leqslant 1 \\ y(0) = 1 \end{cases}$$

解：设 $a=0$，$b=1$，$n=100$，编写 M 文件如下。

```
f=inline('y-2*x./y');
a=0; b=1; n=100; h=(b-a)/n; y0=1;
[x,y]=euler(f,a,b,y0,n);
t=a:h:b;
yy=sqrt(1+2*t);
err=abs(y-yy);
T=[x' y' yy' err']
```

执行结果见表 9.1.1。

表 9.1.1　Euler 公式的数值解 y_n 与精确解 $y(x_n)$ 比较

x_n	y_n	$y(x_n)$	$|y_n - y(x_n)|$
0	1	1	0
0.01	1.010000000000000	1.009950493836208	0.000049506163792
0.02	1.019901980198020	1.019803902718557	0.000098077479463
0.03	1.029708805448204	1.029563014098700	0.000145791349504
⋮	⋮	⋮	⋮
0.96	1.714286603205424	1.708800749063506	0.005485854141917

x_n	y_n	$y(x_n)$	$\lvert y_n - y(x_n) \rvert$
0.97	1.720229475045084	1.714642819948225	0.005586655096859
0.98	1.726154204632612	1.720465053408525	0.005689151224087
0.99	1.732061025329364	1.726267650163207	0.005793375166157
1.00	1.737950167689524	1.732050807568877	0.005899360120647

由表 9.1.1 可知，Euler 公式的计算精度不高，随着 x_n 的增加 y_n 的误差逐渐增加，这是由于计算 y_n 过程中产生的累积误差导致的。

类似地，若用差商 $\dfrac{y(x_{n+1}) - y(x_n)}{h}$ 代替导数 $y'(x_{n+1})$，则

$$y_{n+1} = y_n + hf(x_{n+1}, y_{n+1}), \quad n = 0, 1, 2, \cdots \tag{9.1.2}$$

由 $y(x_0) = y_0$ 即可求出所有的 y_k ($k = 1, 2, \cdots, n$)。

公式 (9.1.2) 称为隐式 Euler 公式或向后 Euler 公式。

向后 Euler 公式 (9.1.2) 与 Euler 公式 (9.1.1) 形式上相似，但实现计算时却复杂得多。因为 Euler 公式是显式的，可直接求解，而向后 Euler 公式是隐式的，要用迭代法求解。

9.1.2　改进 Euler 公式

在区间 $[x_n, x_{n+1}]$ 上对方程 $y' = f(x, y)$ 进行积分，得到

$$\int_{x_n}^{x_{n+1}} y'(x)\mathrm{d}x = \int_{x_n}^{x_{n+1}} f(x, y(x))\mathrm{d}x$$

即

$$y(x_{n+1}) - y(x_n) = \int_{x_n}^{x_{n+1}} f(x, y(x))\mathrm{d}x$$

利用梯形求积公式

$$\int_{x_n}^{x_{n+1}} f(x, y(x))\mathrm{d}x \approx \frac{h}{2}[f(x_n, y(x_n)) + f(x_{n+1}, y(x_{n+1}))]$$

再用 y_n 和 y_{n+1} 分别代替 $y(x_n)$ 和 $y(x_{n+1})$，得

$$y_{n+1} = y_n + \frac{h}{2}[f(x_n, y_n) + f(x_{n+1}, y_{n+1})], \quad n = 0, 1, 2, \cdots \tag{9.1.3}$$

式 (9.1.3) 称为梯形公式。

将 Euler 公式 (9.1.1) 和梯形公式 (9.1.3) 结合起来，先用 Euler 公式求 y_{n+1} 的一个近似值 $\bar{y}_{n+1}$，称为预测值，再利用梯形公式校正得到近似值 y_{n+1}，即

$$\begin{cases} \bar{y}_{n+1} = y_n + hf(x_n, y_n) \\ y_{n+1} = y_n + \dfrac{h}{2}[f(x_n, y_n) + f(x_{n+1}, \bar{y}_{n+1})] \end{cases} \tag{9.1.4}$$

式 (9.1.4) 称为由 Euler 公式和梯形公式得到的预测—校正系统，也称为改进 Euler 公式。

为便于计算，式 (9.1.4) 常改写为

$$\begin{cases} y_p = y_n + hf(x_n, y_n) \\ y_q = y_n + hf(x_{n+1}, y_p) \\ y_{n+1} = (y_p + y_q)/2 \end{cases} \tag{9.1.5}$$

编写求解一阶常微分方程的改进 Euler 公式的 M 函数文件 euler_trape.m 如下。

```
%改进 Euler 公式求解一阶常微分方程
function [x,y]=euler_trape(f,a,b,y0,N)
h=(b-a)/N;
x=zeros(1,N+1);
y=zeros(1,N+1);
x(1)=a;  y(1)=y0;
for n=1:N
    x(n+1)=x(n)+h;
    yy=y(n)+h*feval(f,x(n),y(n));
    y(n+1)=y(n)+h/2*(feval(f,x(n),y(n))+feval(f,x(n+1),yy));
end
```

例题 9.1.2 利用改进 Euler 公式求解下列方程，并与其精确解 $y = \sqrt{1+2x}$ 进行比较。

$$\begin{cases} \dfrac{dy}{dx} = y - \dfrac{2x}{y}, & 0 \leqslant x \leqslant 1 \\ y(0) = 1 \end{cases}$$

解：设 $a=0$，$b=1$，$n=100$，编写 M 文件如下。

```
f=inline('y-2*x./y');
a=0; b=1; n=100; h=(b-a)/n; y0=1;
[x,y]=euler_trape(f,a,b,y0,n);
t=a:h:b;
yy=sqrt(1+2*t);
err=abs(y-yy);
T=[x' y' yy' err']
```

执行结果见表 9.1.2。

表 9.1.2　改进 Euler 公式的数值解 $\tilde{y}_n$ 与精确解 $y(x_n)$ 比较

x_n	$\tilde{y}_n$	$y(x_n)$	$|\tilde{y}_n - y(x_n)|$
0	1	1	0
0.01	1.009950990099010	1.009950493836208	0.000000496262802
0.02	1.019804885901196	1.019803902718557	0.000000983182639
0.03	1.029564475636467	1.029563014098700	0.000001461537767
$\vdots$	$\vdots$	$\vdots$	$\vdots$
0.96	1.708856243243362	1.708800749063506	0.000055494179856
0.97	1.714699342122772	1.714642819948225	0.000056522174548

x_n	$\tilde{y}_n$	$y(x_n)$	$|\tilde{y}_n - y(x_n)|$
0.98	1.720522621083973	1.720465053408525	0.000057567675448
0.99	1.726326281186609	1.726267650163207	0.000058631023403
1.00	1.732110520134055	1.732050807568877	0.000059712565177

由表 9.1.1 和表 9.1.2 可知，改进 Euler 公式的计算精度有了很大提高。

9.2　Runge-Kutta 法

由微分中值定理知，存在 $0<\theta<1$，使得

$$\frac{y(x_{n+1}) - y(x_n)}{h} = y'(x_n + \theta h)$$

由方程 $y' = f(x, y)$ 得

$$y(x_{n+1}) = y(x_n) + hf(x_n + \theta h, y(x_n + \theta h))$$

记 $K = f(x_n + \theta h, y(x_n + \theta h))$，称 K 为区间 $[x_n, x_{n+1}]$ 上的平均斜率。

显然，Euler 公式 (9.1.1) 就是以 $K_1 = f(x_n, y_n)$ 作为平均斜率 K 的近似，隐式 Euler 公式 (9.1.2) 是以 $K_2 = f(x_{n+1}, y_{n+1})$ 作为平均斜率 K 的近似，梯形公式 (9.1.3) 是以点 x_n、x_{n+1} 的斜率值 K_1、K_2 的算术平均作为 K 的近似。

如果已知区间 $[x_n, x_{n+1}]$ 内 r（$r > 1$）个点的斜率值 $K_1, K_2, \cdots, K_r$，将它们加权平均作为平均斜率 K 的近似值，即

$$y_{n+1} = y_n + h\sum_{j=1}^{r} \alpha_j K_j$$

就能构造出更高精度的求解常微分方程初值问题 [P] 的计算公式，这就是 Runge-Kutta 方法的基本思想。

Runge-Kutta 方法中最常用的是二阶和四阶 Runge-Kutta 方法。

在区间 $[x_n, x_{n+1}]$ 内取 $r = 2$ 个点，二阶 Runge-Kutta 公式为

$$\begin{cases} y_{n+1} = y_n + h(\alpha_1 K_1 + \alpha_2 K_2) \\ K_1 = f(x_n, y_n) \\ K_2 = f(x_n + \lambda_1 h, y_n + \mu_1 K_1 h) \end{cases} \quad (9.2.1)$$

其中，α_1、α_2、λ_1、μ_1 是待定系数。

将 $y(x_{n+1})$ 在点 x_n 处进行二阶 Taylor 展开，有

$$y(x_{n+1}) = y(x_n) + hy'(x_n) + \frac{h^2}{2}y''(x_n) + o(h^3)$$

$$= y(x_n) + hf(x_n, y_n) + \frac{h^2}{2}\frac{\mathrm{d}}{\mathrm{d}x}f(x_n, y(x_n)) + o(h^3)$$

$$= y(x_n) + hf(x_n, y_n) + \frac{h^2}{2}\left(\frac{\partial f}{\partial x} + \frac{\partial f}{\partial y}\frac{\mathrm{d}y}{\mathrm{d}x}\right)\Bigg|_{x=x_n} + o(h^3)$$

又

$$y_{n+1} = y_n + h(\alpha_1 K_1 + \alpha_2 K_2)$$

$$= y_n + h\big[\alpha_1 f(x_n, y_n) + \alpha_2 f(x_n + \lambda_1 h, y_n + \mu_1 K_1 h)\big]$$

$$= y_n + h\left[\alpha_1 f(x_n, y_n) + \alpha_2\left(f(x_n, y_n) + \lambda_1 h \frac{\partial f}{\partial x}\bigg|_{x=x_n} + \mu_1 h K_1 \frac{\partial f}{\partial y}\bigg|_{x=x_n} + o(h^2)\right)\right]$$

$$= y_n + h(\alpha_1 + \alpha_2)f(x_n, y_n) + \alpha_2 \lambda_1 h^2 \frac{\partial f}{\partial x}\bigg|_{x=x_n} + \alpha_2 \mu_1 h^2 f(x_n, y_n)\frac{\partial f}{\partial y}\bigg|_{x=x_n} + o(h^3)$$

比较上述两式，得

$$\alpha_1 + \alpha_2 = 1, \quad \alpha_2 \lambda_1 = \frac{1}{2}, \quad \alpha_2 \mu_1 = \frac{1}{2} \tag{9.2.2}$$

由于式(9.2.2)中有 4 个未知数、3 个方程，有无穷多个解，所以二阶 Runge-Kutta 方法也有无穷多个。常用的有以下几个

(1)取 $\lambda_1 = \mu_1 = 1, \alpha_1 = \frac{1}{2}, \alpha_2 = \frac{1}{2}$，相应的二阶 Runge-Kutta 公式即为改进 Euler 公式，即

$$\begin{cases} K_1 = f(x_n, y_n) \\ K_2 = f(x_n + h, y_n + hK_1) \\ y_{n+1} = y_n + h(K_1 + K_2)/2 \end{cases} \tag{9.2.3}$$

(2)取 $\lambda_1 = \mu_1 = \frac{1}{2}, \alpha_1 = 0, \alpha_2 = 1$，相应的二阶 Runge-Kutta 公式称为中点公式，即

$$\begin{cases} K_1 = f(x_n, y_n) \\ K_2 = f(x_n + h/2, y_n + hK_1/2) \\ y_{k+1} = y_k + hK_2 \end{cases} \tag{9.2.4}$$

(3)取 $\lambda_1 = \mu_1 = \frac{3}{4}, \alpha_1 = \frac{1}{3}, \alpha_2 = \frac{2}{3}$，相应的二阶 Runge-Kutta 公式称为 Heun 公式，即

$$\begin{cases} K_1 = f(x_k, y_k) \\ K_2 = f(x_k + 3h/4, y_k + 3hK_1/4) \\ y_{k+1} = y_k + h(K_1/3 + 2K_2/3) \end{cases} \tag{9.2.5}$$

编写求解一阶常微分方程的 Heun 公式的 M 函数文件 runge_kutta_heun.m 如下。

```
function [x,y]=runge_kutta_heun(f,a,b,y0,N)
h=(b-a)/N;
x=zeros(1,N+1);
y=zeros(1,N+1);
x=a:h:b;
y(1)=y0;
for n=1:N
    k1=h*feval(f,x(n),y(n));
```

```
k2=h*feval(f,x(n)+3*h/4,y(n)+3*h*k1/4);
    y(n+1)=y(n)+(k1+2*k2)/3;
end
```

类似地，在区间 $[x_n, x_{n+1}]$ 内取 $r = 4$ 个点，得到常用的四阶 Runge-Kutta 公式为

$$\begin{cases} K_1 = f(x_k, y_k) \\ K_2 = f\left(x_k + \dfrac{1}{2}h, y_k + \dfrac{1}{2}hK_1\right) \\ K_3 = f\left(x_k + \dfrac{1}{2}h, y_k + \dfrac{1}{2}hK_2\right) \\ K_4 = f(x_k + h, y_k + hK_3) \\ y_{k+1} = y_k + \dfrac{h}{6}(K_1 + 2K_2 + 2K_3 + K_4) \end{cases} \tag{9.2.6}$$

编写求解一阶常微分方程的四阶 Runge-Kutta 公式的 M 函数文件 runge_kutta4.m。

```
%四阶 Runge-Kutta 公式求解一阶常微分方程
function [x,y]=runge_kutta4(f,a,b,y0,N)
h=(b-a)/N;
x=zeros(1,N+1);
y=zeros(1,N+1);
x=a:h:b;
y(1)=y0;
for n=1:N
    k1=h*feval(f,x(n),y(n));
    k2=h*feval(f,x(n)+h/2,y(n)+k1/2);
    k3=h*feval(f,x(n)+h/2,y(n)+k2/2);
    k4=h*feval(f,x(n)+h,y(n)+k3);
    y(n+1)=y(n)+(k1+2*k2+2*k3+k4)/6;
end
```

例题 9.2.1 利用四阶 Runge-Kutta 法求解下列方程，并与其精确解 $y = \sqrt{1+2x}$ 进行比较。

$$\begin{cases} \dfrac{\mathrm{d}y}{\mathrm{d}x} = y - \dfrac{2x}{y}, & 0 \leqslant x \leqslant 1 \\ y(0) = 1 \end{cases}$$

解：设 $a=0$，$b=1$，$n=100$，编写 M 文件如下。

```
f=inline('y-2*x./y');
a=0; b=1; n=100; h=(b-a)/n; y0=1;
[x,y]=runge_kutta4(f,a,b,y0,n);
t=a:h:b;
yy=sqrt(1+2*t);
```

```
err=abs(y-yy);
T=[x' y' yy' err']
```

执行结果见表 9.2.1。

表 9.2.1　四阶 Runge-Kutta 公式的数值解 $\tilde{y}_n$ 与精确解 $y(x_n)$ 比较

x_n	$\tilde{y}_n$	$y(x_n)$	$\lvert\tilde{y}_n - y(x_n)\rvert$
0	1	1	0
0.01	1.009950493840374	1.009950493836208	0.000000000004167
0.02	1.019803902726778	1.019803902718557	0.000000000008221
0.03	1.029563014110877	1.029563014098700	0.000000000012177
⋮	⋮	⋮	⋮
0.96	1.708800749559111	1.708800749063506	0.000000000495604
0.97	1.714642820453283	1.714642819948225	0.000000000505058
0.98	1.720465053923198	1.720465053408525	0.000000000514673
0.99	1.726267650687658	1.726267650163207	0.000000000524451
1.00	1.732050808103275	1.732050807568877	0.000000000534397

由表 9.1.1、表 9.1.2 和表 9.2.1 可知，四阶 Runge-Kutta 公式的计算精度相当高。

9.3　求解常微分方程(组)的 MATLAB 函数

MATLAB 提供了求解常微分方程(组)的解析解函数 dsolve 与数值解函数 ode。

9.3.1　函数 dsolve

在 MATLAB 中，函数 dsolve 用于求解符号常微分方程或方程组，是常微分方程的精确解法，也称为常微分方程的符号解。

由函数 dsolve 求解常微分方程(组)的求解问题，调用格式为

```
r = dsolve('eq1,eq2,…', 'cond1,cond2,...', 'v')
```

其中，eq1, eq2, …为常微分方程或常微分方程组，当 y 是因变量、t 为独立变量时，用"Dny"表示 y 的 n 阶导数 $\dfrac{\mathrm{d}^n y}{\mathrm{d}t^n}$，"Dy"表示 $\dfrac{\mathrm{d}y}{\mathrm{d}t}$；cond1, cond2, …是初始条件或边界条件，缺省时求出通解，否则求出特解；v 是独立变量，默认为 t。

例题 9.3.1 求下列微分方程的解析解。

(1) $y''(x + y'^2) = y'$，　$y(1) = y'(1) = 1$

(2) $\begin{cases} \dfrac{\mathrm{d}x}{\mathrm{d}t} + 5x + y = \mathrm{e}^t \\ \dfrac{\mathrm{d}y}{\mathrm{d}t} - x - 3y = \mathrm{e}^{2t} \end{cases}$

$$(3)\begin{cases} \dfrac{\mathrm{d}x}{\mathrm{d}t} + 2x - \dfrac{\mathrm{d}y}{\mathrm{d}t} = 10\cos t, & x|_{t=0} = 2 \\[2mm] \dfrac{\mathrm{d}x}{\mathrm{d}t} + \dfrac{dy}{dt} + 2y = 4\mathrm{e}^{-2t}, & y|_{t=0} = 0 \end{cases}$$

解：调用函数 dsolve 求解析解。

```
y=dsolve('D2y*(t+Dy^2)=Dy','y(1)=1,Dy(1)=1')
[X,Y]=dsolve('Dx+5*x+y=exp(t),Dy-x-3*y=exp(2*t)','t')
[XX,YY]=dsolve('Dx+2*x-Dy=10*cos(t),Dx+Dy+2*y=4*exp(-2*t)',
'x(0)=2,y(0)=0','t')
```

执行结果为

```
y =
(64*t^3)^(1/2)/12 + 1/3
X =
exp(t*(15^(1/2) - 1))*(C4 - exp(2*t - 15^(1/2)*t)*((7*exp(t))/12
+ 15^(1/2)/165 + (3*15^(1/2)*exp(t))/20 + 1/22))*(15^(1/2) - 4) -
exp(-t*(15^(1/2) + 1))*(C5 - exp(2*t + 15^(1/2)*t)*((7*exp(t))/12 -
15^(1/2)/165 - (3*15^(1/2)*exp(t))/20 + 1/22))*(15^(1/2) + 4)
Y =
exp(t*(15^(1/2) - 1))*(C4 - exp(2*t - 15^(1/2)*t)*((7*exp(t))/12
+ 15^(1/2)/165 + (3*15^(1/2)*exp(t))/20 + 1/22)) + exp(-t*(15^(1/2)
+ 1))*(C5 - exp(2*t + 15^(1/2)*t)*((7*exp(t))/12 - 15^(1/2)/165 -
(3*15^(1/2)*exp(t))/20 + 1/22))
XX =
4*cos(t) - 2*exp(-2*t) + 3*sin(t) - 2*exp(-t)*sin(t)
YY =
sin(t) - 2*cos(t) + 2*exp(-t)*cos(t)
```

9.3.2 函数 ode

在 MATLAB 中，函数 ode 系列用于求解常微分方程的数值解，其特点见表 9.3.1。

表 9.3.1 ode 函数说明

函数名	特点	说明
ode45	使用 4/5 阶 Runge-Kutta 法，累积截断误差 $(\Delta x)^3$	大部分场合的首选算法，中等精度
ode23	使用 2/3 阶 Runge-Kutta 法，累积截断误差 $(\Delta x)^3$	适用于精度较低的情形
ode23s	使用 2 阶 Rosebrock 算法，低精度	精度较低，计算时间比 ode15s 短
ode113	使用 Adams 算法，高低精度均可达到 $10^{-3} \sim 10^{-6}$	计算时间比 ode45 短
ode23t	使用梯形算法	适用刚性情形，低精度
ode15s	使用多步法，Gear's 反向数值积分，精度中等	若 ode45 失效时，可尝试使用

表 9.3.1 中所有函数的调用格式均相同，统一描述为

```
[T,Y]=solver(odefun,tspan,y0,options)
```

其中，odefun 为微分方程 $y' = f(t,y)$ 中的 $f(t,y)$，可以是函数句柄、内嵌函数及匿名函数；tspan 为求解区间，若 tspan=$[t0, tf]$，则表示自变量的取值范围，若 tspan=$[t_0, t_1, t_2, \cdots,]$（要求 t_i 单调递增或递减），则获得指定点 $t_0, t_1, t_2, \cdots$ 处的解；y0 为初始条件；options 设定误差限，默认时绝对误差为 10^{-6}。

solver 多以 odennxx 的形式命名，其中数字 nn 表示对应数值方法的阶数，xx 表示该方法的某些特殊属性，如 ode45，ode23，ode113，ode15s，ode23s，ode23t 等。

例题 9.3.2 求解常微分方程 $y' = -2y + 2x^2 + 2x$，$0 \leqslant x \leqslant 0.5$，$y(0)=1$，绘出解函数图形。

解：调用 ode15s 函数求解。

```
fun=inline('-2*y+2*x*x+2*x');
[x,y]=ode15s(fun,[0,0.5],1);
plot(x,y(:,1))
xlabel('x'); ylabel('y')
```

执行结果见图 9.3.1。

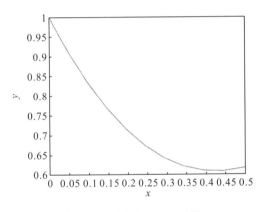

图 9.3.1 例题 9.3.2 解函数图形

9.4 微分方程组的数值求解

9.4.1 一阶微分方程组的求解

设一阶微分方程组初值问题为

$$\begin{cases} \dfrac{\mathrm{d}y_k}{\mathrm{d}x} = f_k(x, y_1(x), y_2(x), \cdots, y_m(x)), & x \in [a,b] \\ y_k(x_0) = y_{k0}, & k = 1, 2, \cdots, m \end{cases} \quad (9.4.1)$$

令 $\boldsymbol{y} = (y_1, y_2, \cdots, y_m)^\mathrm{T}$，$\boldsymbol{y}_0 = (y_{10}, y_{20}, \cdots, y_{k0})^\mathrm{T}$，$\boldsymbol{f} = (f_1, f_2, \cdots, f_m)^\mathrm{T}$，则式(9.4.1)描述的初值问题可以写成如下形式

$$\begin{cases} \dfrac{\mathrm{d}\boldsymbol{y}}{\mathrm{d}x} = \boldsymbol{f}(x,\boldsymbol{y}), \quad x \in [a,b] \\ \boldsymbol{y}(x_0) = \boldsymbol{y}_0 \end{cases} \tag{9.4.2}$$

由于式(9.4.2)与一阶常微分方程初值问题形式上完全一样，前面介绍的一阶常微分方程初值问题的所有数值解法都可以用于求解初值问题(9.4.2)，只需将 $\boldsymbol{y}$ 和 $\boldsymbol{f}(x,\boldsymbol{y})$ 换成对应的向量即可。

例题 9.4.1 求微分方程组 $\begin{cases} \dfrac{\mathrm{d}x}{\mathrm{d}t} = y \\ \dfrac{\mathrm{d}y}{\mathrm{d}t} = 5(1-x^2)y - x \end{cases}$ 在区间[0,60]上满足条件 $x(0)=1$，$y(0)=2$

的特解，并绘制解函数图形。

解： 调用函数 ode113 求解，编写 M 文件如下

```
f=@(t,x)[x(2); 5*(1-x(1)^2)*x(2)-x(1)];
a=0; b=60; y0=[1;2]; N=200;
[t,x]=ode113(f,[a,b],y0,N);
plot(t,x(:,1),'g-',t,x(:,2),'r:')
xlabel('x'); ylabel('y')
legend('y1','y2')
```

执行结果见图9.4.1。

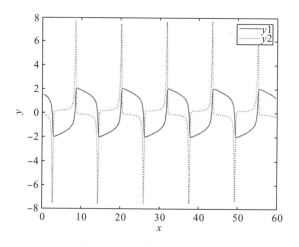

图 9.4.1　例题 9.4.1 解函数图形

9.4.2　高阶微分方程(组)的求解

设 m 阶常微分方程组初值问题为

$$\begin{cases} \dfrac{\mathrm{d}^m y}{\mathrm{d}x^m} = f(x,y,y',\cdots,y^{(m-1)}), \quad x \in [a,b] \\ y(x_0)=y_0, y'(x_0)=y_{1,0}, \cdots, y^{(m-1)}(x_0)=y_{(m-1),0} \end{cases} \qquad m=2,3,\cdots,n \tag{9.4.3}$$

令 $z_1 = y$，$z_2 = y'$，$\cdots$，$z_m = y^{(m-1)}$，则式(9.4.3)转化为一阶微分方程组

$$\begin{cases} z_1 = y, \\ z_1' = z_2, \\ z_2' = z_3, \\ \quad\vdots \\ z_{m-1}' = z_m, \\ z_m' = f(x, z_1, z_2, \cdots, z_m), \\ z_1(x_0) = y_0, z_2(x_0) = y_{1,0}, \cdots, z_m(x_0) = y_{(m-1),0} \end{cases} \tag{9.4.4}$$

再调用 MATLAB 提供的相关函数进行求解。

例题 9.4.2 求解方程 $\begin{cases} y'' = \dfrac{\sqrt{1+(y')^2}}{5(1-x)}, \quad 0 < x < 1 \\ y(0) = 0, y'(0) = 0 \end{cases}$，并绘制解函数图形。

解： 令 $z_1 = y$，$z_2 = y'$，原方程组转化为如下一阶微分方程组

$$\begin{cases} z_1' = z_2 \\ z_2' = \dfrac{\sqrt{1+z_2^2}}{5(1-x)} \\ z_1(0) = 0, z_2(0) = 0 \end{cases}$$

调用函数 ode45 求解，编写 M 文件如下。

```
f=@(x,zz)[zz(2); sqrt(1+zz(2)^2)/(5*(1-x))];
a=0; b=1-eps; %为避免奇点 x=1，右端点取为 1-eps
y0=[0;0]; N=100;
[x,zz]=ode45(f,[a,b],y0,N);
plot(x,zz(:,1))
xlabel('x'); ylabel('y')
```

执行结果见图 9.4.2。

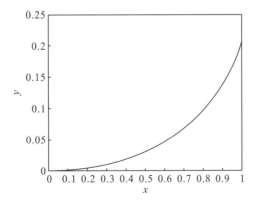

图 9.4.2 例题 9.4.2 解函数图形

例题 9.4.3 洛伦茨(Lorenz)系统是美国气象学家 Lorenz 在研究大气运动时提出的一个三阶自洽常微分方程组，其方程形式如下

$$\begin{cases} \dfrac{\mathrm{d}x}{\mathrm{d}t} = -\beta x + yz \\[2mm] \dfrac{\mathrm{d}y}{\mathrm{d}t} = -\sigma(y-z) \\[2mm] \dfrac{\mathrm{d}z}{\mathrm{d}t} = -xy + \rho y - z \end{cases}$$

当 $\beta = 8/3, \sigma = 10, \rho = 28$ 时，Lorenz 系统的相图被称为 Lorenz 吸引子。设初始条件为 $x(0)=0, y(0)=0, z(0)=0.0001$，绘制该系统在 $0 \leqslant t \leqslant 80$ 上的相图。

解： 调用 ode45 函数求解。

```
f=@(t,x)[-8*x(1)/3+x(2)*x(3); -10*x(2)+10*x(3);-x(1)*x(2)+28
*x(2)-x(3)];
[t,x]=ode45(f, [0,100],[0; 0; 0.001]);
figure('color',[1 1 1])
plot3(x(:,1),x(:,2),x(:,3))
grid on
axis([0 80 -20 40 -40 40])
xlabel('x(t)'), ylabel('y(t)'), zlabel('z(t)')
```

执行结果见图 9.4.3。

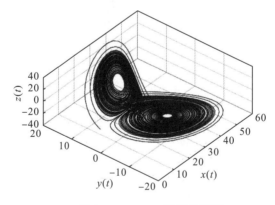

图 9.4.3 Lorenz 系统的相图

例题 9.4.4 求解如下高阶微分方程组

$$\begin{cases} x'' + 3x' + 2x = e^{-5t} \\ y'' + 4y' + 3y - 2x + 4x' = -\sin t \end{cases}$$

其中，$x(0)=1$，$x'(0)=2$，$y(0)=3$，$y'(0)=4$，并绘出方程在$[0,10]$上的数值解图形。

解： 令 $z_1 = x, z_2 = x', z_3 = y, z_4 = y'$，原方程组转化为如下一阶微分方程组

$$\begin{cases} z_1' = z_2 \\ z_2' = -2z_1 - 3z_2 + \mathrm{e}^{-5t} \\ z_3' = z_4 \\ z_4' = 2z_1 - 4z_2 - 3z_3 - 4z_4 - \sin t \end{cases}$$

且 $z(0) = [1, 2, 3, 4]^\mathrm{T}$。

　　调用 ode45 函数求解。

```
f=@(t,z)[z(2);  -2*z(1)-3*z(2)+exp(-5*t);  z(4);  2*z(1)-4*z(2)
-3*z(3)-4*z(4)-sin(t)];
z0=[1,2,3,4]';
[t,z]=ode45(f,[0,10],z0);
figure('color',[1 1 1])
plot(t,z(:,1),'b-',  t,z(:,3),'k-.')
legend('x(t)','y(t)')
```

执行结果见图9.4.4。

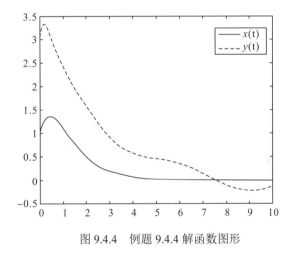

图 9.4.4　例题 9.4.4 解函数图形

9.5　应用案例——屋顶檐槽设计

1. 问题描述

　　某些房屋屋顶的设计中，在矩形屋顶的屋檐处安装有檐槽，便于及时排出屋顶流下的积雨。檐槽由一个横截面为半圆形的水槽和一个竖直的排水管组成，雨水经排水管流出。为使雨水不溢出檐槽，要求檐槽中水的深度不超过檐槽半径。

　　假设屋顶长为 12m，宽为 6m，屋顶与水平方向的倾斜角度为 30°，檐槽截面直径为 15cm，排水管直径为 10cm。试判断这样的檐槽设计能否达到及时排水的目的？

2. 问题求解

假设雨水降落速度恒定，可垂直落到屋顶上且全部流入檐槽中，忽略直接落入水槽中的雨水量。

1）檐槽中积水深度的变化率

由于垂直下落的雨水经屋顶流入檐槽，然后经过排水管流出，整个排水过程中

檐槽中水量的变化率=雨水流入的流速-排水流出的流速

于是

$$\frac{\mathrm{d}V(t)}{\mathrm{d}t} = v_{\text{入}}(t) - v_{\text{出}}(t) \tag{9.5.1}$$

其中，$\dfrac{\mathrm{d}V(t)}{\mathrm{d}t}$ 为 t 时刻檐槽中的雨水体积；$v_{\text{入}}(t)$ 为流入檐槽的雨水流速；$v_{\text{出}}(t)$ 为流出檐槽的雨水流速。

设屋顶与水平方向的倾斜角度为 α，当流速为 u 的雨水垂直落到屋顶时，流入檐槽的雨水流速为

$$v_{\text{入}}(t) = uLW\cos\alpha \tag{9.5.2}$$

其中，L、W 分别为矩形屋顶的长与宽。

当檐槽中的雨水从排水管中流出时，雨水的势能完全转化为动能，于是

$$mgh(t) = \frac{1}{2}m\left[\frac{v_{\text{出}}(t)}{A}\right]^2 \tag{9.5.3}$$

其中，m 为檐槽中雨水的质量，g 为重力加速度，$h(t)$ 为檐槽中雨水的深度，A 为排水管横截面积。

由式（9.5.1）～式（9.5.3），檐槽中积水量的变化率为

$$V'(t) = uLW\cos\alpha - \pi r_{\text{排}}^2 \sqrt{2gh(t)} \tag{9.5.4}$$

其中，r 为排水管半径。

檐槽横截面是半径为 $r_{\text{槽}}$ 的半圆形，如图 9.5.1 所示。当积水深度为 $h(t)$ 时，积水部分的横截面积为

$$S = r_{\text{槽}}^2 \arccos\left(1 - \frac{h(t)}{r_{\text{槽}}}\right) - (r_{\text{槽}} - h(t))\sqrt{2r_{\text{槽}}h(t) - h^2(t)}$$

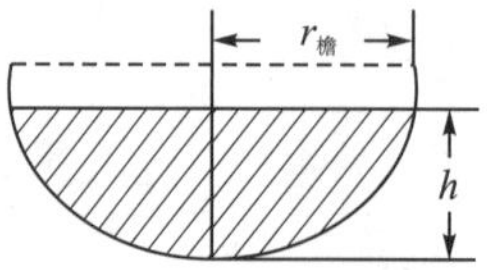

图 9.5.1　檐槽横截面

于是，整个檐槽中的积水量 $V(t)$ 为

$$V(t) = SL = L\left[r_{\text{槽}}^2 \arccos\left(1 - \frac{h(t)}{r_{\text{槽}}}\right) - (r_{\text{槽}} - h(t))\sqrt{2r_{\text{槽}}h(t) - h^2(t)}\right] \tag{9.5.5}$$

式(9.5.5)中对 t 求导，得积水量 $V(t)$ 的变化率为

$$V'(t) = 2L\sqrt{r_{檐}^2 - (r_{檐} - h(t))^2}\, h'(t) \tag{9.5.6}$$

由式(9.5.4)和式(9.5.6)，得檐槽中积水深度的变化率为

$$\frac{\mathrm{d}h(t)}{\mathrm{d}t} = \frac{uLW\cos\alpha - \pi r_{排}^2\sqrt{2gh}}{2L\sqrt{2r_{檐}h(t) - h^2(t)}} \tag{9.5.7}$$

2)求解与分析

将各项设计指标代入式(9.5.7)，得初值问题

$$\frac{\mathrm{d}h(t)}{\mathrm{d}t} = \frac{2.598u - 0.00145\sqrt{h(t)}}{\sqrt{2r_{檐}h(t) - h^2(t)}}, \quad h(0) = 0 \tag{9.5.8}$$

由式(9.5.8)可知，雨水降落速度 u 影响檐槽中积水的深度，对不同的 u 值，用 ode23 函数分别计算檐槽中积水的深度 h，结果如图9.5.2所示。

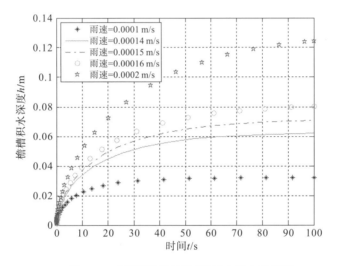

图 9.5.2　不同降雨速度下檐槽中积水的深度

由图9.5.2可知，当雨速一定时，随时间推移，檐槽内积水先逐渐增多，然后趋于稳定。当雨速增大时，檐槽内积水深度迅速增加，当雨速大于 0.00016m/s 时，积水深度超过0.08m，此时雨水从檐槽内溢出，不再满足设计要求。

这是由于在降雨初期，檐槽内积水深度 $h(t)$ 随时间逐渐增加，式(9.5.8)右端为正。随着雨水的不断排出，式(9.5.8)右端将持续减小直至趋于零，积水深度 $h(t)$ 将保持一个平衡状态 h^*，此时 $\frac{\mathrm{d}h(t)}{\mathrm{d}t} = 0$，即 h^* 为方程

$$uLW\cos\alpha - \pi r_{排}^2\sqrt{2gh(t)} = 0$$

的根。

用 Newton 法求解此非线性方程，得到不同雨速时积水深度的平衡值 h^*，见表9.5.1。

表 9.5.1　不同雨速时积水深度的平衡值 h^*

雨速 u/(m/s)	0.0001	0.00014	0.00015	0.00016	0.0002
h^*/m	0.0322	0.0630	0.0724	0.0823	0.1286

由表 9.5.1 可知，积水深度的平衡值随雨速逐渐增加，可能超出檐槽半径，雨水将会溢出檐槽。

只有当 $h^* < r_{檐} = 0.075$m，即雨水速度 $u < 0.0001528$m/s 时，这样设计的排水系统才能排出所有雨水。

部分 MATLAB 程序代码如下。

```
L=12;                    %屋顶长度
W=6;                     %屋顶宽度
alpha=pi/6;              %屋顶倾斜角度
r1=7.5/100;              %檐槽半圆半径
r2=5/100;                %排水管半径
g=9.8;                   %重力加速度
u1=0.0001;               %降雨速度
f=@(t,h)(L*W*cos(alpha)*u1-pi*r2^2*sqrt(2*g*h))/(2*L*sqrt(2*r1
*h-h^2));
   [t1,h1]=ode23(f,[0,100],0.001);
         %计算檐槽中积水深度的时间变化
figure('color',[1 1 1])
plot(t1,h1,'*',t2,h2,'-',t3,h3,'-.',t4,h4,'o',t5,h5,'p')
         %绘制不同雨水流速时积水深度的变化
grid on
legend('雨速=0.0001m/s','雨速=0.00014 m/s ','雨速=0.00015 m/s ','
雨速=0.00015 m/s ','雨速
=0.0002 m/s ','Location','NorthWest')
xlabel('时间 t / s)');ylabel('檐槽积水深度 h / m)')
F=@(h)L*W*cos(alpha)*u1-pi*r2^2*sqrt(2*g*h);
     %计算檐槽中积水深度的平衡值
hh1=fnewton(F,0.05,1e-6)
```

<h1 style="text-align:center">练 习 九</h1>

1. 取步长 h=0.1, 0.001，分别用 Euler 公式、改进 Euler 公式和梯形法求解常微分方程的初值问题 $\dfrac{\mathrm{d}y}{\mathrm{d}x} + 3y = 8, y(0) = 2$，结合其精确解，对结果进行比较。

2. 试用不同的数值解法及步长，求解常微分方程 $y' = x + y + 2$，$y|_{x=0} = 1$，结合其精确解，比较求解误差。

3. 求解常微分方程的初值问题 $(1 + x^2)y'' = 2xy', y|_{x=0} = 1, y'|_{x=0} = 3$。

4. 求解常微分方程 $y^{(4)} - 2y^{(3)} + y^{(2)} = 0$。

5. 求解常微分方程组 $\begin{cases} 2\dfrac{\mathrm{d}x}{\mathrm{d}t} + 4x + \dfrac{\mathrm{d}y}{\mathrm{d}t} - y = \mathrm{e}^t, & x|_{t=0} = \dfrac{3}{2} \\ \dfrac{\mathrm{d}x}{\mathrm{d}t} + 3x + y = 0, & y|_{t=0} = 0 \end{cases}$。

6. 求解常微分方程 $y'' - 2(1 - y^2)y' + y = 0$，$y(0) = 1, y'(0) = 0, 0 \leqslant x \leqslant 30$，并绘出解函数的图形。

7. 三个相互作用的物种行为可以表示为微分方程

$$\begin{cases} \dfrac{\mathrm{d}x_1}{\mathrm{d}t} = x_1 - 0.001x_1^2 - 0.001kx_1x_2 - 0.01x_1x_3 \\ \dfrac{\mathrm{d}x_2}{\mathrm{d}t} = x_2 - 0.001kx_1x_2 - 0.001x_2^2 - 0.001x_2x_3 \\ \dfrac{\mathrm{d}x_3}{\mathrm{d}t} = -x_3 + 0.005x_1x_3 + 0.0005x_2x_3 \end{cases}$$

当 $t=0$ 时，$x_1=1000$，$x_2=300$，$x_3=400$。取 $k=0.5$，求 $0 \leqslant t \leqslant 50$ 时该方程组的解，并画出这三个物种的种群大小随时间的变化。

8. 小型火箭初始重量为 1400kg，其中包括 1080kg 燃料。火箭竖直向上发射时燃料的燃烧率为 18kg/s，由此产生 32000N 的推力，火箭引擎在燃料用尽时关闭。设火箭上升时的空气阻力与火箭速度的平方成正比，比例系数为 0.4kg/m。试求引擎关闭瞬间火箭的高度、速度、加速度，及火箭到达最高点时的高度和加速度，并画出火箭的高度、速度、加速度随时间变化的图形。

9. 海防某部缉私艇上的雷达发现正东方向 15 海里(1 海里≈1852 米)处有一艘走私船正以 20 海里/小时的速度向正北方向行驶，缉私艇立即以 40 海里/小时的速度前往拦截。用雷达进行跟踪时，可保持缉私艇的速度方向始终指向走私船。建立任意时刻缉私艇的位置和缉私艇航线的数学模型，确定缉私艇追上走私船的位置，求出追上的时间，画出航线图形，并通过改变速度等参数进行讨论。

10. SARS 是 21 世纪第一个在世界范围内传播的传染病，SARS 的暴发和蔓延给我国的经济发展和人民生活带来了很大影响。试以北京地区 4 月至 6 月有关 SARS 的数据(参考高教社杯全国大学生数学建模竞赛 2003 年 A 题附件)，建立 SARS 传播的数学模型，预测 SARS 的发展趋势。

11. 我国是一个人口大国，人口问题始终是制约我国发展的关键因素之一。近年来中国的人口发展出现了一些新的特点，例如，老龄化进程加速、出生人口性别比持续升高，以及乡村人口城镇化等因素，这些都影响着中国人口的增长。试从中国的实际情况和人口增长的特点出发，参考相关数据(高教社杯全国大学生数学建模竞赛 2007 年 A 题附件)建立中国人口增长的数学模型，并由此对中国人口增长的中短期趋势和长期趋势作出预测。

第十章 综合案例讲解

10.1 雪堆融化时间

1. 问题描述

设有一个高度为 $h(t)$ (t 为时间) 的雪堆在融化过程中，其侧面满足方程

$$z = h(t) - \frac{2(x^2 + y^2)}{h(t)}$$

其中长度单位为厘米，时间单位为小时。已知体积减小的速率与侧面积成正比(比例系数为 0.9)，问高度为 130cm 的雪堆全部融化需要多少小时?

2. 问题求解

1) 雪堆体积及侧面积模型

设 t 时刻雪堆的高度为 $h(t)\,\mathrm{cm}$，雪堆的体积为 V，侧面积为 S。由重积分知识可知，雪堆的体积为

$$V = \iiint\limits_{\Omega} \mathrm{d}x\mathrm{d}y\mathrm{d}z = \int_0^{h(t)} \mathrm{d}z \iint\limits_{D} \mathrm{d}x\mathrm{d}y = \int_0^{h(t)} \frac{1}{2}\pi[h^2(t) - zh(t)]\mathrm{d}z$$

其中，$\Omega = \{(x,y,z)\,|\,x^2 + y^2 \leqslant \frac{1}{2}[h^2(t) - zh(t)], \quad 0 \leqslant z \leqslant h(t)\}$。

雪堆的侧面积为

$$S = \iint\limits_{D_{xy}} \sqrt{1 + z_x^2 + z_y^2}\,\mathrm{d}x\mathrm{d}y$$

其中，$D_{xy} = \{(x,y,z)\,|\,x^2 + y^2 \leqslant \frac{1}{2}h^2(t)\}$。

执行以下语句，得到雪堆的体积、侧面积及体积的变化率的表达式。

```
clear all;
syms x y z t k h r phi
k=0.9;
f=pi*(h^2-h*z)/2;
V=int(f,z,0,h)                              %计算雪堆体积
z=h-2*(x^2+y^2)/h;
g=sqrt(1+diff(z,x)^2+diff(z,y)^2);
x=r*cos(phi);y=r*sin(phi);
r1=0; r2=h/sqrt(2); phi1=0; phi2=2*pi;
```

```
g=eval(g)*r;
S=int(int(g,r,r1,r2),phi,phi1,phi2)          %用极坐标计算雪堆侧面积
V1='(pi*ht(t)^3)/4';                         %定义 ht 是 t 的函数
dVt=diff(str2sym(V1),t)                       %计算体积 V 减少的速率
```

执行结果为

```
V =
    (pi*h^3)/4
S =
    (13*pi*h^2)/12
dVt =
    (3*pi*h(t)^2*diff(h(t), t))/4
```

于是，雪堆体积 $V=\dfrac{\pi h^3}{4}$，侧面积 $S=\dfrac{13\pi h^2}{12}$，雪堆体积减小的速率 $\dfrac{\mathrm{d}V}{\mathrm{d}t}=\dfrac{3\pi h^2(t)}{4}\cdot\dfrac{\mathrm{d}h(t)}{\mathrm{d}t}$。

2) 雪堆高度模型

由题设，雪堆体积减小的速率与侧面积成正比，即 $\dfrac{\mathrm{d}V}{\mathrm{d}t}=-kS$。所以，雪堆高度 $h(t)$ 满足微分方程初值问题

$$\begin{cases} \dfrac{\mathrm{d}h(t)}{\mathrm{d}t}=-1.3 \\ h(0)=130 \end{cases}$$

调用函数 dsolve 计算雪堆高度。

```
h=dsolve('Dh=-1.3','h(0)=130')
```

执行结果为

```
h =
    130 - (13*t)/10
```

即，雪堆高度 $h(t)=130-1.3t$。

将雪堆高度 $h(t)$ 代入雪堆体积公式，得到 $V=-\dfrac{\pi(1.3t-130)^3}{4}$。

调用函数 dsolve 计算雪堆融化的时间，并绘制雪堆体积随时间变化的曲线，输入命令

```
T=solve(h,t)
V=subs(V,'h',h);
S=subs(S,'h',h);
figure('color',[1 1 1])
ezplot(V,[0,eval(T)])
xlabel('时间 t / h');ylabel('雪堆体积 V / cm^3')
```

执行结果为

```
T =
    100
```

于是，高度为 130cm 的雪堆全部融化需要 100h，如图 10.1.1 所示。

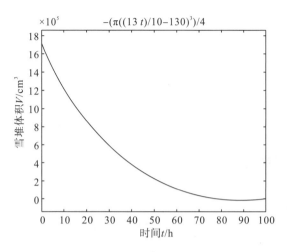

图 10.1.1　雪堆融化曲线

10.2　飞机安全着陆

1. 问题描述

当机场跑道长度不足时，常常使用减速伞作为飞机的减速装置，在飞机接触跑道开始着陆时，由飞机尾部张开减速伞，利用空气对伞的阻力减小飞机的滑跑距离，保障飞机在较短的跑道上安全着陆。

(1) 一架重 4500kg 的客机以 600km/h 的航速开始着陆，在减速伞的作用下滑行 500m 后航速减为 100km/h。设减速伞的阻力与飞机的速度成正比，并忽略飞机所受的其他外力，试计算减速伞的阻力系数。

(2) 将同样的减速伞装在 9000kg 的客机上，已知机场跑道长度为 1500m，若飞机着陆速度为 700km/h，问跑道长度能否保障飞机安全着陆。

设飞机的质量为 M，飞机接触跑道开始计时，在 t 时刻飞机的滑行距离为 $x(t)$，速度为 $v(t)$。

2. 问题求解

1) 减速伞的阻力系数模型

建立滑行距离 x 和速度 v 的数学模型。根据牛顿第二定律，得

$$M \frac{\mathrm{d}v}{\mathrm{d}t} = -kv$$

又由

$$\frac{\mathrm{d}v}{\mathrm{d}t} = \frac{\mathrm{d}v}{\mathrm{d}x}\frac{\mathrm{d}x}{\mathrm{d}t} = v\frac{\mathrm{d}v}{\mathrm{d}x}$$

于是，x 与 v 满足以下微分方程初值问题

$$\begin{cases} \dfrac{\mathrm{d}x}{\mathrm{d}v} = -\dfrac{m}{k} \\ x\big|_{v=600} = 0 \end{cases} \tag{10.2.1}$$

调用函数 dsolve 得到 x 与 v 的关系式。

```
clear all
syms M k v x v0
global k M
x=simplify(dsolve('Dx=-M/k','x(v0)=0','v'))
        %求 x(v)满足 x(v0)=0 的特解
```

执行结果为

```
x =
 -(M*(v - v0))/k
```

即

$$x = \frac{M}{k}(v_0 - v)$$

调用函数 finverse，得到 k 和 x 的关系。

```
f= simplify (finverse(x,k));    %求 x 以 k 为自变量的反函数 k(x)
k=subs(f,k,'x');                %将反函数 f 中的自变量换成 x
```

代入各个参数，计算阻力系数 k。

```
M=4500; v0=600; v=100; x=0.5;
k=eval(k)                       %计算阻力系数 k
```

执行结果为

```
k =
   4500000
```

于是，减速伞的阻力系数 $k=4.5\times10^6\,\mathrm{kg/h}$。

2）飞机滑行距离模型

建立滑行距离 x 和时间 t 的数学模型。根据牛顿第二定理，得

$$\begin{cases} \dfrac{\mathrm{d}^2x}{\mathrm{d}t^2} = -\dfrac{k}{M}\dfrac{\mathrm{d}x}{\mathrm{d}t} \\ x\big|_{t=0} = 0 \\ \dfrac{\mathrm{d}x}{\mathrm{d}t}\big|_{t=0} = 700 \end{cases} \tag{10.2.2}$$

将式(10.2.2)化为状态方程。令 $x_1=x$，$x_2=\dfrac{\mathrm{d}x_1}{\mathrm{d}t}$，得

$$\begin{cases} \dfrac{\mathrm{d}x_1}{\mathrm{d}t} = x_2, \qquad x_1(0) = 0 \\ \dfrac{\mathrm{d}x_2}{\mathrm{d}t} = -\dfrac{k}{m}x_2, x_2(0) = 700 \end{cases} \tag{10.2.3}$$

建立式(10.2.3)的 M 函数文件 f10_2.m。

```
function f=f10_2(t,x)
global k M
f=[x(2);-k/M*x(2)];
```

用数值微分法求状态方程(10.2.3)的解 x_1、x_2，然后查找使 $x_2=0$ 的最小下标 n。

```
x0=[0;700]; M=9000;
[t,x]=ode45('f10_2',[0,5],x0);        %用 ode45 计算状态方程的近似解
n=find(x(:,2)<=0);                    %查找使 x₂=0 的下标 n
t=t(n(1))*60                          %计算飞机停下来的时间
x=x(n(1),1)                           %计算飞机停下时滑行的距离
```

执行结果为

```
t =
   2.9401
x =
   1.4000
```

于是，质量为 9000kg 的客机以 700km/h 的速度着陆时，需要滑行 1.4km，所以此客机可以安全着陆。

10.3 路 灯 照 明

1. 问题描述

在一条宽 20m 的道路两侧，分别安装了 2kW 和 3kW 的两盏路灯，它们离地面的高度分别为 5m 和 6m。

(1)在夜晚，当两盏路灯开启时，路面上两盏路灯之间的最暗点和最亮点在哪里？

(2)如果 3kW 的路灯的高度可以在 3～9m 变化，如何安装路灯才能使路面上最暗点的亮度最大？

(3)如果两盏路灯的高度均可以在 3～9m 变化，结果又如何？

2. 问题分析

路灯的照度计算公式为

$$I = k\frac{P\sin\alpha}{R^2}$$

其中，I 为路灯的照度；P 为路灯的功率；k 为照度系数(可取为 1)；R 为路面上的点 Q 与路灯的距离；α 为点 Q 处路灯的仰角。

根据题意，建立如图 10.3.1 所示坐标系。设两盏路灯的功率分别为 P_1 和 P_2，其离地面的高度分别为 h_1 和 h_2，它们之间的水平距离为 s。点 $Q(x, 0)$ 为路面上两盏路灯间的任意一点，路灯与点 Q 的距离分别为 R_1 和 R_2，点 Q 处两盏路灯的仰角分别为 α_1 和 α_2。

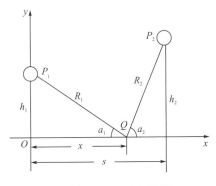

图 10.3.1　路灯位置

3. 问题求解

1) 问题(1)的模型及求解

两盏路灯高度固定时，路面上 $Q(x,0)$ 点的照度分别为

$$I_1 = k\frac{P_1\sin\alpha_1}{R_1^2}, \quad I_2 = k\frac{P_2\sin\alpha_2}{R_2^2}$$

而

$$\begin{cases} R_1^2 = h_1^2 + x^2 \\ R_2^2 = h_2^2 + (s-x)^2 \end{cases}$$

及

$$\begin{cases} \sin\alpha_1 = \dfrac{h_1}{R_1} \\ \sin\alpha_2 = \dfrac{h_2}{R_2} \end{cases}$$

不妨设 $k=1$，于是 Q 点处的照度为

$$I(x) = \frac{P_1 h_1}{\sqrt{(h_1^2 + x^2)^3}} + \frac{P_2 h_2}{\sqrt{(h_2^2 + (s-x)^2)^3}}$$

因此，路面上两盏路灯间的最暗点和最亮点，即为照度函数 $I(x,0)$ 的最小值和最大值。

编写计算照度的 M 函数文件 f10_3.m。

```
function I=f10_3(k,p,r,h)
%f10_3.m    路灯的照度
%输入参数    k      路灯的照度系数
%           p      路灯的功率
%           r      路灯离路面点 Q 的距离
%           h      路灯的高度
%输出参数    I      路灯的照度
I=k*p*h/r^3;
```

模型求解，输入命令

```
clear all
syms x p1 h1 p2 h2 s
k=1;
R1=sqrt(h1^2+x^2);
R2=sqrt(h2^2+(s-x)^2);
I=f10_3(k,p1,R1,h1)+f10_3(k,p2,R2,h2)
dIx=simplify(diff(I,x))
```

执行结果为

```
I =
(h1*p1)/(h1^2 + x^2)^(3/2) + (h2*p2)/((s - x)^2 + h2^2)^(3/2)
dIx =
(3*h2*p2*(s - x))/((s - x)^2 + h2^2)^(5/2) - (3*h1*p1*x)/(h1^2 +
x^2)^(5/2)
```

于是，照度 $I(x)$ 的一阶导数为

$$I'(x) = -\frac{3xP_1h_1}{\sqrt{(h_1^2+x^2)^5}} + \frac{3(s-x)P_2h_2}{\sqrt{[h_2^2+(s-x)^2]^5}}$$

则方程 $I'(x)=0$ 的解为函数 $I(x)$ 的驻点，于是比较驻点和区间端点 $x=0$ 和 $x=s$ 处的函数值，便得到最亮点和最暗点。

将各参数代入 $I'(x)=0$，绘制 $I(x)$ 和 $I'(x)$ 的图形，找出驻点的大概位置。

```
p1=2; p2=3; k=1;
h1=5; h2=6; s=20;
I=eval(I)
dIx=eval(dIx)
figure('color',[1 1 1])
subplot(1,2,1)
ezplot(I,[0,20])
title('照度函数 I(x)')
grid on
subplot(1,2,2)
ezplot(dIx,[0,20])
title('照度的导数 I ''(x)')
grid on
```

执行后输出如图 10.3.2 所示图形，以及点 Q 处的照度及其导数。

```
I =
10/(x^2 + 25)^(3/2) + 18/((x - 20)^2 + 36)^(3/2)
dIx =
- (30*x)/(x^2 + 25)^(5/2) - (54*x - 1080)/((x - 20)^2 + 36)^(5/2)
```

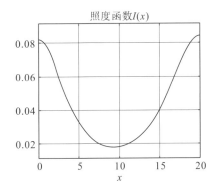 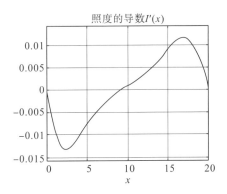

图 10.3.2 照度函数及其导数的曲线

由图 10.3.2 可知，照度函数 $I(x)$ 的驻点分别在 $x=0$，$x=20$ 附近以及 $x=9$ 与 $x=10$ 之间，用函数 fzero 求 $I'(x)=0$ 的解。

```
df=inline('- (30*x)/(x^2 + 25)^(5/2) - (54*x - 1080)/((x - 20)^2
+ 36)^(5/2)','x');
f=inline('10/(x^2 + 25)^(3/2) + 18/((x - 20)^2 + 36)^(3/2)','x');
x0=[0,9,20];
n=length(x0);
xs=[];fs=[];
for k=1:n
    a=fzero(df,x0(k));
    b=feval(f,a);
    xs=[xs,a];
    fs=[fs,b];
end
zhd=[xs;fs]
```

执行结果为

```
zhd =
    0.0285    9.3383   19.9767
    0.0820    0.0182    0.0845
```

得到 3 个驻点及其对应的照度值，将它们与区间端点的照度值比较，求得最大值和最小值。

```
fs0=subs(I,x,0);
fse=subs(I,x,x0(3));
fprintf('x=   %d       %f      %f     %f      %f\n',x0(1),
xs(1),xs(2),xs(3),x0(3))
    fprintf('f=%9.8f   %9.8f    %9.8f    %9.8f    %9.8f\n',fs0,
fs(1),fs(2),fs(3),fse)
```

执行结果为

```
x=       0          0.028490        9.338299        19.976696
20.000000
f=0.08197716       0.08198104      0.01824393      0.08447655
0.08447468
```

于是，照度 $I(x)$ 在点 $x=9.338299$ 处取得最小值，在点 $x=19.976696$ 处取得最大值，即路面上距离 2kW 路灯 9.34m 处最暗，19.98m 处最亮。

2) 问题 (2) 的模型及求解

当路灯 2 的高度可以变化时，Q 点的照度 I 为 x 和 h_2 的二元函数

$$I(x, h_2) = \frac{P_1 h_1}{\sqrt{[h_1^2 + x^2]^3}} + \frac{P_2 h_2}{\sqrt{[h_2^2 + (s-x)^2]^3}} = \frac{10}{\sqrt{(25 + x^2)^3}} + \frac{3h_2}{\sqrt{[h_2^2 + (20-x)^2]^3}}$$

$$\frac{\partial I}{\partial x} = \frac{-3xP_1 h_1}{\sqrt{(h_1^2 + x^2)^5}} + \frac{3(s-x)P_2 h_2}{\sqrt{[h_2^2 + (s-x)^2]^5}}$$

$$\frac{\partial I}{\partial h_2} = \frac{P_2}{\sqrt{[h_2^2 + (s-x)^2]^3}} - \frac{3P_2 h_2^2}{\sqrt{[h_2^2 + (s-x)^2]^5}}$$

于是，函数 $I(x, h_2)$ 的最大值点和最小值点即为最亮点和最暗点。

将各个参数代入以上各式，得到照度及其偏导数的表达式。

```
clear all; close all
syms x p1 h1 p2 h2 s k
R1=sqrt(h1^2+x^2);
R2=sqrt(h2^2+(s-x)^2);
I=f10_3(k,p1,R1,h1)+f10_3(k,p2,R2,h2);
dIx=diff(I,x);
dIh2=diff(I,h2);
p1=2; p2=3;
h1=5; s=20; k=1;
I=eval(I)
dIx=eval(dIx)
dIh2=eval(dIh2)
```

执行结果为

```
I =
(3*h2)/((x - 20)^2 + h2^2)^(3/2) + 10/(x^2 + 25)^(3/2)
dIx =
- (30*x)/(x^2 + 25)^(5/2) - (9*h2*(2*x - 40))/(2*((x - 20)^2 +
h2^2)^(5/2))
dIh2 =
```

```
3/((x - 20)^2 + h2^2)^(3/2) - (9*h2^2)/((x - 20)^2 + h2^2)^(5/2)
```

令 $\dfrac{\partial I}{\partial h_2}=0$，得到 h_2 和 x 的关系。

```
x=solve(dIh2)
```

执行结果为

```
x =
 2^(1/2)*h2 + 20
 20 - 2^(1/2)*h2
```

由于 $\sqrt{2}\times h_2+20>20$，所以取 $x=20-\sqrt{2}h_2$，代入方程 $\dfrac{\partial I}{\partial x}=0$，并用函数 fzero 求解。

```
dIx0=simplify(subs(dIx,'x',x(2)));
Ix0=inline('6^(1/2)/(3*(h2^2)^(3/2)) + (30*(2^(1/2)*h2 - 20))/
(2*h2^2 - 40*2^(1/2)*h2 + 425)^(5/2)','h2');
h2s=fzero(Ix0,9)
xs=subs(x(2),'h2',h2s)
I2=subs(I,['x',h2],[xs,h2s])
```

执行结果为

```
h2s =
    7.4224
xs =
    9.5032
I =
    0.0186
```

于是，当 3kW 路灯距离地面 7.42m 时，在路面上距离 2kW 路灯 9.5m 处的最暗点照度最大，为 0.0186W。

3) 问题(3)的模型及求解

两盏路灯的高度均可以变化时，照度 I 是 x、h_1、h_2 的三元函数，于是

$$I(x,h_1,h_2)=\frac{P_1h_1}{\sqrt{(h_1^2+x^2)^3}}+\frac{P_2h_2}{\sqrt{(h_2^2+(s-x)^2)^3}}$$

$$\frac{\partial I}{\partial x}=\frac{-3P_1h_1x}{\sqrt{(h_1^2+x^2)^5}}+\frac{3P_2h_2(s-x)}{\sqrt{(h_2^2+(s-x)^2)^5}}$$

$$\frac{\partial I}{\partial h_1}=\frac{P_1}{\sqrt{(h_1^2+x^2)^3}}-\frac{3P_1h_1^2}{\sqrt{(h_1^2+x^2)^5}}$$

$$\frac{\partial I}{\partial h_2}=\frac{P_2}{\sqrt{(h_2^2+(s-x)^2)^3}}-\frac{3P_2h_2^2}{\sqrt{(h_2^2+(s-x)^2)^5}}$$

令 $\dfrac{\partial I}{\partial x}=\dfrac{\partial I}{\partial h_1}=\dfrac{\partial I}{\partial h_2}=0$，得

$$h_1 = \frac{1}{\sqrt{2}}x , \quad h_2 = \frac{1}{\sqrt{2}}(s-x) , \quad x = \frac{\sqrt[3]{P_1}s}{\sqrt[3]{P_1}+\sqrt[3]{P_2}}$$

于是，最暗点的位置只与路灯的功率和道路宽度有关，当两盏路灯的功率相同时最暗点在道路正中。

```
syms x h1 h2
p1=2; p2=3; k=1;
s=20;
R1=sqrt(h1^2+x^2);
R2=sqrt(h2^2+(s-x)^2);
I=f10_3(k,p1,R1,h1)+f10_3(k,p2,R2,h2)
dIx=diff(I,x);
dIh1=diff(I,h1);
dIh2=diff(I,h2);
[h10,h20,x0]=solve(dIx,dIh1,dIh2,'h1','h2','x');
x0=vpa(x0,8)
h10=vpa(h10,8)
h20=vpa(h20,8)
```

执行结果为

```
x0 =
    9.3252516
h10 =
    6.5939487
h20 =
    7.548187
```

当 $x=9.33$m，$h_1=6.59$m，$h_2=7.55$m 时，最暗点的亮度最大。

10.4 油罐储油量的计算①

1. 问题描述

通常加油站都有若干个储存燃油的地下储油罐，并且一般都有与之配套的"油位计量管理系统"，采用流量计和油位计来测量进/出油量与罐内油位高度等数据，通过预先标定的罐容表(即罐内油位高度与储油量的对应关系)进行实时计算，以得到罐内油位高度和储油量的变化情况。

许多储油罐在使用一段时间后，由于地基变形等原因，使罐体的位置会发生纵向倾斜(以下称为变位)，从而导致罐容表发生改变。按照有关规定，需要定期对罐容表进行重新

---

①本例题解答根据 2010 年全国大学生数学建模竞赛 A 题改编，参考获全国二等奖的云南大学李景杰、彭联璧、贾志国同学的论文整理而成。

标定。

(1)根据图 5.3.1 所示椭圆形储油罐(两端平头的椭圆柱体),分别对罐体无变位和倾斜角为α=4.1°的纵向变位(见图 10.4.1)两种情况,建立罐中油量和油面高度之间的函数关系,并给出罐体变位后油位高度间隔为 1cm 的罐容表标定值。

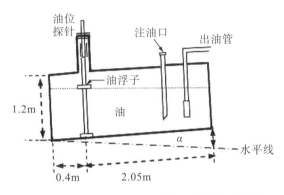

图 10.4.1　椭圆形储油罐纵向变位示意图

(2)对于图 10.4.2 所示的实际储油罐(主体为圆柱体,两端为球冠体),建立罐体变位后罐内储油量与油位高度及变位参数(仅考虑纵向倾斜角度α)之间的一般关系,并利用罐体变位后在进/出油过程中的实际检测数据,依据所建模型确定变位参数α。

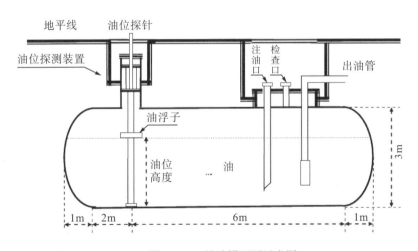

图 10.4.2　储油罐正面示意图

2. 问题(1)的求解

1)罐体无变位的模型

设小椭圆的长半轴为a,短半轴为b,建立直角坐标系,如图 10.4.3 所示。

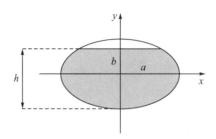

图 10.4.3　小椭圆坐标图

设罐内油位高度为 h，椭圆横截面积为 A，罐体长度为 L。当罐体无变位时，横截面积为

$$A = 2\int_{-b}^{h-b} x\mathrm{d}y = 2ab\int_{-1}^{\frac{h-b}{b}}\cos\theta\mathrm{d}(\sin\theta) = 2ab\int_{\arcsin(-1)}^{\arcsin\left(\frac{h-b}{b}\right)}\frac{1+\cos 2\theta}{2}\mathrm{d}\theta$$
$$= ab\arcsin\left(\frac{h-b}{b}\right) + \frac{ab\pi}{2} + \frac{ab}{2}\sin\left[2\arcsin\left(\frac{h-b}{b}\right)\right]$$

(10.4.1)

可装油量的体积为

$$V = L*A = L\left\{ab\arcsin\left(\frac{h-b}{b}\right) + \frac{ab\pi}{2} + \frac{ab}{2}\sin\left[2\arcsin\left(\frac{h-b}{b}\right)\right]\right\}$$ (10.4.2)

利用 xlsread 函数读取实测数据中无变位进油数据，代入公式 (10.4.2) 中，得到小椭圆油罐平放时的理论进油量 V。由于罐内原有部分油量，所以进油量的实际测量值加上原有油量后，将求出的进油后罐内理论储油量和实际储油量的数据进行比较，得到图 10.4.4(a)，同时计算理论储油量与实际油量间的误差和相对误差。

程序如下。

```
A=xlsread('data1.xls',1,'C2:D79');              %第一问，无变位进油
a=890;b=600;L=2450;
volume1=L*(a*b*arcsin((A(:,2)-b)/b)+0.5*a*b*pi+0.5*a*b*sin(2
*arcsin((A(:,2)-b)/b)))*10^(-6);
A(:,1)=A(:,1)+262;
plot(A(:,2),A(:,1),'-.k',A(:,2),volume1,'ro','MarkerSize',6)
legend('检测进油','计算进油','Location','NorthWest')
title('小椭圆油罐平放时检测进油与计算进油曲线')
xlabel('油量高度');
ylabel('油量值')
```

类似地，可以得到小椭圆油罐平放出油时理论储油量 V 和实际储油量随油位高度 h 变化的规律，如图 10.4.4(b) 所示。

通过对无变位进油和无变位出油的理论储油量和实际储油量的误差及相对误差的分析可知，无变位进油的理论值大约是实际值的 1.0349 倍，相对误差范围为[3.4866%，3.4917%]，总体平均误差为 3.4884%左右。

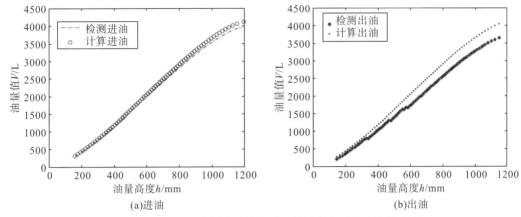

(a)进油　　　　　　　　　　　　　　(b)出油

图 10.4.4　小油罐进油或出油后储油量与油位高度的关系

由图 10.4.4 可知，计算的进油曲线和出油曲线都与检测的进油曲线很接近，但检测的出油曲线在经过 3 个比较明显的拐点后与检测的进油曲线发生了偏离，这可能是由于油罐内壁有不规则凸起或汽油在出油管道里有滞留等原因造成误差，可以对模型进行适当修正。

2) 罐体发生纵向变位后的模型

当罐体纵向倾斜 α 时，设倾斜油面上任意一点到油罐底部的垂直高度为 h_α，C 底面的油面高度为 h_d，C 底面到 h_α 的距离为 x，如图 10.4.5 所示

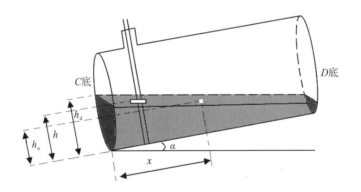

图 10.4.5　罐体倾斜示意图

由 $h_d = h + 0.4 \tan\alpha$，得

$$h_\alpha = h_d - x\tan\alpha = h + (0.4 - x)\tan\alpha \tag{10.4.3}$$

此时，罐体的横截面积 A_1 为

$$A_1 = ab\arcsin\left(\frac{h_\alpha - b}{b}\right) + \frac{ab\pi}{2} + \frac{ab}{2}\sin\left[2\arcsin\left(\frac{h_\alpha - b}{b}\right)\right] \tag{10.4.4}$$

根据 h 的不同取值范围，储油罐倾斜时的储油量 V_1 分如下三种情况进行讨论。

（1）$0 < h < 2.05\tan\alpha$ 时，$V_1 = \int_0^{0.4 + \frac{h}{\tan\alpha}} A_1 dx$，如图 10.4.6 所示。

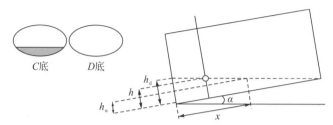

图 10.4.6   小椭圆油罐倾斜透视图(第一种情况)

(2) 当 $2.05\tan\alpha < h < 1.2 - 0.4\tan\alpha$ 时，$V_1 = \int_0^{2.45} A_1 \mathrm{d}x$，如图 10.4.7 所示。

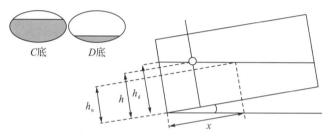

图 10.4.7   小椭圆油罐倾斜透视图(第二种情况)

(3) 当 $h > 1.2 - 0.4\tan\alpha$ 时，储油罐的储油量由两部分构成，V_2 表示靠近 C 底面的那部分体积(已经装满油料，无丝毫空隙)，V_3 表示靠近 D 底面的那部分体积(没有装满油料，有空隙)，如图 10.4.8 所示。

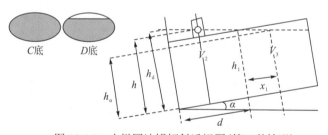

图 10.4.8   小椭圆油罐倾斜透视图(第三种情况)

此时，有

$$V_1 = V_2 + V_3 = ab\pi d + \int_0^{2.45-d} A_1 \mathrm{d}x_1$$

其中，$d = \dfrac{h-1.2}{\tan\alpha} + 0.4$，$x_1 = x - d$。

综上所述，罐体变位后储油量 V_1、油位高度 h 和纵向倾斜角 α 之间的函数关系式为

$$V_1 = \begin{cases} \int_0^{0.4+\frac{h}{\tan\alpha}} A_1 \mathrm{d}x, & 0 < h < 2.05\tan\alpha \\ \int_0^{2.45} A_1 \mathrm{d}x, & 2.05\tan\alpha \leqslant h \leqslant 1.2 - 0.4\tan\alpha \\ \pi abd + \int_0^{2.45-d} A_1 \mathrm{d}x_1, & h > 1.2 - 0.4\tan\alpha \end{cases} \tag{10.4.5}$$

利用 MATLAB 编程，函数 trapz 计算积分，再用 xlsread 函数读取实测数据中有变位进油和出油数据，计算出变位后进油和出油储油量，绘制理论储油量和实际储油量随油位高度变化的规律。程序如下。

```
%当小椭圆油罐发生纵向倾斜变位时
A=xlsread('data1.xls',3,'C2:D54');
A(:,1)=A(:,1)+215;
q=pi*4.1/180;%罐体倾斜角
d=(h+0.4*tan(q))/tan(q);%横截面与 hd 的距离
d=0.1;
x=0:d:L;
h=411:5:1036;
hq=zeros(1,length(x));
for j=1:length(h)
    hq=h(j)+(0.4-x)*tan(q);
    fun=(a*b*arcsin((hq-b)/b))+0.5*a*b*pi+0.5*a*b*sin(2
*arcsin((hq-b)/b));
    volume2(j)=d*trapz(fun)*10^(-6);
end
%subplot(1,2,1)
plot(A(:,2),A(:,1),'-.k',h,volume2,'ro','MarkerSize',2)
legend('检测进油','计算进油','Location','NorthWest')
title('小椭圆油罐倾斜4.1度时理论与实际进油变化曲线')
xlabel('油量高度 h');
ylabel('油量值 V')
```

执行结果如图 10.4.9 所示。

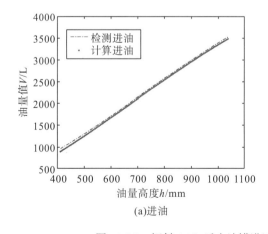
(a)进油

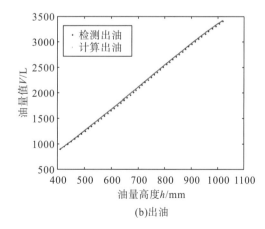
(b)出油

图 10.4.9 倾斜 4.1°后小油罐进油或出油后储油量与油位高度的关系

根据式(10.4.2)和式(10.4.5)，以油位高度 10cm 的间隔分别对小椭圆储油罐罐容表进行标定，标定结果如表 10.4.1 和表 10.4.2 所示。

表 10.4.1   无变位储油罐罐容表标定值

油位高度/cm	0	10	20	30	40	50	60
标定油量/L	0	158.1	435.0	776.5	1159	1566.4	1985.8
油位高度/cm	70	80	90	100	110	120	
标定油量/L	2405.1	2812.6	3195.2	3536.8	3813.8	4110.1	

表 10.4.2   变位后储油罐罐容表标定值

油位高度/cm	0	10	20	30	40	50	60
标定油量/L	0	78.1	285.0	579.0	923.10	1303.2	1714.2
油位高度/cm	70	80	90	100	110	120	
标定油量/L	2142.7	2574.5	2995.1	3388.0	3731.7	4012.7	

由表 10.4.1 和表 10.4.2 看出，由于油罐发生纵向倾斜，罐内油量和油位高度之间的关系改变了，导致罐容表发生改变，所以需要定期对罐容表进行重新标定。

3. 问题(2)的求解

对于实际储油罐，其主体为圆柱体，两端为球冠体，罐内油量 V_4 由三部分组成：中间圆柱体部分油量体积 V_5，向下倾斜端球冠 C 所装油量体积 V_6 以及向上倾斜端球冠 D 所装油量体积 V_7，如图 10.4.10 所示。

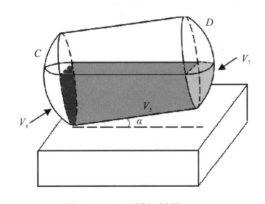
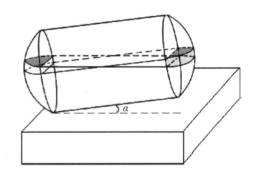

图 10.4.10   油罐倾斜图   图 10.4.11   倾斜前后液面对比透视图

因此，有

$$V_4 = V_5 + V_6 + V_7 \tag{10.4.6}$$

其中，V_5 的计算方法与问题(1)的情况完全一致。

当罐体纵向倾斜 α 时，罐内液体体积与油罐水平时的计算公式相同，即一端球冠内的增加量等于另一端球冠内的减少量，如图 10.4.11 所示。于是，我们可以将 C 冠内的液体体积等效为储油罐平放时一侧封头内的液体体积 $\frac{1}{2}V_8$，D 冠内的液体体积等效为另一侧封头内的液体体积 $\frac{1}{2}V_9$，即 $V_6 = \frac{1}{2}V_8, V_7 = \frac{1}{2}V_9$。

油罐平放时，封头部分液体状态分解图如图 10.4.12 所示。设水平截面的阴影面积为 $S(h)$，则有

$$S(h) = \int_{r-H}^{r_h} 2\sqrt{r_h^2 - s^2}\,\mathrm{d}s = \int_{r-H}^{\sqrt{r^2-h^2}} 2\sqrt{r^2 - h^2 - s^2}\,\mathrm{d}s, \qquad s = r - H$$

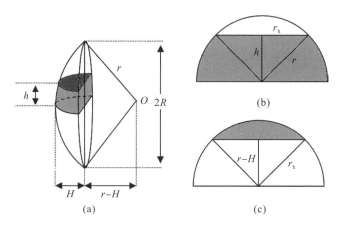

图 10.4.12　平放时封头部分液体状态分解图

利用积分表，得到

$$S(h) = (H-h)\sqrt{2Hr - h^2 - H^2} + \frac{1}{2}\pi(r^2 - h^2) + (h^2 - r^2)\arctan\left(\frac{r-H}{\sqrt{2Hr - h^2 - H^2}}\right)$$

在垂直方向上对 h 积分，即可得到油罐平放时罐内的油量。

油罐倾斜时，两球冠内的液体等效为液面高度为 h_2 的水平球缺部分容积与高度为 h_3 的水平球冠部分容积之和，其中 h_2 和 h_3 如图 10.4.13 所示。

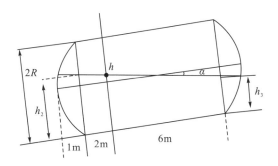

图 10.4.13　油罐侧面等效标识图

并且

$$h = R + \tan\alpha, \quad h_2 = R + 4\tan\alpha, \quad h_3 = R - 6\tan\alpha$$

于是，有

$$V_6 = \frac{1}{2}V_8 = \int_0^R S(h)\mathrm{d}h + \int_0^{4\tan\alpha} S(h)\mathrm{d}h$$

$$= \int_0^{1.5} (1-h)\sqrt{2h-h^2-1} + \frac{1}{2}\pi(r^2-h^2) + (h^2+r^2)\arctan\left(\frac{r-1}{\sqrt{2r-h^2-1}}\right)\mathrm{d}h \qquad (10.4.7)$$

$$+ \int_0^{4\tan\alpha} (1-h)\sqrt{2h-h^2-1} + \frac{1}{2}\pi(r^2-h^2) + (h^2+r^2)\arctan\left(\frac{r-1}{\sqrt{2r-h^2-1}}\right)\mathrm{d}h$$

$$V_7 = \frac{1}{2}V_8 = \int_0^R S(h)\mathrm{d}h - \int_0^{4\tan\alpha} S(h)\mathrm{d}h$$

$$= \int_0^{1.5} (1-h)\sqrt{2h-h^2-1} + \frac{1}{2}\pi(r^2-h^2) + (h^2+r^2)\arctan\left(\frac{r-1}{\sqrt{2r-h^2-1}}\right)\mathrm{d}h \qquad (10.4.8)$$

$$- \int_0^{4\tan\alpha} (1-h)\sqrt{2h-h^2-1} + \frac{1}{2}\pi(r^2-h^2) + (h^2+r^2)\arctan\left(\frac{r-1}{\sqrt{2r-h^2-1}}\right)\mathrm{d}h$$

以及

$$V_5 = \int_0^8 \left[R^2\arcsin\left(\frac{h_\alpha\tan\alpha - R}{R}\right) + \frac{\pi R^2}{2} + \frac{R^2}{2}\sin\left(2\arcsin\left(\frac{h_\alpha\tan\alpha - R}{R}\right)\right) \right]\mathrm{d}x$$

$$= \int_0^8 R^2\arcsin\left(\frac{h+(2-x)\tan\alpha - R}{R}\right) + \frac{R^2\pi}{2} + \frac{R^2}{2}\sin\left[2\arcsin\left(\frac{h+(2-x)\tan\alpha - R}{R}\right)\right]\mathrm{d}x$$

$$(10.4.9)$$

　　将式(10.4.7)、式(10.4.8)和式(10.4.9)代入式(10.4.6)中，即得到罐体变位后罐内储油量V与油位高度h及变位参数α之间的关系式，利用罐体变位后在进/出油过程中的实际检测数据，结合 MATLAB 编程和拟合计算，得到α的近似值为 2.2。

参 考 文 献

杜廷松, 覃太贵. 2017. 数值分析及实验(第二版)[M]. 北京: 科学出版社.

黄惠南. 2018. 放电曲线的最佳初等函数拟合[J]. 南通职业大学学报, 32(2): 72-74.

黄亚群. 2014. 基于 MATLAB 的高等数学实验[M]. 北京: 电子工业出版社.

李庆扬, 王能超, 易大义. 2008. 数值分析(第五版)[M]. 北京: 清华大学出版社.

刘承平. 2002. 数学建模方法[M]. 北京: 高等教育出版社.

刘来福,黄海洋,曾文艺. 2014. 数学模型与数学建模(第四版)[M]. 北京: 北京师范大学出版社.

任玉杰. 2007. 数值分析及其 MATLAB 实现[M]. 北京: 高等教育出版社.

司守奎,孙玺菁. 2011. 数学建模算法与应用[M]. 北京: 国防工业出版社.

喻文健. 2015. 数值分析与算法(第 2 版)[M]. 北京: 清华大学出版社.

占海明. 2017. MATLAB 数值计算实战[M]. 北京: 机械工业出版社.

张德丰. 2009. MATLAB 数值分析与应用(第二版)[M]. 北京: 国防工业出版社.

周千. 2014. 基于数学模型的古塔变形问题研究[J]. 计算机与数字工程, 42(8): 1346-1348, 1525.

宗容, 施继红, 尉洪, 等. 2009. 数学实验与数学建模[M]. 昆明: 云南大学出版社.

Burden R L , Fairesz J D. 2005. Numerical Analysis (Seventh Edition)[M]. 冯烟利, 朱海燕, 译. 北京: 高等教育出版社.

Lindfield G , Penny J. 2016. 数值方法(MATLAB 版) [M]. 李君, 任明明, 译. 北京: 机械工业出版社.

Moler C B. 2006. MATLAB 数值计算[M]. 喻文健, 译. 北京: 机械工业出版社.